21世纪高等院校教材

生物技术综合实验

刘晓晴 等 编

科学出版社

北京

内 容 简 介

本书包括基因工程、蛋白工程、细胞工程（植物细胞工程、动物细胞工程）和微生物工程四大工程技术的基本方法。以分子生物学技术为主线，同时兼顾细菌、植物细胞、动物细胞的核酸及蛋白质的基本研究方法。每一部分内容既相对独立又相互联系，既有理论原理又有具体的实验方法和操作，同时还给出不同的结果进行分析和改进。

本书适合综合性大学、师范院校开设的生物技术、生物工程等综合性实验教学用书，亦可作为分子生物学和四大工程实验课的教材以及相应的实验操作参考书。

图书在版编目（CIP）数据

生物技术综合实验／刘晓晴等编．—北京：科学出版社，2009
（21 世纪高等院校教材）
ISBN 978-7-03-025423-8

Ⅰ. 生… Ⅱ. 刘… Ⅲ. 生物技术-实验-高等学校-教材 Ⅳ. Q81-33

中国版本图书馆 CIP 数据核字（2009）第 152441 号

责任编辑：单冉东 席 慧／责任校对：陈玉凤
责任印制：吴兆东／封面设计：耕者设计工作室

科 学 出 版 社 出版
北京东黄城根北街 16 号
邮政编码：100717
http://www.sciencep.com

北京盛通数码印刷有限公司 印刷
科学出版社发行 各地新华书店经销
＊
2009 年 9 月第 一 版 开本：B5（720×1000）
2024 年 1 月第九次印刷 印张：16
字数：323 000
定价：59.80 元
（如有印装质量问题，我社负责调换）

前　言

　　21世纪是生命科学的世纪。近年来，生物技术新的实验方法发展迅速，其实际应用日益广泛，已逐渐成为一个新的经济增长点，对国民经济的发展发挥着显著作用。以培养具有创新精神和实践能力的高素质生物科学人才为根本任务的高等学校生物专业，不仅要认真做好理论知识的传授，而且应重视学生实践动手能力的培养。

　　《生物技术综合实验》是一本高校生物技术实验的教学指导用书，内容包括基因工程、蛋白质工程、细胞工程和微生物工程几大领域的最主要生物技术方法。本书由多年来一直在一线从事教学、科研的老师根据生物技术的发展趋势和教学实践的要求编写的。全书分为五章，每章均有基本原理介绍和具体实验内容，每个实验完全按照学生实验的要求编写，均分列了该实验的原理、目的和所用材料，详细叙述了实验步骤，并将实验的关键点和应注意的问题列入注意事项之中，多数实验还给出了结果与分析，对可能出现的不同结果和如何改进做了相应的分析和解释，最后还列出了思考题。全书每章内容虽然相对独立，但以实验所用绿色荧光蛋白（GFP）为线索，将编码该蛋白基因的克隆、重组表达、纯化及鉴定以及GFP蛋白的应用贯穿起来，便于学生理解和应用。全书79个实验都具有可操作性。本书最大的特点是不仅描述了实验过程，还对实验结果进行了分析，使学生不仅会做这些实验，更有利于他们分析问题和解决问题能力的提高，从而能让学生真正掌握现代的实验技能，提高动手能力和科学素养。

　　本书由祁晓廷（第1章）、刘晓晴（第2章）、李艳红（第3章）、廖蓟（第4章）、侯成林、王颖（第5章）等共同执笔，刘晓晴统稿。首都师范大学的李乐功教授审阅了全书并提出了宝贵意见，在此深表感谢。

　　由于作者水平有限，书中难免存在不当之处，欢迎广大读者批评指正。

编　者

2009年7月

目　　录

第1章　基因工程技术

1.1　基因工程技术基本原理与实践

基因工程技术是在 1973 年发展起来的，由 S. N. Cohen 和 H. W. Boyer 把大肠杆菌的两种质粒 pSC 101 和 R6-5DNA 的片数在体外建成重组分子后，引入到大肠杆菌并进行无性繁殖。此后，基因工程取得了飞速进展，并成为现代生物技术体系的核心。因此了解基因工程基本原理并掌握其基本的实验技术是每个学习现代生物学的学生必备的知识。

1.1.1　基因工程简述

基因工程技术是在 DNA 水平操纵基因的一门技术：将基因插入病毒、质粒或其他能自我复制的 DNA 载体分子，构成遗传物质的新组合，导入大肠杆菌、酿酒酵母、动物细胞、植物细胞中，最终实现基因的复制乃至表达。不同于其他理论课程，基因工程更偏重于技术设计理念，因此本章在兼顾基因工程基本原理的基础上更侧重技术设计实践。

一般来说，基因工程的流程可以概括为"分"、"切"、"连"、"转"、"筛"和"表" 6 个阶段，以上过程涉及一系列的分子生物学技术，如载体 DNA 制备、各种工具酶的使用、体外重组、重组 DNA 分子导入宿主细胞和重组子筛选等技术（图 1-1）。简述如下。

（1）"分"：首先分离生物有机体基因组 DNA，或逆转录获得 cDNA，或通过 PCR 或 RT-PCR 技术直接获得目的基因 DNA，同时从含有载体 DNA 分子的宿主菌种中分离载体 DNA 分子，如质粒、YAC、噬菌体 DNA 等。

（2）"切"：采用适当的限制性内切核酸酶（以下简称限制酶）同时对载体和目的 DNA 进行消化，以获得相匹配末端。

（3）"连"：将上述获得带有匹配末端的目的基因 DNA 片段和载体分子通过 DNA 连接酶催化形成重组 DNA 分子。

（4）"转"：将重组 DNA 分子采用物理、化学或生物媒体介导等方法导入适当的受体细胞。

（5）"筛"：从大量的细胞繁殖群体中，采用抗性筛选、核酸分子杂交、PCR 扩增和免疫学筛选等方法获得含有重组 DNA 分子的细胞克隆，最终测序确认。

（6）"表"：将测序正确的目的基因 DNA 亚克隆至适当的表达载体中，导入

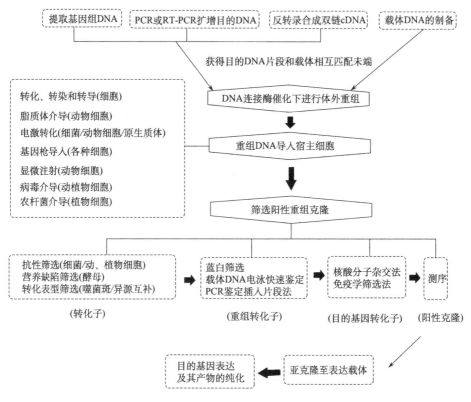

图 1-1　基因工程技术流程示意图

寄主细胞进行表达。根据目的蛋白的表达目的可以选用适当的表达载体，如目的蛋白亚细胞定位分析可以选择 GFP 融合表达载体，在大肠杆菌中表达目的蛋白多采用 IPTG 诱导型表达载体。

　　常用的克隆体系有质粒/噬菌体载体-大肠杆菌、质粒/YAC-酿酒酵母、质粒(病毒)-动物细胞、质粒/病毒-植物原生质体和农杆菌-植物细胞等。

1.1.2　基因工程技术实践

1. 目的 DNA 片段的分离

　　DNA 克隆的第一步是获得包含目的基因在内的一群 DNA 分子，这些 DNA 分子或来自目的生物基因组 DNA 或来自目的细胞 mRNA 逆转录合成的双链 cDNA 分子。由于基因组 DNA 太大，不能够完整克隆，因此必须将其处理成适合克隆的 DNA 小片段，常采用机械物理切割（注射器快速抽提或超声波）和限制酶消化等方法。若基因序列已知而且比较小，就可以用化学法直接合成，但成本较高，尤其在 DNA 很长的情况下。如果基因的两端部分序列或获得纯化蛋白 N 端氨基酸序列，就可以根据已知序列设计兼并引物，从基因组 DNA 或总 RNA 中通过 PCR 或 RT-PCR 技术获得全长或部分目的基因片段。

2. 载体的选择

基因工程的载体应具有以下基本性质：①在宿主细胞中有独立复制和表达的能力，这样才能使外源重组的 DNA 片段得以扩增；②分子质量尽可能小，以利于在宿主细胞中有较多的拷贝，便于结合更大的外源 DNA 片段，同时在实验操作中也不易被机械剪切而破坏；③载体分子中最好具有两个以上的容易检测的遗传标记（如抗药性标记基因、报告基因），以赋予宿主细胞不同的表型特征（如对抗生素的抗性或产生颜色）；④载体本身最好具有尽可能多的限制酶单一切点，为避开外源 DNA 序列中限制酶位点的干扰提供更大的选择范围，若载体上的单一酶切位点位于检测表型的标记基因之内可造成插入失活效应。DNA 克隆常用的载体有：质粒（plasmid）载体、噬菌体（phage）载体、柯斯质粒（cosmid）载体、单链 DNA 噬菌体（ssDNA phage）载体、噬粒（phagemid）载体、酵母质粒载体及酵母人工染色体（YAC）等。从总体上讲，根据载体的使用目的，载体可以分为克隆载体、表达载体、测序载体、穿梭载体等。常用的基因工程载体列于表 1-1 中。

表 1-1 常见基因工程载体比较

载体种类	导入方式	筛选标记	宿主细胞
质粒载体	转化	抗生素	大肠杆菌
噬菌体载体	转染、转导	蓝白筛选，CI基因	大肠杆菌
柯斯质粒载体	转导	抗生素	大肠杆菌
YAC 载体（穿梭载体）	电击转化	营养缺陷	酵母细胞
植物质粒表达载体（穿梭载体）	农杆菌介导、基因枪、电激或 PEG 介导转原生质体	抗生素，报告基因（GUS/GFP/LUC）	大肠杆菌/植物细胞
动物质粒表达载体（穿梭载体）	基因枪、脂质体、显微注射、电激转化	抗生素，报告基因（LacZ/GFP/LUC）	大肠杆菌/动物细胞

3. 体外重组

体外重组即体外将目的片段和载体分子连接的过程。许多限制酶能够切割 DNA 分子形成黏末端。用同一种产生黏末端的酶或同尾酶切割适当载体的多克隆位点便可获得相同的黏末端。黏末端彼此退火，通过 T4 DNA 连接酶的作用便可形成重组体，此为黏末端连接。当目的 DNA 片段为平末端时，可以直接与带有平末端载体相连，此为平末端连接，但连接效率比末端连接低。有时为了不同的克隆目的，如将平末端 DNA 分子插入到带有黏末端的表达载体时，则要将平末端 DNA 分子通过一些修饰，如同聚物加尾，加衔接物或人工接头，PCR 法引入酶切位点等，可以获得相应的黏末端，然后进行连接，此为修饰黏末端连接。其中同聚物加尾法获得的载体和 DNA 的"尾巴"虽然长短不同，但能形成环化 DNA 分子，因此并不需要 T4 DNA 连接酶，转化后在宿主菌体内完成连接。当 DNA 末端性质不明时，可以采用 *E. coli* DNA 聚合酶的 $5' \rightarrow 3'$ DNA 聚合酶活性补平 $5'$ 凸出端序列或 $3'$ 凹末端序列，或用 $3' \rightarrow 5'$ DNA 外切酶活性切除 $3'$ 凸出端序列，最终获得具有平末端的 DNA 分子。体外重组的策略如图 1-2 所示。

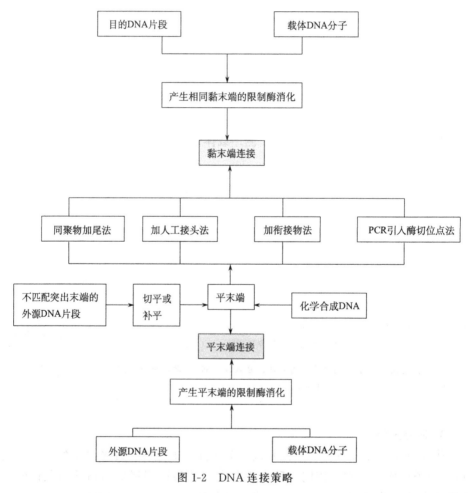

图 1-2　DNA 连接策略

4. 导入受体细胞

载体 DNA 分子上具有能被原核宿主细胞识别的复制起始位点，因此可以在原核细胞如大肠杆菌中复制，重组载体中的目的基因随载体一起被扩增，最终获得大量同一的重组 DNA 分子。

将外源重组 DNA 分子导入原核宿主细胞的方法有转化（transformation）、转染（transfection）和转导（transduction）。质粒导入 E.coli 为转化，而重组噬菌体 DNA 导入 E.coli 称之为转染。为了提高导入效率，将重组噬菌体 DNA 或柯斯质粒体外包装成有侵染性的噬菌体颗粒，借助这些噬菌体颗粒将重组 DNA 分子导入宿主细胞，这种导入技术称之为转导。对于真核生物宿主细胞，可采用基因枪、电激（电穿孔）、显微注射、磷酸钙沉淀转染法、脂质体介导和聚乙二醇（PEG）介导等物理化学手段，也可采用改造天然能侵染真核细胞的细菌、病毒等生物媒介，如农杆菌和 SV40 病毒等。当然随着现代生物技术和多学科交叉渗透，会出现更多高效的导入方法。

5. 重组子的筛选

从不同的重组 DNA 分子获得的转化子中鉴定出含有目的基因的转化子，即阳性克隆的过程就是筛选。目前发展起来的成熟的筛选方法有以下几种。

1）插入失活法

外源 DNA 片段插入到位于筛选标记基因（抗生素基因或 β-半乳糖苷酶等报告基因）的多克隆位点后，会造成标记基因失活，表现出转化子相应的抗生素抗性消失或转化子颜色改变，通过这些现象可以初步鉴定出转化子是重组子或非重组子。目前常用的是 β-半乳糖苷酶显色法，即蓝白筛选法。

2）PCR 筛选和限制酶酶切法

提取转化子中的重组 DNA 分子作模板，根据目的基因已知的两端序列设计特异引物，通过 PCR 技术筛选阳性克隆。PCR 法筛选出的阳性克隆，用限制酶酶切法进一步鉴定插入片段的大小。

3）核酸分子杂交法

制备目的基因特异的核酸探针，通过核酸分子杂交法从众多的转化子中筛选目的克隆。目的基因特异的核酸探针可以是已获得的部分目的基因片段，或目的基因表达蛋白的部分序列反推得到的一群寡聚核苷酸，或其他物种的同源基因。

4）免疫学筛选法

如果目的基因的表达产物能纯化，就可以利用该蛋白质的特异抗体，采用免疫学筛选法从表达型 cDNA 文库获得目的基因克隆。

上述方法获得的阳性克隆最后要进行测序分析，以最终确认目的基因。

6. 表达

将测序正确的基因的编码序列克隆至表达载体，根据表达蛋白的目的可以选用诱导或组织细胞特异启动子，或与 GFP 报告基因融合以研究目的蛋白细胞定位，或加标签蛋白（6×His 标签等）便于后续检测、分离和纯化。

在后续的内容中分原核生物基因工程和酵母细胞基因工程两部分介绍相关的实验技术,而植物基因工程和动物基因工程请参照第 3、4 章部分。

1.2　原核生物基因工程技术

本部分主要以质粒-大肠杆菌经典克隆体系为核心,按照原核基因克隆程序对基本实验技术展开叙述,而基因表达部分在第 2 章有专门的叙述,这里就不再重复。

1.2.1　目的 DNA 的获得

DNA 是生物遗传信息的携带者,在生物体内决定着蛋白质的生物合成,具有极为重要的生理功能。这些分子 DNA 包括病毒的 DNA、原核生物的基因组 DNA 及其细胞内的质粒 DNA 和高等生物的 DNA 等。其中高等生物的 DNA 又包括染色体 DNA(核基因组)、线粒体 DNA(mtDNA)和叶绿体 DNA(cpD-NA)。纯度高完整性好的 DNA 对分子生物学研究非常重要,如纯化的质粒载体 DNA 可用来进行基因克隆;提取的动植物基因组 DNA 可以用来构建基因组文库,进行 Southern 杂交等,因此研究 DNA 的提取方法很有意义。

DNA 通常与蛋白质及部分 RNA 结合以染色质形式存在,因此分离核酸首先要破碎细胞,然后采用各种方法将蛋白质、糖类、脂类和盐类等物质除去以纯化 DNA。在提取过程中要保证 DNA 不被内源或外源 DNase 所降解,以保持 DNA 的完整性。

DNA 的一般提取程序可归纳如下:

生物材料的选择→破碎细胞(液氮研磨/组织匀浆/酶解/超声波)→去除蛋白质→DNA 沉淀→纯化(有机溶剂抽提/沉淀/柱层析法/梯度离心法/用酶温和消化杂质)。

1. 生物材料的选择

生物材料包括动、植物器官或组织以及微生物等,选择提取 DNA 的生物材料主要考虑生物的生长状态或生长期、组织或器官类型、样品取材的难易及丰富程度等。

2. 细胞的破碎(在缓冲液中)

机械法:组织捣碎机,玻璃匀浆器,研钵研磨。

物理法:反复冻融法(-15～0℃,主要用于动物细胞)、冷热交替法(90℃至冰冻,主要用于细菌病毒)、超声波处理法(多用于微生物)。

化学及生化法:自溶法(在一定的条件下加防腐剂,自身酶系破坏细胞,因时间长不易控制较少使用)、溶菌酶(破坏细菌细胞壁)、纤维素酶(用在植物细胞上)、表面活性剂[十二烷基硫酸钠(SDS)和 Triton X-100 等]。

3. DNA 的提取

一般采用酚/氯仿去除蛋白质，用高盐除去糖类，用去污剂如 SDS、CTAB（十六烷基三甲基溴化铵）等破坏细胞膜，使蛋白质变性，同时抑制 DNase 活性，最后用乙醇或异丙醇沉淀 DNA。

4. DNA 的纯化

无论采用哪种方法提取 DNA，都有不同程度的蛋白质、多糖以及一些盐类污染，因此进一步纯化 DNA 是非常必要的。常用的方法有有机溶剂抽提、沉淀、柱层析法、梯度离心法以及用酶温和消化杂质等。

下面分别介绍细菌、植物和动物的基因组 DNA 提取技术。

实验 1　细菌基因组 DNA 的制备

首先用 SDS 和蛋白酶 K 破坏细菌细胞膜，同时抑制内源 DNase 活性。然后用高浓度 NaCl 除去糖类物质，CTAB 结合 DNA，通过氯仿抽提可将蛋白质除去。最后通过异丙醇沉淀 DNA，而 CTAB 溶于异丙醇而被除去。

【实验目的】

掌握细菌 DNA 提取的原理及试剂的作用。

【实验材料】

1. 材料

过夜培养的大肠杆菌

2. 试剂

TE 缓冲液：

Tris-HCl　100 mmol/L（pH8.0）

EDTA　20 mmol/L（pH 8.0）

10%（m/V）SDS

CTAB/NaCl 溶液：

CTAB（m/V）　10%

NaCl　0.7 mol/L

20 mg/mL 蛋白酶 K

5 mol/L　NaCl

异丙醇

70% 乙醇

酚/氯仿/异戊醇（25∶24∶1）

3. 仪器

恒温水浴锅，台式高速离心机，电泳装置

【实验步骤】

（1）取 1.5 mL 菌液于小离心管中，室温 10 000 r/min 离心 30 s 收集菌体，

　　　倾倒弃去上清，尽可能移去残余液，否则会影响后续反应。

（2）加入 567 μL TE 缓冲液，涡旋充分混匀，然后加入 30 μL 10% SDS 和 3 μL 20 mg/mL 蛋白酶 K，上下颠倒混匀，37℃ 水浴中保温 1 h。（裂解细菌细胞同时抑制内源 DNase）

（3）加入 100 μL 5 mol/L NaCl 和 80 μL CTAB/NaCl 溶液，充分混匀，于 65℃ 水浴中保温 10 min。（高盐去糖，CTAB 结合 DNA）

（4）加入等体积酚/氯仿/异戊醇，颠倒混匀，置冰上 2 min，10 000 r/min 离心 5 min。转移上清至另一新管中。（抽提去蛋白）

（5）在上清液中加入等体积酚/氯仿/异戊醇再次抽提一次，操作同第 （4）步。

（6）加入 0.6 倍体积异丙醇，混匀后于 -20℃ 存放至少 1 h，沉淀 DNA。 （沉淀 DNA）

（7）12 000 r/min 离心 10 min，仔细移去上清，不要搅动沉淀。然后加入 500 μL 70% 乙醇，旋转离心管，然后 10 000 r/min 离心 5 min。移出乙醇，吹干后溶于适量的灭菌 ddH$_2$O 或 TE 缓冲液中。（去盐）

（8）0.8% 琼脂糖凝胶电泳检测基因组 DNA 的完整性。

实验 2　植物基因组 DNA 的制备和分析

　　　由于植物细胞具有细胞壁，而且细胞内多糖类物质含量高，因此一般的提取真核细胞基因组 DNA 的方法用在植物细胞提取上并不十分有效。这里介绍一种常用的提取植物细胞基因组 DNA 的方法，即 CTAB 法。CTAB 是一种去污剂，可溶解细胞膜，它能与核酸形成复合物，在高盐溶液中（0.7 mol/L NaCl）是可溶的，通过氯仿抽提可将蛋白质除去。最后通过乙醇或异丙醇沉淀 DNA，而 CTAB 可溶于乙醇或异丙醇而被除去。

【实验目的】

　　掌握植物 DNA 提取的原理及试剂的作用。

【实验材料】

1. 材料

　　新鲜的植物组织材料或 -80℃ 冻存的材料

2. 试剂

　　2×CTAB 溶液：

CTAB （m/V）	2%
Tris-HCl	100 mmol/L （pH8.0）
EDTA	20 mmol/L （pH8.0）
NaCl	1.4 mol/L
PVP （聚乙烯吡咯烷酮）	1%

　　　　灭菌备用。没灭菌前呈黏稠状，CTAB 灭菌后变成清亮的溶液

氯仿/异戊醇（24：1）

RNase A 10 mg/mL

乙醇或异丙醇

β-巯基乙醇（β-ME）

70％乙醇

3. 仪器

　　离心机，恒温水浴锅，台式高速离心机，电泳装置

【实验步骤】

(1) 在 2 mL 离心管中，加入 500 μL 的 2×CTAB，65℃预热，用前加入 20 μL β-ME。

(2) 选取嫩的组织材料 1～2 g，用蒸馏水冲洗干净，再用灭菌 ddH$_2$O 冲洗 2 次，放入经液氮预冷的研钵中，加入液氮研磨至粉末状，用干净的灭菌不锈钢勺转移粉末到预热的离心管中，总体积达到 1 mL 混匀后置 65℃水浴中保温 45～60 min，并不时轻轻转动试管。

　　注：冻存材料直接研磨，绝对不能化冻。而且粉末应在化冻前转移，否则内源性 DNase 有可能降解基因组 DNA。

(3) 加等体积的氯仿/异戊醇，轻轻地颠倒混匀，室温下 10 000 r/min 离心 10 min，移上清至另一新管中。

(4) 向管中加入 1/100 体积的 RNase A 溶液，37℃保温 20～30 min。

(5) 加入 2 倍体积的 100％乙醇或 0.7 倍体积异丙醇，会出现絮状沉淀，−20℃放置 30 min 或 −80℃放置 10 min，12 000 r/min 离心 10～15 min 回收 DNA 沉淀。

(6) 用 70％乙醇清洗沉淀两次，吹干后溶于适量的灭菌 ddH$_2$O 或 TE 缓冲液中。

(7) 0.8％琼脂糖凝胶电泳检测基因组 DNA 的完整性。

【结果与分析】

1. DNA 纯度和完整性分析

　　用紫外分光光度计在 230 nm、260 nm、280 nm 和 310 nm 波长分别读数。其中 260 nm 读数用来估计样品中 DNA 的浓度，OD$_{260}$/OD$_{280}$ 与 OD$_{260}$/OD$_{230}$ 的值用于估计 DNA 的纯度，310 nm 为背景吸收值。1 个 OD$_{260}$ 值相当于 50 μg/mL 双链 DNA。

$$样品浓度（μg/mL）=（OD_{260}-OD_{310}）\times 稀释倍数\times 50$$

图 1-3　烟草基因组 DNA
　　　电泳图谱
M. λDNA/*Hind*III Marker；
　1, 2. 基因组 DNA

对于 DNA 纯制品，其 $OD_{260}/OD_{280} \approx 1.8$，$OD_{260}/OD_{230}$ 应大于 2。$OD_{260}/OD_{280} > 1.8$ 说明有 RNA 污染；$OD_{260}/OD_{280} < 1.8$ 说明有蛋白质污染。

用琼脂糖凝胶电泳（0.8%）检测核 DNA 的完整性，典型的结果如图 1-3 所示。

完整性好的基因组 DNA 应是一条比 23 kb 滞后的电泳带，若降解则成为弥散状。电泳前缘为未除干净的 RNA。

2. 提高基因组 DNA 纯度的解决措施

（1）如果 DNA 沉淀呈白色透明状而且溶解后成黏稠状，说明 DNA 含有较多的多糖类物质，可以在取材前将植物放暗处 24 h，以达到去除淀粉的目的。

（2）如果 DNA 沉淀呈棕色，难以用限制酶完全消化。植物材料含有大量酚类化合物，与 DNA 共价结合，使 DNA 呈棕色，并抑制 DNA 的酶解反应。为防止此情况出现，可在加入 2×CTAB 的同时加入 2%～5% 的 β-ME，或者加入亚精胺（100 μL DNA 加 5 μL 0.1 mol/L 的亚精胺）。

（3）DNA 中含有多糖或盐类。将 DNA 用 100% 乙醇或异丙醇沉淀出来，离心。沉淀用 70% 乙醇清洗两次或更多次，吹干后重溶于 TE 中（注意乙醇一定要吹干，否则电泳点样时样品上漂）。

（4）DNA 已降解电泳条带呈弥散状。样品降解可能有两种情况：一是机械振动过剧烈；二是操作过程中 DNase 污染。在提取 DNA 的各个操作过程中要避免剧烈振荡，提取液及用品要高温高压灭菌。另外，使用吸头吸取过程中应避免产生气泡，吸头应剪去尖部，避免反复冻融 DNA。

实验 3　动物细胞基因组 DNA 的制备

【实验目的】

掌握动物基因组 DNA 提取原理及试剂作用。

【实验材料】

1. 材料

新鲜动物组织或冻存动物材料

2. 试剂

消化液：

Tris-HCl	50 mmol/L（pH 8.0）
MgCl$_2$	5 mmol/L
NaCl	100 mmol/L
NP40	0.5%（V/V）

抽滤灭菌

7.5 mol/L 乙酸铵

70% 乙醇

氯仿/异戊醇（24∶1）

3. 仪器

恒温水浴，台式高速离心机，电泳装置

【实验步骤】

（1）将动物组织剪成小块，液氮速冻后－80℃存放。若是新鲜的动物组织可以直接液氮研磨。

注：冻存材料直接研磨，绝对不能化冻。而且粉末应在化冻前转移，否则内源 DNase 有可能降解基因组 DNA。

（2）取 200 mg～1 g 组织块研磨，然后趁液氮未干之前转移到含有 1.2 mL 消化液的离心管中。盖上离心管盖后颠倒混匀，50℃ 振荡保温 12～18 h。（裂解动物细胞）

（3）加等体积的氯仿/异戊醇，轻轻地颠倒混匀，室温下 10 000 r/min 离心 10 min，移上清至另一新管中。（去蛋白）

（4）向管中加入 1/2 倍体积的 7.5 mol/L 乙酸铵和 2 倍体积 100% 乙醇，－20℃放置 30 min。（沉淀 DNA）

（5）12 000 r/min 离心 10～15 min 回收 DNA 沉淀，用 70% 乙醇清洗沉淀 2 次，吹干后溶于适量的灭菌 ddH$_2$O 或 TE 缓冲液中。

（6）0.8% 琼脂糖凝胶电泳检测基因组 DNA 的完整性。

【思考题】

（1）如何评价基因组 DNA 的纯度和完整性？

（2）如何减少基因组 DNA 的降解？

实验 4　PCR 扩增目的 DNA

一、概述

聚合酶链反应（polymerase chain reaction）简称 PCR 技术，它是一种与体内 DNA 复制过程类似的体外扩增特异 DNA 片段的技术，它是在模板、4 种 dNTP 及 2 种特异性引物存在的条件下的耐热性 *Taq*E 的酶促聚合反应，数小时后，能将极微量的目的 DNA 片段扩增数十万倍，乃至千百万倍，无须经过繁琐费时的基因克隆过程，便可获得足够数量的目的 DNA 片段，所以有人称之为无细胞分子克隆法。在 PCR 反应中，由双链 DNA 高温变性、低温退火与适温延长三个步骤构成一个循环。理论上，经过 n 次 PCR 循环后，目的 DNA 片段的分子数可以达到 2^n，而每一次循环则仅需要几分钟。具体原理如图 1-4 所示。PCR 技术自其产生之日就以简单和快速的特点而成为科研人员在分子生物学研究中常用且必备的一种手段。在短短的十几年中，依据 PCR 扩增技术的原理发

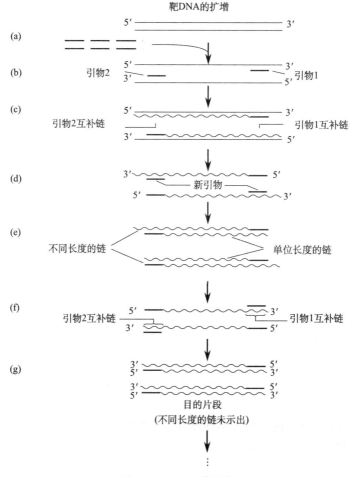

图 1-4　PCR 三步反应

PCR 反应分三步。（a）高温变性（denaturation）：高温（通常 94℃）变性双链模板 DNA；（b）退火（annealing）：当温度降低时，由于模板 DNA 结构比引物复杂得多，而且引物大大过量，使引物在与其互补的模板局部形成杂交双链，而模板 DNA 双链之间互补的机会较少；（c）延伸（extention）：适温（72℃）下 *Taq*E 沿 5′→3′ 方向催化以引物为起点的 DNA 链延伸反应。三个步骤形成一个循环，多个循环组成 PCR 扩增技术。（d）～（g）每一个循环的产物可以作为下一循环的模板，数小时之后，介于两引物之间的特异 DNA 片段得到大量扩增，数量可达到 $10^6 \sim 10^7$ 拷贝

展了包括逆转录 PCR、反向 PCR、锚定 PCR 和嵌套 PCR 等在内的多种 PCR 扩增技术，有力地推动了分子生物学的发展，加速了科研成果的产生。可以预计，在今后生物学的深入研究中，PCR 技术必将凭借其简洁、快速、灵活多样的优势，更加广泛地应用于分子生物学临床诊断、法医学和考古学等领域，并成为人们向未知生物科学领域进军的一把利剑！

在实际操作中，一个完整的 PCR 过程包括预变性、主体循环、补平和低温保存 4 部分（图 1-5）。预变性的目的是使模板充分变性，露出引物的互补序列。补平的目的是使末端不齐的产物补平或进一步加 A 的尾巴。循环结束后来不及取出 PCR 产物时，在低温保存以防止产物降解，但长时间低温对 PCR 仪有害。

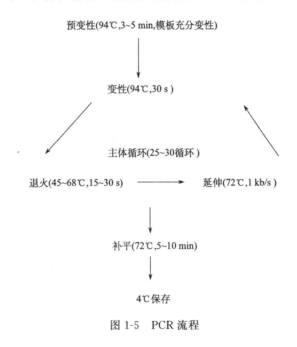

预变性(94℃,3~5 min,模板充分变性)

变性(94℃,30 s)

主体循环(25~30循环)

退火(45~68℃,15~30 s)　　　　延伸(72℃,1 kb/s)

补平(72℃,5~10 min)

4℃保存

图 1-5　PCR 流程

二、PCR 反应体系

1. 反应缓冲液

反应缓冲液主要成分为 10～50 mmol/L Tris-HCl，50 mmol/L KCl，1.5 mmol/L $MgCl_2$。其中 Mg^{2+} 浓度能影响引物退火的程度、模板及 PCR 产物的解链温度、产物的特异性、引物二聚体的形成、酶的活性及精确性，因而显得极为重要。

2. 模板

基因组 DNA、质粒 DNA、cDNA 等都可以作为模板。在一定范围内，PCR 产物随着模板浓度的升高而显著加大，但模板浓度过高会引起非特异性扩增。实际操作时，主要考虑目的扩增 DNA 分子在所加 DNA 模板分子群中的拷贝数或比例，如从复杂的基因组 DNA 分子中扩增单拷贝的目的基因所需要的基因组 DNA 分子要达到微克级，而扩增克隆在质粒分子上的目的基因需要 1 pg 质粒足够了。

3. 引物

引物的序列特异性是决定 PCR 特异性扩增的主要因素。设计引物应符合下列条件。

（1）引物一般长度为 15～30 bp，过短会降低引物特异性，过长会降低与模板 DNA 的复性速率，降低了扩增效率。

（2）碱基随机分布，G+C% 含量宜为 45%～55%，避免 4 个以上的相同碱基排列。

（3）引物内部不应形成二级结构，两引物之间不能互补。

（4）引物 3′ 端碱基最好选 T、C、G 而不选 A，这样有利于延伸。

（5）引物 3′ 端和模板的碱基完全配对对于获得好的结果是非常重要的，而引物 3′ 端最后 5～6 个核苷酸应尽可能与模板配对。

（6）为了便于后续分析，可以在引物 5′ 端添加不与模板互补的额外序列，这并不影响引物的正常退火和特异性。这些额外序列包括：便于后续克隆的酶切位点序列、便于后续表达的启动子序列、便于 PCR 表达产物纯化检测的蛋白质结合序列标签等。

4. 耐热性的 *Taq*E

最早 PCR 过程是用 *E. coli* DNA 聚合酶 I 的 Klenow 片段来完成的。由于这种酶的热稳定性差，所以每一轮循环在变性和退火后需加入新酶。后来在 PCR 中引入从水生栖热菌（*Thermus aquaticus*）分离出来的耐热性的 DNA 聚合酶，即 *Taq*E，避免了这种繁琐的操作，使热循环部分的自动化成为可能。耐热性 *Taq*E 具有较高的热稳定性，该酶在 92.5℃、95℃、97.5℃ 的半衰期分别为 130 min、40 min、5～6 min，该酶的最适催化温度为 75～80℃，延伸速率为 150～300 bp/s 酶分子。现在已经分离出许多类型的耐热性 DNA 聚合酶，并且已实现基因工程化生产。一般的 *Taq*E 没有 3′→5′ 外切核酸酶校正功能，所以错误掺入率为 $2×10^{-4}$，而且在 3′ 端引入非模板互补腺苷酸。高保真耐高温 DNA 聚合酶，如重组 *Pfu* DNA 聚合酶、Vent、Deep Vent 等，具有 5′→3′ 外切核酸酶活性，错误掺入率比普通的 *Taq*E 降低 1～2 个数量级。此外还有扩增效率高的 *Taq*E（扩增效率为普通 *Taq*E 的 5 倍）和扩增长 DNA 片段（4～20 kb）的 LA *Taq*E。可以根据实际需要，选择不同类型的耐热性 DNA 聚合酶。

5. dNTP

dNTP 混合物使用浓度一般为 50～200 μmol/L。4 种 dNTP 在混合物中的浓度应相等，若一种明显偏高，会诱发聚合酶的错误掺入，降低合成效率。

三、PCR 扩增的优化

特异性、忠实性和有效性是检测 PCR 扩增的三个标准。三者有时不可兼得，高特异性的反应条件与高产量的反应条件并不一致，高保真的扩增会导致低产率，因此应根据实验目的优化反应条件。

PCR 扩增的特异性主要是由引物的特异性和循环参数来决定的。循环参数中最主要的是退火温度和退火时间。提高退火温度和降低退火时间能有效地提高反应的特异性。减少延伸时间、减少 TaqE 酶量、减少循环次数能提高特异性。

采用高保真的 TaqE 可以降低反应产物的变异，但其扩增效率有可能降低。

由于制备模板 DNA 分子时，有一定量的单链 DNA 分子，这些单链非靶 DNA 分子在低温下能与引物退火，随后的扩增反应能产生非特异性扩增。反应产物在 PCR 扩增仪中由室温升至变性温度时（预变性阶段），有可能产生引物的错误引发，从而造成非特异性扩增。解决的办法有热启动（hot start）和冷启动（cool start）两种方法。热启动是在 PCR 反应产物在变性温度保温几十秒后再加入 TaqE，从而避免温度上升过程中引起的非特异扩增。冷启动是反应体系达到变性温度前放在冰上，达到变性温度后直接放到 PCR 扩增仪中进行扩增。采用巢式 PCR（nested PCR）技术也是提高反应特异性的一种有效手段。巢式 PCR 涉及两对引物，一对称为外侧引物（outer-primer），另一对称为内侧引物（inter-primer）。内侧引物位于外侧引物扩增产物的内侧，可以以外侧引物扩增产物为模板进一步扩增，从而降低外侧引物扩增产物的错误引发。

如果目的基因序列全部或部分已知，就可以以基因组 DNA 或 cDNA 为模板，利用 PCR 或 RT-PCR 快速克隆该基因片段。本实验介绍如何从基因组 DNA 中克隆目的基因，而 RT-PCR 技术请参见第 3 章植物细胞工程。

【实验材料】

1. 材料

基因组 DNA

2. 试剂

PCR 扩增试剂盒，基因特异引物（10 pmol/μL）

3. 仪器

PCR 扩增仪，电泳装置，紫外观测仪

【实验步骤】

(1) 在灭菌 1.5 mL 管中分别加入 100 ng～1 μg 基因组 DNA，用灭菌 ddH$_2$O 补足体积至 25 μL。沸水浴 5～10 min，取出立即置于冰上，使基因组 DNA 充分变性。

(2) 在一灭菌的 0.2 mL 小离心管中依次加入（总体积为 25 μL）：

10×PCR 缓冲液	2.5 μL
4×dNTP（每种 2.5 mmol/L）	2.0 μL
引物 I（10 pmol/μL）	0.5 μL
引物 II（10 pmol/μL）	0.5 μL
模板	19 μL
*Taq*E	0.5 μL（1U）

把加样品的离心管稍离心后，置冰上备用，待 PCR 仪温度升至 90℃时，插入离心管，30 s 后，按 Pause 键暂停，加入 *Taq*E 0.5 μL（此为热启动，可以防止非特异性扩增）。其上机的循环条件为：94℃变性 3 min，55℃退火 30 s，72℃延伸 45 s，共进行 30 轮循环，然后 72℃再延伸 7 min，以补平 DNA 末端。

（3）1%琼脂糖凝胶电泳检测，紫外灯下照相。

【结果与分析】

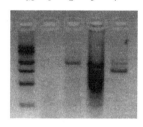

图 1-6　PCR 扩增目的基因
检测电泳图谱

M. DL2000 Marker；1～4. 可能
的扩增结果

　　PCR 产物经电泳检测（图 1-6）在预计的分子质量处出现单一 DNA 条带（lane 2），但有时呈现含有明显条带的弥散区带（lane 3）或非特异条带（lane 4），甚至没有扩增结果（lane 1），这种现象在以核基因组 DNA 做模板时常会出现，可能的原因有核基因组复杂度高、退火温度低、延伸时间长、引物和模板量大等。解决的方法有采用热启动（如本实验）、减少模板和引物量、提高退火温度〔甚至在 68℃下退火和延伸（需要设计 T_m 值较高的引物）〕、降低退火和延伸时间、减少循环次数、改变 Mg^{2+} 浓度（1.5～8 mmol/L）等。

1.2.2　大肠杆菌质粒载体的制备

　　质粒是染色体外的能独立复制的共价闭合环状双链 DNA 分子，它广泛存在于细菌等原核生物中，能够提供给宿主细胞一些表型，如抗药性、分解复杂有机物的能力。天然质粒经过改造后可以作为基因工程的载体，这种质粒载体在基因工程中具有极广泛的应用价值。因此质粒的分离与提取是分子生物学最常用、最基本的实验技术之一。

　　细菌质粒是最常用的基因工程载体，它的提取可以分为以下三步：细菌的培养、菌体的收集和裂解、质粒 DNA 的纯化。细菌的培养通常在选择性的液体培养基中（如含适当浓度的抗生素）接种一含有质粒的宿主菌，于 37℃，150～250 r/min 摇培过夜获得。细菌的收集可以采用离心的方法，为了防止细菌的代谢产物影响质粒的纯度可以用液体培养基或生理盐水漂洗细菌沉淀 1～2 次。细胞裂解的方法很多,如去污剂法、煮沸法、碱变性法等。这些方法各有利弊,要根据质粒的性质、宿主菌的特性及后续的纯化方法等多种因素加以选择。为了满足一些实验的要求,粗提的质粒还需要进一步纯化,氯化铯-溴化乙锭密度梯度超速离心纯化质粒 DNA 是经典的方法。

实验室提取细菌质粒常采用碱裂解法、煮沸法、一步提取法以及商品化的试剂盒法等。碱裂解法利用宿主菌巨大线状染色体 DNA 与相对较小的闭环双链质粒 DNA 的结构差异来提取质粒 DNA。碱变性 DNA 时,线状基因组 DNA 变性充分而质粒 DNA 处于拓扑缠绕的自然状态而不能彼此分开。当去除变性条件时(酸中和),质粒 DNA 迅速准确配置重新形成完全天然超螺旋状分子,而难于复性的长链线状的基因组 DNA 则与破裂的细胞壁、细菌蛋白相互缠绕成大型复合物,被 SDS 包盖,当 K^+ 取代 Na^+ 时这些复合物会从溶液中沉淀下来,附在细胞碎片上一起被离心除去。

煮沸法利用高温破坏细菌细胞,同时利用溶菌酶酶解细菌细胞。把细菌悬浮于含有 Triton X-100、溶菌酶(消化细胞壁)的缓冲液中,然后加热到 100℃,使其裂解。加热破坏了细胞壁,还有助于解开 DNA 链的碱基对,并使蛋白质和染色体 DNA 变性。闭环质粒 DNA 配对虽被破坏,但当温度下降时又恢复成超螺旋。离心除去变性的染色体 DNA 和蛋白质,从上清液中回收质粒 DNA。小量一步提取法是直接将细菌培养物和酚/氯仿混合,同时完成细胞裂解、蛋白质变性两个过程,然后离心除去大部分基因组 DNA 与蛋白质,含质粒 DNA 的上清用异丙醇沉淀。其优点是操作简单、方便、经济,特别适合多样本质粒的快速分析。

多数公司生产的质粒提取试剂盒多采用在碱裂解法的基础上通过特殊的吸附柱来纯化质粒 DNA。经碱裂解获得的含质粒的上清液与高盐结合缓冲液混合,加到能高效、专一吸附 DNA 的特殊硅基质填充的离心式吸附柱子中,再用洗涤缓冲液通过离心法洗去蛋白质、盐等杂质,最后用洗脱缓冲液将质粒 DNA 洗脱下来。在提取液中含有 RNase A,可以在提取纯化过程中除去 RNA,而不用另外单独加 RNase A 除去 RNA。该方法由于不用苯酚、氯仿抽提,减少了对质粒 DNA 的破坏,而且纯度很高,超螺旋状质粒占 $80\%\sim90\%$。

实验 5　碱 裂 解 法

【实验材料】

　1. 材料

　　含有质粒的菌种

　2. 试剂

　　溶液 I:

　　50 mmol/L 葡萄糖

　　25 mmol/L Tris-HCl（pH 8.0）

　　10 mmol/L EDTA（pH 8.0）

　　高压灭菌 15 min，4℃贮存

　　注：若提取质粒较小，可以直接用 pH 8.0 的 TE 代替

溶液 II（新鲜配制）：

　　0.2 mol/L NaOH（用 5 mol/L NaOH 母液配）

　　1% SDS（用 10% SDS 母液配）

　　注：此处可以用 0.4 mol/L NaOH 和 2% SDS 的母液等体积混合即可

溶液 III：

　　5 mol/L KAc　　　　　　60 mL

　　冰乙酸　　　　　　　　11.5 mL

　　ddH$_2$O　　　　　　　　28.5 mL

　　高压灭菌 15 min，4℃贮存。

3. 仪器

　　恒温摇床，台式离心机，电泳装置，紫外透射观测仪

【实验步骤】

(1) 在含有相应抗生素的 LB 培养基中接种一单菌落，37℃，150 r/min 摇培过夜。

(2) 取 1.5 mL 菌液于小离心管中，室温 12 000 r/min 离心 30 s 收集菌体，尽可能弃去上清。加入 100 μL 冰预冷的溶液 I，剧烈振荡直至悬液发稠。

(3) 加入 200 μL 新配制的溶液 II，温和颠倒 5 次，置冰上 1～2 min。

(4) 加入 150 μL 冰预冷的溶液 III，温和振荡 10 s，置冰上 5 min。

(5) 12 000 r/min 离心 10 min，转上清于另一管中，用等体积氯仿抽提一次，10 000 r/min 离心 2 min，吸上清于另一管中。加入 2 倍体积 100%乙醇，−20℃沉淀 1 h。

(6) 12 000 r/min 离心 10 min 回收质粒 DNA，用 75%乙醇洗一次，超净台中吹干沉淀后溶于适量灭菌重蒸水中。琼脂糖凝胶电泳检测质粒的质量。

(7) 若需要可以进一步纯化质粒 DNA 以达到转化、重组的要求。

　　注：小量提取往往不能满足大量分析需要，可以用"中量提取法"，即 50 mL 菌液用 2 mL 溶液 I、4 mL 溶液 II 和 3 mL 溶液 III 处理后直接用等体积的氯仿抽提，然后分装到小离心管中供沉淀分析用。这样既节省时间又便于分析。

实验 6　小量一步提取法

【实验材料】

1. 材料

含质粒的细菌

2. 试剂

PCI：酚：氯仿：异戊醇（25：24：1），其中酚用 TE（10 mmol/L Tris-HCl pH 7.5，1 mmol/L EDTA）饱和

TER：TE（pH 7.5）含 RNase 20 μg/mL

3. 仪器

离心机，电泳装置，紫外透射观测仪

【实验步骤】

（1）取 0.5 mL 细菌过夜培养物，置 1.5 mL 离心管中。

（2）加入 0.5 mL PCI，用振荡器最大速度振荡 1 min，充分混匀。

（3）4℃，12 000 r/min 离心 5 min，取上清 0.45 mL 左右，移至离心管中，加 0.5 mL 异丙醇（不加盐也无须冷冻）混匀，马上 12 000 r/min 离心 5 min。弃上清，用 70%乙醇洗一次，空气中干燥，加 100 μL TER 溶解 DNA。取 5～10 μL 电泳分析。

实验 7　试　剂　盒　法

【实验材料】

1. 材料

含质粒的细菌

2. 试剂

质粒快速提取试剂盒（北京博大泰克生物技术公司）

3. 仪器

离心机，电泳装置，紫外透射观测仪

【实验步骤】

（1）将 3～5 mL 细菌培养液 10 000 r/min 离心 1 min，去上清，沉淀加 100 μL 溶液 I（含 RNase A），彻底振荡悬浮。

（2）加入 150 μL 溶液 II，温和振荡混匀（不要涡旋），置冰上 1～2 min。

（3）加入 150 μL 溶液 III，温和颠倒试管数次使之混合（不要涡旋），置冰上 5～10 min。12 000 r/min 离心 10 min，转上清与另一已加好 420 μL 结合缓冲液的管中，混匀，加到离心吸附柱中，然后 12 000 r/min 离心 30 s。

（4）倒掉废液，向柱子中加 750 μL 洗涤缓冲液，12 000 r/min 离心 30 s，弃去废液。重复一次。

（5）再次 12 000 r/min 离心 1 min，彻底除去柱中残留的乙醇。

（6）将柱子置于一个灭过菌的 1.5 mL 试管上，加 50 μL 洗脱缓冲液到柱中央，室温放置 5 min，然后 12 000 r/min 离心 1 min，收集到的液体即为质粒。

注：此处只以一个公司产品为例来说明原理，具体以试剂盒操作说明为准。

【结果与分析】

通过琼脂糖凝胶电泳检测所提取质粒的质量。电泳后经 EB 染色，在紫外光下常常看到 3 条质粒带型，根据质粒移动的快慢由（−）到（＋）分别为开环（OC）、线状（L）和超螺旋（SC）三种形式（图 1-7）。根据其中线状条带的位置与已知分子质量的标准线状 DNA 分子（Marker）比较，可以估算质粒的分子质量。如果样品中污染了细菌基因组 DNA，则表现电泳点样孔中有亮带，多由碱裂解中振荡过于剧烈造成细菌基因组剪切或加入溶液 II 后放置时间过长等原因引起。因此在操作中加溶液 II 后应温和混匀，决不要涡旋振荡并且冰上放置时间要不宜超过 2 min。用试剂盒提取的质粒 DNA 分子超螺旋形式占比例较大，电泳结果往往只有一条带或两条带。

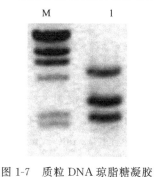

图 1-7　质粒 DNA 琼脂糖凝胶
电泳图谱

M. DL2000 Marker；1. 质粒。从上而
下分别为同种质粒的三种不同构象
（OC、L、SC）

【思考题】

（1）提取质粒的一般原理是什么？

（2）比较不同的质粒提取方法的优缺点？

1.2.3　载体和目的 DNA 的限制酶消化

采用黏末端连接必须对目的 DNA 分子和载体分子进行酶切以获得相应的黏末端进行连接，因此 DNA 的限制酶剪切是制备带有适当末端的载体和插入目的 DNA 分子的前提。酶切包括单酶切和双酶切。单酶切操作比较简单，只需将限制酶最适的缓冲液、目的 DNA 和相应的限制酶混合，用灭菌的 ddH$_2$O 补足体积，在 37℃水浴 1～3 h 即可。但是对于双酶切，特别是两种酶所用的缓冲液成分不同（主要是盐离子浓度不同）或反应温度不一致时，操作就显得复杂一些，这时可以采用如下措施解决：①先用一种酶切，然后乙醇沉淀回收 DNA 分子后再用另外一种酶切；②先进行低盐要求的酶切，加热失活酶后添加盐离子浓度到高盐的酶反应要求，加入第二种酶进行酶切；③使用通用缓冲液进行双酶切。具

体要根据酶的反应要求进行，尽量避免星号效应。所谓星号效应是指限制酶在通常的识别序列之外发生切割反应，通常发生在非适当反应条件下，如低离子强度、高酶浓度、高甘油浓度、高 pH 或 Mn^{2+} 替换 Mg^{2+}。

实验 8　基因组 DNA 的限制酶消化

【实验材料】

1. 材料

基因组 DNA

2. 试剂

限制酶，ddH_2O

3. 仪器

离心机，水浴锅，电泳装置，紫外透射观测仪

【实验步骤】

（1）在一灭菌的 1.5 mL 离心管中依次加入：

基因组 DNA	X μL（约 20 μg）
ddH_2O	X μL
10×缓冲液	10 μL
限制酶	10 μL（约 200 U）

至总体积 100 μL。

（2）混匀，稍离心。

（3）37℃水浴 12 h。

（4）70℃水浴 10 min，终止酶切反应。

（5）电泳检测酶切效果（图 1-8）。

注：扩大酶切体积，增大酶量（1 μg 基因组 DNA/10～15 U 酶）可以获得较好的酶切结果。如果酶切体积太大无法上样电泳，可以用乙醇沉淀浓缩后电泳。一般电泳过夜，其间可以取部分电泳检测，结果好的话可以终止酶切反应。电泳常用 0.8% 浓度的琼脂糖凝胶。

图 1-8　基因组 DNA 限制酶
消化琼脂糖凝胶电泳图谱
M：λDNA/*Hind*III Marker；1，2. 限
制酶消化烟草基因组 DNA

实验 9　质粒载体的限制酶消化

【实验材料】

1. 材料

质粒 DNA

2. 试剂

限制酶，ddH$_2$O

3. 仪器

微量移液枪，离心机，水浴锅，电泳仪，紫外透射观测仪

【实验步骤】

1. 单酶切

(1) 在一灭菌的 1.5 mL 离心管中依次加入：

质粒 DNA	X μL（约 1 μg）
ddH$_2$O	X μL
10×缓冲液	2 μL
限制酶	1 μL（约 10 U）

至总体积 20 μL。

(2) 混匀，稍离心。

(3) 37℃水浴 1～3 h。

(4) 70℃水浴 10 min，终止酶切反应。

(5) 电泳检测酶切效果。

2. 双酶切

(1) 在一灭菌的 1.5 mL 离心管中依次加入：

质粒 DNA	X μL（约 1 μg）
ddH$_2$O	X μL
10×缓冲液	2 μL
限制酶 1	1 μL
限制酶 2	1 μL

至总体积 20 μL。

(2) 混匀，稍离心。

(3) 37℃水浴 1～3 h。

(4) 70℃水浴 10 min，终止酶切反应。

(5) 电泳检测酶切效果。

注：酶切的选择原则一般是尽量扩大酶切体系，这样抑制因素得以稀释；基因组 DNA 或质粒 DNA 酶的用量较大，一般为 1 μg/10 U；所加酶的体积不能超过酶切总体积的 1/10，否则甘油浓度会超过 5%，会产生星号效应；对难以酶切的质粒或基因组 DNA 应延长反应时间到 4～5 h，甚至过夜。灭活限制酶活性可以采用加热灭活、乙醇沉淀、酚/氯仿抽提、添加 EDTA 或 SDS 等方法，具体每一种酶可能有些方法不能完全灭活，这一点需要注意。

【结果与分析】

假若限制酶在环状质粒 DNA 中只有唯一的识别位点，且酶切完全，紫外灯下检测电泳结果，则单酶切应为一条带，而双酶切则为两条带。如果条带数目多于理论值，那么有可能是酶切不完全。如果酶切结果与酶切前的质粒条带一样（超螺旋、线性和开环 3 条带），则说明质粒完全没有被切开。

在 pUC19 质粒的 HindIII 和 EcoRI 位点间插入长度分别为 3.0 kb 和 2.3 kb 的片段，克隆筛选到的阳性重组质粒的双酶切鉴定。如图 1-9 所示，双酶切后电泳结果均为两条带，分别为 2.7 kb 空载体和释放出的插入 DNA 片段，结果表明这两个质粒为阳性重组质粒。

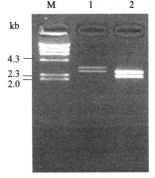

图 1-9　重组质粒 HindIII＋EcoRI 双酶切的琼脂糖凝胶电泳图谱

M：λDNA/HindIII Marker；1. 插入片段为 3.0 kb 重组 pUC19 质粒 HindIII＋EcoRI 双酶切；2. 插入片段为 2.3 kb 重组 pUC19 质粒 HindIII＋EcoRI 双酶切。pUC19 质粒长为 2.7 kb

【思考题】

假设一种限制酶在重组质粒上有两个酶切位点，如果酶切后的电泳显示有 3 条带，分析可能的原因，并采取何种措施解决。

实验 10　DNA 片段的回收纯化

载体及目的 DNA 片段经酶切后，如果无多余的片段（如载体单切）可以用酚/氯仿抽提，经乙醇沉淀回收后用于连接。但多数还有多余片段，必须电泳分离后回收目的片段。回收既可以采用低熔点胶法和冻融法等经典方法，也可以采用商品化的试剂盒。这些商品化的试剂盒多采用凝胶裂解液（如含有降低熔点的 NaI）融化凝胶释放 DNA 后，采用特殊的硅胶树脂或玻璃奶吸附 DNA，再用洗液洗去杂质，最后用洗脱液洗出 DNA，具体操作参见产品说明书。

【实验材料】

1. 材料

待回收和 DNA 样品

2. 试剂

玻璃奶试剂盒：裂解缓冲液，漂洗液，玻璃奶

Promega 公司的 DNA 回收试剂盒

1% 低熔点胶，琼脂糖，TE 缓冲液，ddH$_2$O，酚/氯仿，氯仿，无水乙醇，70% 乙醇

3. 仪器

离心机，水浴锅，电泳仪

【实验步骤】

方法一　低熔点胶法

(1) 电泳到适当位置后在目的 DNA 条带的前端挖一长方形槽,向槽中加入融化的低熔点胶,待凝固后进行电泳。当 DNA 条带进入低熔点胶中心时停止电泳。紫外灯下切下目的条带的低熔点胶。

(2) 将切下的胶放到离心管中,加入 200 μL 的 TE,65℃温浴 3 min 以融化低熔点胶。

(3) 分别用酚/氯仿、氯仿抽提一次。

(4) 取上清,加入 2 倍体积的无水乙醇,−20℃沉淀 DNA 2 h 以上,12 000 r/min 离心 15 min,弃上清,用 70％乙醇洗涤,吹干后溶于 10 μL无菌水中,取 1 μL 电泳检测。

方法二　冻融法

(1) 电泳后直接切下凝胶中目的条带后加 200 μL TE,再加 2 倍体积酚,在液氮中冻 2 min,在 65℃水浴中融化 10 min,这样重复数次。

(2) 10 000 g 离心 5 min,取上清液加 2 倍体积 100％冰乙醇−20℃沉淀过夜。

(3) 离心回收 DNA,70％乙醇洗一次后溶于适量的 TE 或无菌水中,电泳检测回收效果。

方法三　玻璃奶法

(1) 0.8％琼脂糖凝胶电泳分离 PCR 或酶切产物。

(2) 紫外灯下迅速切下目的条带,放入离心管中。

(3) 在含胶的离心管中加入 3 倍体积的凝胶裂解缓冲液混匀。

(4) 60℃水浴 5 min,以融化凝胶。

(5) 加入 10 μL 玻璃奶混匀,室温静置 5 min。

(6) 8000 r/min 离心 1min,弃上清。

(7) 加入 125 μL 漂洗液混匀。

(8) 8000 r/min 离心数秒钟,弃上清。

(9) 再加入 125 μL 漂洗液,如此反复两次。

(10) 沉淀中加入适量 ddH₂O 混匀。

(11) 60℃水浴 5 min。

(12) 1500 r/min 离心 2 min,回收上清,取 10 μL 电泳检测。

【结果与分析】

　　DNA 纯化回收后,电泳检测应为单一的条带。如果切胶过程中不慎带上杂带,那么回收后电泳结果可能会出现两条以上的带。这时可以进行重复纯化回收。

【思考题】
 (1) 纯化回收 DNA 的目的是什么?
 (2) 若 DNA 纯化回收后的电泳结果为两条带,那么可能有哪些原因? 如何补救?

1.2.4 载体与目的基因的体外重组

载体与外源 DNA 分子体外重组时,如何选择优化连接条件以达到最高的重组率。因此有必要根据影响连接效率的因素综合考虑连接条件。影响连接效率的因素很多,如反应温度、插入片段和载体之间的摩尔比、DNA 末端性质、连接酶用量、ATP 浓度等。

1. 反应温度

反应温度是影响连接效率比较重要的因素。因为连接酶的最适反应温度为 37℃,但在此温度下仅含 4~6 bp 的退火黏末端之间的氢键结合不稳定($T_m =$ 15℃),不足以抗拒热运动的破坏,因此连接温度应介于酶的最适温度和黏末端退火温度之间,一般为 4~22℃。平末端连接温度要更低一些(4~8℃)。退火黏末端之间的连接可视为分子内的连接,而平末端之间的连接为分子间的连接。从分子动力学角度讲,后者更为复杂,且速度也要慢得多,因此平末端的连接效率要低一些,为黏末端连接效率的 1/10~1/100。一般采用如下组合:黏末端连接反应 16℃,12 h 或 22℃,4~5 h;平末端连接反应 4~8℃,12 h。

2. 插入片段和载体之间的摩尔比

插入片段和载体之间的摩尔比经验值一般为 3~10,即插入片段要多于载体数,这样有利于提高重组率。一般的计算公式为

$$插入 DNA 分子的量(ng) = \frac{载体(ng) \times 插入 DNA 长度(kb)}{载体 DNA 长度(kb)} \times$$

$$比率(一般为 3 \sim 10)$$

3. 连接酶用量

连接酶用量一般为 0.1~2 U,平端连接酶用量要高一些。

4. ATP 浓度

ATP 浓度一般为 10 μmol/L~1 mmol/L,但载体环化受 ATP 浓度影响较大,当 ATP 浓度为 0.1 mmol/L 时环化程度最大。

5. 其他因素

如在反应缓冲液加一定浓度 PEG 可以提高连接效率。

实验 11　载体和目的基因的体外重组

【实验材料】

1. 材料

质粒载体，插入 DNA 片段

2. 试剂

Promega 公司的 T4 DNA 连接酶

3. 仪器

恒温水浴锅

【实验步骤】

（1）采用 10 μL 的体系，在灭菌的 200 μL 离心管中顺序加入：

载体 DNA　　　　　　X μL（0.5 μg）

PCR 产物　　　　　　X μL（10 ng～1.0 μg）

10×缓冲液　　　　　1.0 μL

T4 DNA 连接酶　　　0.5 μL（1.5 U）

用 ddH$_2$O 补足至终体积 10 μL。

（2）4℃或 14～16℃连接反应过夜。

【结果与分析】

连接成功与否，有的实验指导书上建议连接后采用电泳检测，除载体和目的 DNA 片段外，还应出现一条或几条电泳相对滞后的重组 DNA 带，表明重组成功。这在载体和目的 DNA 片段充足的条件下检测不失为一种直观的方法。但如果载体和目的 DNA 片段量较少，这种检测就不经济了。这时可以做载体和插入片段不同比例的连接体系，然后混合转化大肠杆菌，这样能获得较好的结果。根据笔者的经验，4℃连接 48 h，重组效果很好。

【思考题】

在黏末端重组时如何选择最优的连接条件？

实验 12　PCR 产物的 TA 重组

克隆 PCR 产物常用的方法包括限制酶位点添加法（restriction endonuclease site incorporation）、TA 克隆法（T-A cloning）和平末端克隆法（blunt-end cloning）。平末端克隆是用能产生平端的 *Taq*E 如 Pfu 获得平末端扩增产物后进行平末端克隆。TA 克隆是利用绝大多数的 *Taq*E 在扩增产物的 3′端加上一个不依赖于模板的脱氧腺嘌呤核苷酸（A），然后与具有突出 T 尾巴的载体，即 T 载体连接克隆。限制酶位点添加法是用 5′端含酶切位点序列的引物扩增，PCR 产物两端获得相应的酶切位点的方法。其中 TA 克隆法简单而有效，为大多数人所采用。下面详细介绍 TA 克隆法。

　　TA 克隆利用含有单个胸腺嘧啶（T）3′凸出端的线性化载体和带有单个腺苷酸（A）3′凸出端的插入片段来进行。这种方法利用了几种 DNA 聚合酶具有的延伸酶活性（elongase activity）。延伸酶活性是指以不依赖模板的方式将一个核苷酸添加到已完全延伸的 PCR 产物的 3′端。对于 *Thermus aquaticus*、*Thermus flavus* 和 *Thermococcus litoralis* 等 DNA 聚合酶，这个添加上去的核苷酸通常是 A 残基。但添加上的核苷酸会随模板依赖性产物的末端核苷酸的不同而改变。

　　商品化的 T 载体以线性 DNA 形式提供，每条链的 3′端都有一个 T 核苷酸凸出端。PCR 产物不需要做进一步的酶修饰处理，就可直接克隆在载体上。T 载体也可以自己制备。较常用的一个方法是利用一种产生平末端的限制酶（如 *Eco*RV、*Sma*I 等）消化质粒载体（图 1-10 中步骤 1），然后利用 *Taq* 聚合酶的类似于末端转移酶的特性，将平末端的线性载体在仅有 dTTP 存在的情况下，在载体 3′端附加一个 dT（图 1-10 中步骤 2）。进行正常的 PCR 扩增，最后延伸 15 min 以补平 PCR 产物并获得 A 的尾巴（图 1-10 中步骤 3）。最后将 PCR 产物纯化回收与制备好的 T 载体连接（图 1-10 中步骤 4）。过程如图 1-10 所示。

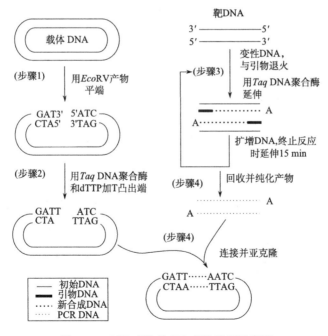

图 1-10　PCR 产物的 TA 克隆过程示意图

　　Taq 聚合酶在 PCR 产物上附加 dA 的程度是由反应近结束时的酶活性以及在反应体系中 *Taq* 聚合酶与全部双链 DNA 量的比例决定的。假如酶活性低，大

多数分子不附加 dA。另外，扩增杂质（即非目的扩增产物，包括很短的类似于引物二聚体的 DNA 错误片段）的量要比特异产物的量大得多，将竞争抑制目的扩增产物附加 dA。因此为了使 PCR 产物最大比例地获得附加的 dA，PCR 反应最好不要超过 20 个循环。因为 20 个循环以后，酶的活性下降，或者由于扩增杂质浓度的增加使新合成产物 3′端附加 dA 的频率下降。

利用 TA 克隆进行 PCR 产物的克隆应注意：①*Taq* 聚合酶在 PCR 产物上附加 dA 的特性虽然不依赖于模板，但是依赖于序列。当 PCR 产物 3′端核苷酸为 A、C 或 T 时，PCR 产物 3′端添加 A；而当 PCR 产物 3′端核苷酸为 G 时，添加的是 G 而非 A；另外 3′端核苷酸为 A 时，添加效率最低。②一些新的有校读功能的热稳定 DNA 聚合酶，如 Pfu、Pwo 无法进行 TA 克隆。

【实验材料】

1. 材料

PCR 产物，pBlueScriptII KS$^+$ 载体质粒

2. 试剂

酚/氯仿，无水乙醇，70% 乙醇，*Eco*RV，*Taq* 酶，dTTP，10× 扩增缓冲液，T4 DNA 连接酶试剂，灭菌 ddH$_2$O

3. 仪器

恒温水浴锅，电泳设备，PCR 仪

【实验步骤】

1. 利用 *Taq*E 制备 T 载体

(1) 利用一种产生平末端的限制酶（如 *Eco*RV、*Sma*I 等）消化 5 μg 质粒载体 pBlueScriptII KS$^+$，取一部分在琼脂糖微型凝胶上检查是否酶切完全。

(2) 70℃ 加热 10 min 灭活限制酶。

(3) 用酚/氯仿、氯仿抽提后，2 倍体积无水乙醇沉淀质粒载体。12 000 r/min 离心 5 min，所得沉淀用 70% 乙醇漂洗后，晾干，溶于 25 μL 灭菌 ddH$_2$O 中。

(4) 准备下述加样反应体系：

平端载体 DNA	X μL（5 μg）
10× 扩增缓冲液	10 μL
100 mmol/L dTTP	2 μL
*Taq*E（5 U/μL）	1 μL
灭菌 dd H$_2$O	X μL

至总体积 100 μL。70℃ 温育 2 h。

(5) 用酚/氯仿、氯仿抽提后，2 倍体积无水乙醇沉淀，70% 乙醇漂洗，再

溶于 100 μL 灭菌 ddH$_2$O 中，浓度调至 50 ng/μL。

2. 连接反应

（1）在冰上混合下列试剂：

5×连接缓冲液	2 μL
T 载体	1 μL（50 ng）
PCR 产物	X μL（载体摩尔数的 3 倍）
T4 DNA 连接酶	1 μL（1～2 个 Weiss 单位）
灭菌 ddH$_2$O	X μL

总体积 10 μL。

（2）16℃保温过夜。

3. 按标准方法转化，并筛选所需克隆

【结果与分析】

对 TA 克隆的进行蓝白筛选，如果蓝色菌落较多，即 T 载体自身连接占优势，说明载体附加 T 的效率不高，这在自己制备 T 载体时常见。在白色菌落中也有部分没有插入目的基因，可能是 PCR 扩增杂质小片段插入引起的假阳性。

【思考题】

比较几种 PCR 克隆方法的优、缺点。

1.2.5　重组质粒导入大肠杆菌

体外连接的重组 DNA 分子导入合适的受体细胞才能进行大量复制、增殖和表达，其首要目的是获得大量的克隆基因。虽然 PCR 技术、体外转录及翻译系统能部分达到大量扩增的目的，但毕竟受到体外操作的许多限制。重组质粒导入宿主细胞最常用的方法之一就是转化（transformation）。转化在基因克隆中特指大肠杆菌吸收并表达外源质粒 DNA 的过程，它在分子克隆中占据极为重要的地位。大肠杆菌在自然状态下无法发生转化，但可以通过人工诱导使其处在易于接受外源 DNA 分子的状态，即感受态（competence），从而使转化得以高效率地进行。研究发现细菌处于 0℃，CaCl$_2$ 低渗溶液中会诱发感受态。将重组质粒加入到感受态大肠杆菌后，0℃保温一段时间后，会在细菌表面形成抗 DNase 的羟基-钙磷酸复合物。经 42℃短时间的热激处理，促进细胞吸收复合物。在富裕培养基中生长 1 h 后，质粒拷贝数增加，抗性基因得以表达，球形的感受态细胞得以复原。最后通过含抗生素的抗性平板筛选转化菌落。质粒转化大肠杆菌的过程如图 1-11 所示。

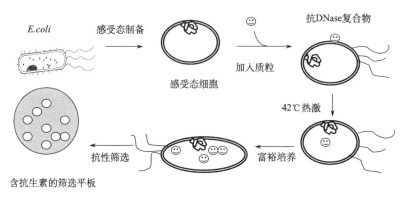

图 1-11　转化大肠杆菌过程的示意图

实验 13　CaCl$_2$ 介导转化法

【实验材料】

1. 材料

质粒载体，插入 DNA 片段，受体菌 DH5α，含 lacZ′的重组质粒

2. 试剂

T4 DNA 连接酶

LB 固体（液体）培养基

0.1 mol/L CaCl$_2$

抗生素母液

0.5 mol/L IPTG（溶解于灭菌水，抽滤灭菌）

100 mg/mL X-gal（溶解于二甲基甲酰胺）

3. 仪器

恒温水浴锅，恒温摇床，冰冻离心机，恒温培养箱

【实验步骤】

1. 感受态细胞的制备

(1) 划线复壮宿主菌 37℃过夜。挑一单菌落于 30 mL LB 液体培养基中，37℃，200 r/min 摇至 OD$_{600}$＝0.2～0.4，取出置于冰上 10～15 min。

(2) 取 1 mL 菌液于灭菌的 1.5 mL 离心管中。4℃，5000 r/min 离心 5 min 回收细胞。弃上清，吸干残存培养基，加 500 μL 冰预冷的 0.1 mol/L CaCl$_2$，重悬菌体，置冰浴 15～30 min。

(3) 4℃，5000 r/min 离心 5 min 回收细胞。弃上清，吸干水，加 100 μL 冰预冷的 0.1 mol/L CaCl$_2$ 重悬菌体。放置于 4℃用于转化，若不用则加 30%甘油置－70℃备存。

2. CaCl₂ 转化

(1) 加入 10 μL 连接产物到 100 μL 感受态细胞中，轻旋以混合内含物，置于冰上 30 min。

(2) 42℃热激 90 s，不要摇动试管。置冰上 1～2 min。

(3) 加 400 μL 液体培养基，37℃，150 r/min 摇培 45～60 min。微波炉融化 LB 固体培养基，待冷却至 50℃左右时，根据载体的抗性加入相应的抗生素，如 Km 母液至终浓度 60 μg/mL 或 Amp 母液至终浓度 100 μg/mL，摇匀。趁热倒平板，每板 20 mL 左右，室温下凝固 10～15 min。

(4) 取适量菌液（体积不要超过 200 μL，如果想多涂菌可以先室温下 5000 r/min 离心 5 min 回收细胞，弃去一部分培养基后，重悬细菌后再涂），加入 5 μL IPTG 和 30 μL X-gal（100 mg/mL），混匀，均匀滴在抗性平板上，用无菌的涂布器涂匀（火焰烧过涂布器应凉下来再用，否则容易烫死细菌）。

(5) 培养皿用石蜡膜封好后，37℃倒置培养过夜。待出现蓝色时取出放在 4℃冰箱中，使其颜色更加明显。

注：①质粒 DNA 要纯；②受体细菌的 OD₆₀₀＝0.3～0.4；③重组质粒的体积小于转化菌液体积的 1/10。

【结果与分析】

若抗性平板上出现白色菌落，说明连接的重组质粒被转化。根据蓝白的比例可以判断重组率，根据菌落数目可以计算出转化率。一般来说采用定向连接的重组质粒的重组率较高，而平末端或单一酶切位点连接的重组率较低。

转化时常常设立阳性对照和阴性对照，以便对实验结果进行合理分析。阴性对照为用灭菌水代替质粒转化的感受态宿主菌，而阳性对照是加入抗性已知的质粒转化感受态宿主菌。阴性对照用来检验宿主菌细胞是否具有抗性，阳性对照则用于监测转化过程是否正确（图 1-12）。转化可能的结果及原因分析见表 1-2。

阴性对照组　　　　　　　　　　实验组　　　　　　　　　　阳性对照组

图 1-12　质粒转化结果

表 1-2　转化可能的结果及原因分析

转化 类型	阴性 对照	实验组	阳性 对照	分　析	评价等级
1	—	+	+	正常合理的结果，说明操作正确，试剂、感受态细胞、抗生素没有问题	★★★★★
2	—	+	—	感受态菌没有相应抗性，阳性对照没有出来说明选错了质粒或质粒降解或涂布时烫死	★★★★
3	—	—	+	实验组没有出来，可以排除试剂、感受态细胞、抗生素及操作有问题的可能。最可能的原因是重组不成功或转化菌没有全部涂板造成	★★★
4	—	—	—	"全军覆没"，可能的原因有感受态细胞死亡、抗生素浓度过高、加错抗生素类型、操作失误等	★★
5	+	+	+	全长出来了，可能的原因有感受态细胞具有抗性、抗生素浓度过低或失活、无菌操作不严格等	★

注：一：没有菌落；＋：有菌落。

【思考题】

(1) 细菌转化的原理是什么？转化时注意哪些事项？

(2) 简述蓝白筛选的意义和原理。

1.2.6　转化菌落的筛选

基因克隆的最后一道工序就是从众多的转化菌中筛选出目的阳性克隆并鉴定重组子的正确性。通过细菌培养以及重组子的扩增，从而获得目的基因的大量拷贝，进一步研究该基因的结构、功能或表达产物。从大量的菌落或噬菌斑中鉴定出重组子的方法有多种，如插入失活法、抗性筛选、蓝白筛选、杂交筛选、免疫学筛选、酶切图谱鉴定、PCR 鉴定等。而蓝白筛选常用在重组子和非重组子的初步筛选中，它是通过载体和宿主菌之间的基因内互补来实现的。许多载体（如 pUC、pBS 等）都是带有包括乳糖操纵子的调控序列和编码 β-半乳糖苷酶前 146 个氨基酸的基因序列，并在编码区中构建了多克隆位点，它不破坏可读框，可使几个氨基酸插入到 β-半乳糖苷酶基因的氨基端，而不影响功能。若有外源基因插入多克隆位点则破坏可读框产生无活性的 α 肽段。宿主菌为缺失产生 α 肽段的突变体，但能产生其余肽段。两者之间进行基因内互补就产生有活性的 β-半乳糖苷酶基因。β-半乳糖苷酶基因在 IPTG 的诱导下产生肽段与宿主菌其余肽段结合成有活性的 β-半乳糖苷酶。此酶能使显色底物 X-gal 分解成蓝色化合物，从而使菌落发蓝。若有外源片段插入载体的多克隆位点，则使 β-半乳糖苷酶基因失活，不

能产生 α 肽，形成白色菌落。利用此方法仅通过目测就轻而易举地筛选出重组菌落。

实验 14　PCR 法快速筛选阳性克隆

PCR 法以其快速、灵敏的特点而广泛应用在转化子的筛选上。传统的筛选转化菌落需要提取质粒后进行 PCR 检测，考虑到 PCR 扩增对模板的纯度要求不高，因此可以直接用菌落扩增，而不用先提取质粒后再扩增筛选。PCR 引物既可以是插入基因的特异引物，也可以是载体多克隆位点两端的引物（如 T7、T3、SP6、M13 等）。采用基因特异引物可直接筛选出目的克隆，而用多克隆位点两端的引物可以得到插入片段长度的信息。

【实验材料】

1. 材料

转化菌落平板

2. 试剂

PCR 扩增试剂盒

基因特异引物（10 pmol/μL）

3. 仪器

PCR 扩增仪，电泳装置，紫外观测仪

【实验步骤】

(1) 对于平板上的菌落，用灭菌牙签挑出分离较好的少许菌落于 25 μL 灭菌 ddH$_2$O 中。对于菌液，可以取 50 μL 菌液，10 000 r/min 离心 1 min 后弃去培养基，加入 100 μL 灭菌 ddH$_2$O，沸水浴 5～10 min。管和菌落对应编号，封好平板后置于 4℃ 存放。

(2) 将煮过的菌落室温下慢慢冷却，然后 10 000 r/min 离心 2 min，取上清 19 μL 作模板。

(3) 在一灭菌的 0.2 mL 小离心管中依次加入（总体积为 25 μL）：

10×缓冲液	2.5 μL
4×dNTP（每种 2.5 mmol/L）	2.0 μL
引物 I（10 pmol/μL）	0.5 μL
引物 II（10 pmol/μL）	0.5 μL
模板	19.0 μL
*Taq*E	0.5 μL（1 U）

(4) 把加样品的离心管稍离心后，置冰上备用，待 PCR 仪温度升至 90℃ 时，插入离心管，30 s 后按 Pause 键暂停，加入 *Taq*E 0.5 μL（1 U）。其上机的循环条件为：94℃ 变性 3 min，55℃ 退火 30 s，72℃ 延伸 30 s，

共进行 30 个循环，然后 72℃ 再延伸 7 min 以补平 DNA 末端。

（5）1% 琼脂糖凝胶电泳检测。

（6）将有目的扩增带出现的菌落挑出培养做进一步鉴定。

【结果与分析】

结果见图 1-13。

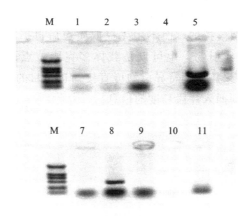

图 1-13　PCR 法快速筛选阳性菌落的电泳图

M. DL2000 Marker；1～11. 筛选的菌落。其中 1，5，8 号菌为阳性，

用基因特异引物扩增后出现 500 bp 特异扩增带

用这种方法筛出的克隆还需提取质粒做进一步验证，可以采用 PCR 和限制酶酶切分析，甚至测序分析。

实验 15　菌落原位杂交

菌落的原位杂交（*in situ* hybridization）是将菌落原位影印到硝酸纤维素膜或尼龙膜上，在膜上原位裂菌释放质粒，将质粒变性固定后与探针进行杂交。菌落的原位杂交常用在噬菌体或菌落文库的筛选中。其具体过程如图 1-14 所示。

【实验材料】

1. 材料

细菌文库，筛选探针

2. 试剂

20×SSC：3mol/L NaCl，0.3mol/L 柠檬酸三钠

变性溶液：0.5 mol/L NaOH，0.5 mol/L Tris・HCl

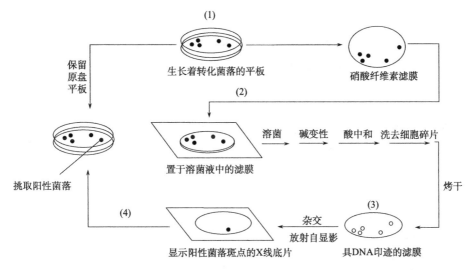

图 1-14 菌落原位杂交过程示意图（张维铭，2003）

中和溶液：1.5 mol/L NaCl，0.5 mol/L Tris·HCl（pH 8.0）

杂交液：6×SSC，5×Denhardt，0.5%SDS，ddH₂O

50×Denhardt 溶液：

聚蔗糖（Ficoll，400 型）	5 g
聚乙烯吡咯烷酮	5 g
牛血清蛋白（组分 V）	5 g

1 mg/mL 鲑鱼精 DNA：把鲑鱼精 DNA 溶解于盛有灭菌 ddH₂O（10 mg/mL）的塑料容器中，或硅化过的玻璃器皿中。超声波打断 DNA。氯仿/异戊醇抽提一次，回收水相。测定 OD₂₆₀ 定量 DNA，煮 10 min，分装小份，−20℃保存

洗膜液：①2×SSC 及 0.1%SDS；②0.1×SSC 及 0.1%SDS

3. 仪器

恒温培养箱，摇床，放射自显影设备

【实验步骤】

1. 铺板

培养细菌至产生 1~2 mm 大小的菌落。

2. 转膜

将处理好的 NC 膜（用 ddH₂O 浸润后，滤纸包好高压灭菌）编号后小心地放到顶层琼脂表面，先中间后周围，避免产生气泡，吸附 1 min。在不对称位置上打孔做标记，小心地将膜剥下以防揭下顶层琼脂。再转下一张膜，吸附时间为

2 min。

3. 裂菌

在一块平皿中置 4 张滤纸，用 10% SDS 浸透，倒掉多余液体。将带有菌落的滤膜取下，轻轻置于滤纸上，菌落面在上，注意防止在滤膜底面存有气泡。

4. 变性

5 min 后将滤膜转至用变性溶液浸湿的滤纸上，放置 10 min。

5. 中和

将滤膜转至中和溶液浸湿的滤纸上，放置 10 min。重复中和 1 次。

6. 漂洗

将滤膜移至用 2×SSC 溶液浸过的滤纸上，放置 10 min。

7. 烘膜

将滤膜用滤纸吸干，80℃烘干 2 h。

8. 杂交

(1) 膜处理：膜经烘干后，在 2×SSC 中浸没 5 min。

(2) 预杂交：加热杂交液至 50℃左右，100℃变性鲑鱼精 DNA 10 min，冰上 5 min，然后加到温育至 50℃的杂交液中（500 μg/mL）。快速浸没每一张膜，倒入更多的预杂交液。65℃预杂交 4～6 h。

(3) 探针的制备：预杂交期间用随机引物法制备探针，用〔α-³²P〕dCTP 标记。

(4) 杂交：将标记好的探针沸水浴变性 10 min，冰上 5 min。将预杂交好的膜浸在 10 mL 杂交液中，加入变性的探针。68℃杂交 18 h。

(5) 洗膜及放射自显影：室温下用洗膜液 I（2×SSC，0.1% SDS）200 mL 振荡洗膜 5 min。重换一次洗膜液 I 洗 15 min。55℃下用洗膜液 II（0.1×SSC，0.1% SDS）200 mL 振荡洗膜 30 min，68℃下用 100 mL 洗膜液 II 再洗 30 min。洗膜时随时用探测器检查，以防洗得过度。将洗好的膜放在干滤纸上空气中晾干，用保鲜膜包好，暗室中压 X 线片，将放射性杂交残液加墨水滴在滤纸上做定位标志。−70℃放射自显影 3～5 天。经显影、定影获得杂交结果。

(6) 将 X 线片、NC 膜与原板对照挑出阳性斑，再铺板进行第二次杂交，方法同上。

【结果与分析】

在 X 线片上出现黑色杂交斑点，但有的是污染所致，需与真正的阳性杂交信号区分，真正的杂交信号往往边缘有些模糊，而污染则呈现清晰，当然只是经验上的判断（图 1-15）。杂交信号对应的菌落可能不止一个，这在菌落密度大的平板上经常出现。可以挑取半径 0.5 cm 范围菌落，稀释后重新铺板，此时菌落密度应保证二次杂交后能挑出单个菌落。

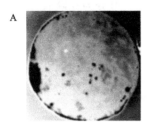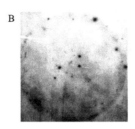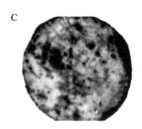

图 1-15　菌落原位杂交

A. 边缘封闭不好；B. 较好的杂交结果；C. 封闭不严，洗膜不彻底，菌体扩散

【思考题】

（1）简述菌落原位杂交的过程。

（2）如何提高菌落原位杂交的专一性？

1.3　真核生物（酵母）的基因工程

　　酿酒酵母（*Saccharomyces cerevisiae*）是一种易于培养的典型单细胞真核生物，有真核生物中的大肠杆菌的美称。它是遗传学和分子生物学研究的有力工具，并且是研究真核生物分子生物学问题的首选工具。酵母可以像大肠杆菌一样简单、经济、快捷地培养。在营养丰富的培养基中，大约 90 min 的时间即可增殖一代。单倍体酵母细胞基因组为 15 Mb，含 16 条大小为 200～2200 kb 的线性染色体。它的单倍体核酸 DNA 容量仅为大肠杆菌基因组的 3.5 倍。相比较而言，最大的酵母染色体仍然只是哺乳动物染色体的平均大小的 1/100 左右。尽管酵母菌基因组很小，但它的许多生物学特性与其他高等真核生物相似。它不仅含有高等真核生物细胞中有膜的亚细胞器，而且还有细胞骨架。酵母 DNA 只在核内存在，尽管无组蛋白 H1，但染色体 DNA 的核小体结构与高等真核生物仍十分相似。酵母菌 DNA 的转录由三种不同的 RNA 聚合酶完成，只有很少的基因出现内含子，mRNA 具有真核生物 mRNA 典型的转录后修饰，如 5′端加甲基化的鸟嘌呤帽（methyl-G）和 3′端加 ploy（A）尾。酵母良好的遗传背景，为进行真核生物的基因操作提供了大量的研究工具和可借鉴的经验。

　　支持酵母染色体功能的三种基本结构元件已经被确认和克隆，它们分别是：复制起点（autonomously replicating DNA sequence，ARS 元件）、着丝粒（centromere DNA sequence，CEN 元件）和端粒（telomere，TEL）。利用这些克隆化的元件已经构建了酵母微型人工染色体，并应用于各种染色体行为的研究。利用这些结构元件，再加上克隆化的酵母菌选择标记与大肠杆菌载体融合构建成穿梭载体，它们能在大肠杆菌和酵母菌中自主复制并稳定存在。大多数酵母载体都是能穿梭于酵母和细菌之间的穿梭载体。根据用途不同，可分为克隆载体、表达载体、转导载体和用于诱变的载体。

本节主要介绍酵母细胞基因组 DNA 和质粒分离、酵母的转化以及在这两个基本技术基础上的酵母单杂交技术。

实验 16　酵母基因组 DNA 的提取

酵母分子生物学研究中常常需要提取酵母染色体 DNA，用于 Southern 杂交分析、PCR 扩增和整合性质的质粒的克隆等。

【实验目的】

掌握酵母质粒和基因组 DNA 提取原理及其操作。

【实验材料】

1. 材料

含转化质粒的酵母菌液

2. 试剂

YPD 液体培养基（用于酵母摇培，100 mL）：

细菌培养用蛋白胨（Bacto-peptone）　　　　2 g

细菌培养用酵母提取物（Bacto-Yeast extract）　　1 g

加 ddH_2O 至 90 mL，调 pH 至 4～5，定容至 95 mL，高温灭菌。待温度降至 55℃时，加入 5 mL 预热（至少室温放置 30 min）无菌的 40% 葡萄糖贮液

溶菌缓冲液：

100 mmol/L Tris

30 mmol/L EDTA

0.5% (m/V) SDS

酚/氯仿/异戊醇（25：24：1）

TE 缓冲液

1 mg/mL RNase A

2.5 mol/L KAc

异丙醇

70% 乙醇

3. 仪器

离心机，电泳仪，恒温摇床

【实验步骤】

（1）将酵母单菌落接种在含 10 mL YPD 培养液的三角瓶中，30℃过夜培养。

（2）室温下 5000 r/min 离心 5 min，弃上清。

（3）细胞用 100 μL 溶菌缓冲液重悬，快速涡漩振荡分散菌体沉淀，沸水浴 15 min。

（4）加 100 μL 2.5 mol/L KAc，冰上放置 1 h。

（5）4℃下 13 000 r/min 离心 5 min，上清液转移至一个新试管中，加 100 μL 酚/氯仿/异戊醇，在漩涡混合器上高速振荡 3 min。

（6）室温下高速离心 3 min，取上清，加 30 μL 的 1 mg/mL RNase A，混合，37℃温育5 min。

（7）加 100 μL 酚/氯仿/异戊醇，混匀，13 000 r/min 离心 3 min。将上清液移至另一个新试管中。

（8）加 1 mL 冷的异丙醇，−20℃放置 10 min。

（9）15 000 r/min 离心 15min，弃上清。

（10）加 1 mL 70% 乙醇，13 000 r/min 离心 10 min。

（11）弃上清，干燥沉淀，DNA 用 100 μL TE 缓冲液重悬。

【结果与分析】

10 mL 菌液大约可以得到 20 μg 的染色体 DNA，可用于限制酶酶切、体外 PCR 扩增或 Southern 杂交分析。对于 Southern 杂交，当用 5 μL DNA（约 1 μg）在 20 μL 总体积下消化时可以得到最佳效果。PCR 扩增时，则在 50 μL 反应体系中用 2 μL DNA。

【思考题】

酵母染色体 DNA 的提取与大肠杆菌 DNA 的提取有何区别？

实验 17 酵母细胞质粒 DNA 的分离

与大肠杆菌质粒 DNA 提取相比，酵母细胞质粒 DNA 提取相对难一些。转化的酵母细胞（如酵母单杂交）可能含有不止一种质粒 DNA，而且这些质粒为穿梭质粒，因此分离酵母质粒需要进一步转化大肠杆菌，根据抗性（如 Amp^r）不同分离目的质粒。

【实验材料】

1. 材料

含 pGBT9 质粒的酵母菌落

2. 试剂

溶菌缓冲液：100 mmol/L Tris，30 mmol/L EDTA，0.5 % SDS

酚/氯仿/异戊醇（25∶24∶1）

TE 缓冲液

SD/-Trp 液体培养基（Clontech）

10 mol/L 乙酸铵

无水乙醇

20％（m/V）SDS

3. 仪器

离心机，恒温摇床，涡旋混合器

【实验步骤】

(1) 在含有 25 mL SD/-Trp 液体培养基的锥形瓶中接一单菌落，于 30℃ 250 r/min 摇培过夜。

(2) 将 0.5 mL 菌液转入微量离心管中，室温 14 000 r/min 离心 5 min，弃上清，快速振荡分散沉淀物于残留的液体里，体积约 50 μL。

(3) 加入 10 μL 溶菌缓冲液混匀，于 37℃ 200 r/min 摇培 30~60 min。

(4) 加入 10 μL 20% SDS，然后剧烈涡旋 1 min 以裂解细胞。

(5) 将样品放入 −20℃ 冰冻，然后用手解冻，涡旋使细胞完全破裂。若要暂时中止实验，样品可以冻存于 −20℃，但继续下一步时需再次涡旋。

(6) 用 TE 缓冲液定容样品至 200 μL，加入 200 μL 酚/氯仿/异戊醇，在涡旋混合器上高速振荡 5 min。室温 14 000 r/min 离心 10 min，仔细将水相转移到一新管中，然后加入 8 μL 10 mol/L 乙酸铵和 500 μL 100% 乙醇，混匀后于 −70℃ 放置 1 h。

(7) 14 000 r/min 离心 10 min，弃上清，干燥沉淀，质粒 DNA 用 20 μL H_2O 重悬。

【结果与分析】

由于采用该方法提取的质粒会污染基因组 DNA，因此不能通过紫外准确定量，此时可以取 1~2 μL DNA 提取液直接转化大肠杆菌，最后从大肠杆菌大量纯化该质粒。

实验 18　酵母细胞的转化

转化酵母细胞的方法目前有原生质体法、电击转化法和 LiAc 介导法等方法，其中 LiAc 介导法经过完善后已成为一种简便高效的酵母转化方法。本实验采用的是 Clontech 公司的 LiAc 介导酵母转化方法。该方法首先制备感受态酵母细胞并悬浮于 LiAc 溶液中，然后将目的质粒载体和过量的热变性鲑鱼精 DNA 混匀加入，鲑鱼精 DNA 可以避免 DNA 对酵母细胞的损害。接着加入 PEG 以增加细胞膜的通透性。最后加入 DMSO 并热激处理后，质粒 DNA 进入细胞中。这些转化的酵母细胞在丰富培养基中培养一个分裂周期（90 min）后，转入适当的营养缺陷培养基中筛选转化体。

【实验目的】

掌握酵母质粒转化的原理及其操作。

【实验材料】

1. 材料

Y187 菌株($MAT\alpha$，$ura3$-52，$his3$-200，$ade2$-101，$trp1$-901，$leu2$-3，112，$gal4\Delta$，$gal80\Delta$，met-，$URA3$：$AL1UAS$-$GAL1_{TATA}$-$LacZ$ $MEL1$)

2. 试剂

Yeastmaker^{TM} Yeast Transformation System 2（Clontech）

1 mol/L LiAc（10×）

10×TE 缓冲液

YPDA 液体培养基

pGBT9（0.1 μg/μL；对照质粒）

Herring Testes Carrier DNA 10 mg/mL

50% PEG 3350

DMSO（二甲基亚砜）

SD/-Trp 固体培养基（Clontech）

3. 仪器

离心机，电泳仪，恒温摇床

【实验步骤】

1. 感受态细胞的制备

（1）将 Y187 菌株用接种环在 YPDA 固体培养基上划线接种。

（2）30℃培养 3 天，至菌落出现。选取直径 2～3 mm 的 4 个克隆菌落分别在含有 3 mL YPDA 液体培养基的 15 mL 离心管中，30℃，200 r/min 摇培 8～12 h。选取生长速度最快的酵母进行随后的实验。

（3）将 5 μL 上述酵母液体培养液转入 50 mL YPDA 液体培养基中，于 30℃ 200 r/min 摇培至 D_{600}＝0.15～0.3（16～20 h）。

（4）室温下 700 r/min 离心 5 min，沉淀酵母细胞，弃上清，用 100 mL 新鲜的 YPDA 液体培养基重悬酵母细胞，30℃ 培养至 OD_{600}＝0.4～0.5（3～5 h）。

（5）将 100 mL 含有酵母细胞的 YPDA 液体培养基平均分到两个 50 mL 的大离心管中，室温下 700 r/min 离心 5 min 沉淀酵母细胞。弃上清，每管用 30 mL ddH$_2$O 重悬酵母细胞，室温下 700 r/min 离心 5 min 沉淀酵母细胞。

（6）弃上清，每管用 1.5 mL 1.1×TE/LiAc 液体重悬酵母细胞。

（7）将 1.5 mL 含有酵母细胞的 1.1×TE/LiAc 液体分别转入两个 1.5 mL 离心管中。

（8）10 000 r/min 离心 15 s，弃上清，用 600 μL 1.1×TE/LiAc 液体重悬酵母细胞，作为转化质粒 DNA 备用。

2. 转化

（1）5 μL Herring Testes Carrier DNA 沸水浴 5 min，迅速置于冰上冷却使其双链解旋，再加入 1 μL 质粒 pGBT9 中。

（2）加入 50 μL 感受态细胞并轻柔混匀。

（3）加入 0.5 mL PEG/LiAc 并轻柔混匀，30℃培养 30 min（每 15 min 混匀一次）。

（4）加入 20 μL DMSO 并轻柔混匀，42℃水浴 15 min（每 5 min 混匀一次）。

（5）700 r/min 离心 5 min 沉淀酵母细胞，弃上清，用 1 mL YPDA 液体培养基重悬酵母细胞，摇培 90 min。

（6）10 000 r/min 离心 15 s 沉淀酵母细胞，弃上清。

（7）用 15 mL 0.9%（m/V）的 NaCl 液体重悬酵母细胞。

将转化产物取 100 μL 直接在 SD/-Trp 固体培养基培养基上进行 10、100、1000、10 000 倍的稀释，然后涂在各种培养基上 30℃ 倒置培养 3～5 天。

【结果与分析】

酵母转化铺板体积数不能太多，否则会产生假阳性菌落，所以尽可能稀释后铺板。

转化效率计算公式如下：

$$转化效率（克隆数/μg 质粒）= \frac{菌落数×转化酵母重悬总体积（mL）}{铺板体积（mL）×载体 DNA 质量（μg）}$$

实验 19　酵母单杂交

酵母作为单细胞的真核生物，可以用于真核生物基因功能鉴定，用于 DNA 与蛋白质相互作用的酵母单杂交技术就是其中之一。该技术利用真核生物转录因子的 DNA 结合结构域（DNA-binding domain，BD）和转录激活结构域（activation domain，AD）的编码区可分别表达，并在细胞内 BD 和 AD 可以相互作用发挥转录因子活性。在酵母单杂交中常用酵母 GAL4 转录因子的 AD，它可与 RNA 聚合酶或转录因子 TFIID 相互作用，提高 RNA 聚合酶的活性。其基本操作过程为：①设计含目的 DNA 片段通常为 3 个串联目的 DNA 序列和下游报告基因（如 *HIS*）的质粒并将其转入酵母中；②将文库蛋白的编码基因片段与

GAL4 AD 融合表达的 cDNA 文库质粒转化入同一酵母中；③若文库蛋白与目的 DNA 相互作用，可通过报告基因的表达将文库蛋白的编码基因筛选出来。在筛选过程中，需要加入 *HIS* 表达蛋白（His3p）的竞争抑制剂 3-AT，以降低转化酵母的 *HIS* 本底表达，并通过调整 3-AT 浓度控制筛选的严谨度。酵母单杂交过程如图 1-16 所示。

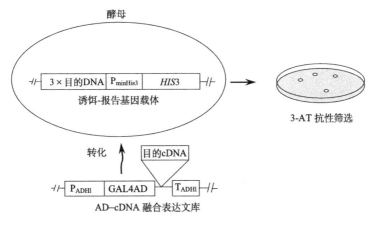

图 1-16　酵母单杂交过程示意图

在酵母细胞内，若 GAL4AD-cDNA 编码的融合蛋白和串联靶 DNA 互作，则可启动报告基因（HIS）的高表达，从而在含有适当 3-AT 的筛选培养基中筛选出来。

【实验目的】

掌握酵母单杂交原理及其操作。

【实验材料】

1. 材料

Y187 菌株（*MATα*，*ura*3-52，*his*3-200，*ade*2-101，*trp*1-901，*leu*2-3，112，*gal*4Δ，*gal*80Δ，*met⁻*，*URA*3：AL1UAS-GAL1$_{TATA}$-*LacZ MEL*1）

pGAD-Rec2-53（AD-p53 融合表达载体）（图 1-17）

p53HIS2 报告载体（含有 3 个串联 p53 结合元件的 His 报告基因载体）（图 1-17）

2. 试剂

酵母单杂交系统试剂盒（Clontech，Cat No. 630304）

酵母 HIS 蛋白竞争性抑制剂 3-氨基-1，2，4-三唑（3-AT）

YPAD 液体培养基

SD/-Trp 固体培养基

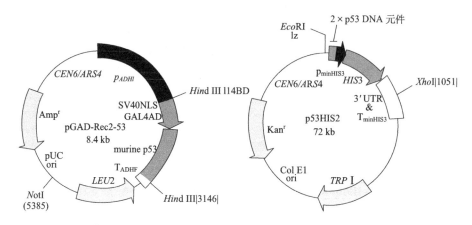

图 1-17 AD 融合表达质粒和报告基因质粒

SD/-Leu 固体培养基

SD/-Leu/-Trp 固体培养基

3. 仪器

恒温培养箱，恒温摇床，恒温水浴锅，离心机

【实验步骤】

（1）用 pGAD-Rec2-53 和 p53HIS2 共转化 Y187 菌株，具体操作参见实验 18。

（2）将转化产物取 100 μL 直接在培养基上进行 10、100、1000、10 000 倍的稀释，然后涂在下列培养基上 30℃培养 3～5 天：

 ① SD/-Trp 固体培养基（p53HIS2）；

 ② SD/-Leu 固体培养基（pGAD-Rec2-53）；

 ③ SD/-Leu/-Trp/固体培养基（p53HIS2/pGAD-Rec2-53）；

 ④ SD/-His/-Leu/-Trp/50 mmol/L 3-AT（阳性克隆筛选）。

（3）分别记录转化子筛选、转化子在选择培养基上生长的结果。

【结果与分析】

统计各培养基中菌落数，并计算出转化效率。其中在 SD/-Leu/-Trp/固体培养基得到为共转化效率，而在 SD/-His/-Leu/-Trp/50 mmol/L 3-AT 得到的为候选阳性菌落。

主要参考文献

奥斯伯 F M，金斯顿 R E，布伦特等 . 1998. 精编分子生物学实验指南 . 颜子颖，王海林译 . 北京：科学出版社

顾红雅，瞿礼嘉，明小天等 . 1995. 植物基因与分子操作 . 北京：北京大学出版社

李永明，赵玉琪 . 1998. 实用分子生物学方法手册 . 北京：科学出版社
卢圣栋 . 1993. 现代分子生物学实验技术 . 北京：高等教育出版社
印莉萍，祁晓廷 . 2008. 细胞分子生物学技术教程 . 第三版 . 北京：科学出版社
张维铭 . 2003. 现代分子生物学实验手册 . 北京：科学出版社

第 2 章 蛋白质工程技术

2.1 蛋白质工程技术原理

蛋白质工程技术是 20 世纪 80 年代初诞生的一个新兴生物技术领域，在近 30 年间发展迅速，无论是在基础理论研究，还是生产实际应用方面都取得了一批较好的成果，并在医学、农业、轻工、环境保护等方面产生了较大的经济效益和社会效益。2000 年 6 月，人类基因组草图完成，标志着生命科学迎来了后基因组时代，其中心任务是研究基因组及其所包含的全部基因的功能，而基因的功能最终总是通过其表达产物蛋白质来实现的。基因工程原则上只生产自然界已存在的蛋白质，但无论对社会生产还是对人类生活，现存的蛋白质都有许多不尽如人意之处。例如，许多工业用酶，必须改变其天然酶特性（热稳定性、最适 pH、底物专一性等）才能适用于生产和使用的需求。

蛋白质工程就是以蛋白质的结构规律及其与生物功能的关系为基础，通过有控制的基因修饰和基因合成，对现有蛋白质加以定向改造，设计构建并最终生产出性能比自然界存在的蛋白质更加优良，更加符合人类社会需要的新型蛋白质。

DNA 重组技术和基因定点突变技术的建立为蛋白质工程的诞生奠定了技术基础；蛋白质结构和动力学的研究为人工改造蛋白质提供了理论依据；二者结合则产生了蛋白质工程。蛋白质工程是在 DNA 的水平从改变基因入手，通过对蛋白质已知结构和功能的了解，利用重组 DNA 技术和用定点诱变等技术直接修饰改变或人工合成基因，有目的地按照设计来改变蛋白质分子中某一个氨基酸残基或结构域，从而定向改变蛋白质的性质，其结果是可以预期的，而不是盲目的。要达到定向改变蛋白质的目的，就要获得新的重组基因，然后将它们克隆到特定的表达载体上，并在特定的宿主细胞中表达，因此蛋白质工程技术是在基因工程技术的基础上发展起来的，还包括蛋白质分子的结构分析和功能分析技术、蛋白质结构的设计和预测、蛋白质定点突变技术和蛋白质纯化等内容。

蛋白质工程的建立，使人们有可能根据蛋白质结构和功能的关系，采用蛋白质修饰、定点突变等技术，通过改变蛋白质功能区可能在维持蛋白质的结构、功能、理化性质中起重要作用的某个或某些氨基酸，即可能改变蛋白质的功能和特性。如改变酶的催化活性、酶对底物的专一性、酶与配体的结合能力等。枯草杆菌蛋白酶可作为洗涤剂的添加剂，但由于其只能水解 Phe 羧基所形成的肽键，底物范围过窄而限制了洗涤剂的高效性，若用带正电荷的 Lys 取代位于活性中心 166 位的 Gly，所获得的突变酶不仅能水解 Phe 羧基所形成的肽键，而且可以水解酸性氨基酸 Glu 所形成的肽键，使其底物范围拓宽，因而提高洗涤剂的效能。蛋白质工程技术目前还广泛地应用在生产蛋白质和多肽类活性物质，如提高酶的产量或创建新型酶、设计和研制多肽及蛋白质类药物等。蛋白质工程研究通过定位的或有控制的基因修饰，提供改变蛋白质结构与性能最有效的实用方法和技术途径，使天然蛋白质的改造成为现实。与此同时，作为一种新型的强有力的研究手段，蛋白质工程在对一些基本生物学问题的研究和解决方面也发挥了重要作用。从酪氨酸 tRNA 合成酶开始，现在已广泛地运用蛋白质工程方法来研究各种蛋白质的结构与功能、蛋白质折叠、蛋白质分子设计等一系列分子生物学问题。

可以这样说，基因工程为实现蛋白质工程已经提供了基因克隆、表达、突变以至活性测定等关键技术，而蛋白质分子的结构分析、结构设计和预测为蛋白质工程的实施提供了必要的结构模型和结构基础。蛋白质工程的实施实际上是一个由理论到实践、由实践到理论的周而复始的研究过程，对蛋白质结构功能关系的规律性认识是一个螺旋式上升的过程。蛋白质工程不但有着广泛的应用前景，而且在揭示蛋白质结构形成和功能表达的关系研究中也是一个不可替代的手段。

2.2　蛋白质工程技术

蛋白质工程的基本任务就是研究蛋白质分子的结构规律与生物学功能的关系，对现有的蛋白质加以修饰改造或设计全新的蛋白质，从而生产出比天然蛋白质更加优良的新型蛋白质。蛋白质工程的基本流程是从预期功能出发，设计期望的结构，合成目的基因且有效克隆表达或通过诱变、定向修饰和改造等一系列工序，合成新型优良蛋白质。首先分离纯化少量纯蛋白质，测定其部分肽段的氨基酸组成，根据编码原则合成相应同位素标记的寡核苷酸探针，以此从基因组 DNA 中克隆化基因，将基因连接到表达载体获得较大量该蛋白质，进一步进行功能研究和结构测定。在研究的基础上，提出改造方案，通过定点突变的方法，表达并获得突变蛋白质。图 2.1 为蛋白质工程技术流程图。

2.2.1　重组蛋白质的表达

重组 DNA 表达技术是指在适当的系统中，使克隆的基因有效地表达为该基因编码的蛋白质的技术。表达克隆基因的系统，可分为原核表达系统和真核表达

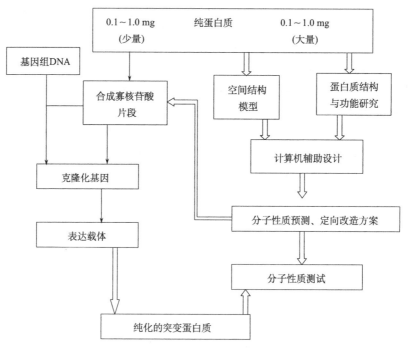

图 2-1　蛋白质工程技术流程图

↓表示天然蛋白；⇩表示改造的蛋白

系统两大类。目前应用广泛的原核表达系统是大肠杆菌系统，真核表达系统有酵母、昆虫、哺乳动物细胞系统，这些表达系统各有优缺点。①细菌表达系统培养方法简单、增殖快、生产成本低，但缺乏真核细胞特有的加工后处理（翻译后加工和修饰），而且在菌体中表达的外源蛋白，在原核细胞中不稳定，易被菌体蛋白酶破坏。大肠杆菌系统由于已被人们充分了解而成为表达许多重组蛋白的首选，人们已经在大肠杆菌中表达成功了数百种原核、真核重组蛋白质。②酵母表达系统是一个重要的真核表达系统，既具有原核细胞的增殖快、操作简单、成本低等优点，又可以像其他真核细胞一样完成对蛋白质转录后的修饰，也能进行诱导性分泌，但它具有活化的蛋白水解酶类，可以降解异体蛋白质，使产品产量降低。③昆虫表达系统的优点是能较高水平地表达不同动物来源的基因，可以胞内表达，也可以进行分泌性表达，能够有效地进行蛋白质的翻译后加工，其主要缺点是不能连续合成重组蛋白质。④哺乳动物细胞是生产哺乳动物蛋白质最好的场所，其表达真核基因比前几种表达系统更优越，能对蛋白质进行各种类型的加工和修饰，还能表达有功能的膜蛋白及分泌性蛋白。其缺点是组织细胞培养技术要求高，培养和筛选细胞株的周期长，成本较高。我们以大肠杆菌和酵母系统为代表分别描述重组蛋白在原核和真核中的表达。

实验 1　重组蛋白在大肠杆菌中的诱导表达

大肠杆菌（*E. coli*）是目前最常用的原核表达系统之一，应该说这是外源基因表达的首选体系，只有在 *E. coli* 中的表达产物由于不能正确折叠或缺少翻译后修饰而没有生物活性时才考虑选择其他表达体系。利用 *E. coli* 作为表达体系的优点是，其遗传背景十分清楚，而且生长周期短，容易大规模培养生产大量的目的蛋白。但是特定的目的蛋白在 *E. coli* 中表达时要考虑蛋白质的大小、表达蛋白的量、蛋白质是否要保留活性等因素。*E. coli* 系统最大的不足之处是不能进行典型真核细胞所具有的复杂的翻译后修饰，如糖基化、磷酸化、烷基化等，另一不足之处是外源基因产物在大肠杆菌细胞内易形成不溶性的包含体。

E. coli 表达系统常用的表达载体有非融合蛋白表达载体和融合蛋白表达载体两大类。非融合蛋白表达载体表达非融合蛋白，常用的有 pBV220、pKK223-3 等。融合蛋白表达载体表达的蛋白质常在其 N 端或 C 端融合有一段细菌的多肽，这有利于产物的检测和纯化。如 Invitrogen 公司生产的 trc 表达系统，这一系列的载体有 pTrcHis-TOPO、pTrcHis2-TOPO、pTrcHis（见图 2-2）、pTrcHis2 等。在该系列载体的 SD 序列和起始密码子下游，依次为编码 6 个组氨酸的序列、抗 X press 抗体结合序列、肠激酶识别序列和 MCS（多

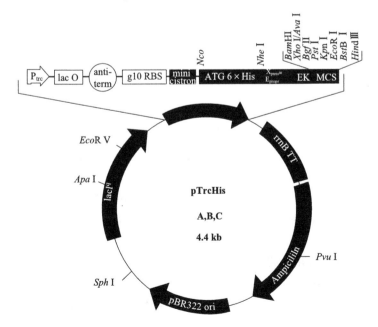

图 2-2　质粒 pTrcHis

克隆位点）。该系列载体皆利用 trc 启动子。trc 启动子是 trp 启动子和 lac 启动子的拼合启动子，具有比 trp 更高的转录效率和受 $lacI^q$ 阻遏蛋白调控的强启动子特性。当培养时加入诱导物（乳糖及或其类似物，如 IPTG）后，可诱导目的基因表达。表达的融合蛋白由于含有连续 6 个组氨酸，具有很强的与二价过渡金属离子结合的能力，可用固相化金属亲和层析进行纯化。融合蛋白上的抗体结合部位可供免疫学方法检测，肠激酶识别部位可供用肠激酶切除融合在目的蛋白末端的多余肽段。

　　本实验所用重组质粒为 pTrcHis-GFP，绿色荧光蛋白基因 gfp（约 700 bp）插入在 pTrcHis 质粒 MCS 位点 KpnI 和 EcoRI 之间。采用 IPTG 诱导 GFP 的表达，表达产物进一步用 Ni-NTA 金属亲和层析纯化。

【实验目的】

　　掌握重组蛋白诱导表达的方法。

【实验材料】

　　1. 材料

　　　　含 pTrcHis-GFP 质粒的 $E. coli$

　　2. 试剂

　　　　LB 培养基

　　　　氨苄青霉素（Amp）母液：100 mg/mL

　　　　1 mol/L IPTG，用过滤器过滤灭菌

　　　　PBS 缓冲液（pH 7.5）：

　　　　　　137 mmol/L NaCl

　　　　　　2.7 mmol/L KCl

　　　　　　10 mmol/L Na_2HPO_4

　　　　　　2 mmol/L KH_2PO_4

　　3. 仪器

　　　　分光光度计，恒温摇床，冷冻离心机，锥形瓶，离心管，移液枪

【实验步骤】

　　(1) 取少量保存的含 pTrcHis-GFP 质粒的 $E. coli$ 接种于 10 mL 含相应抗生素（Amp，终浓度 100 μg/mL）的 LB 培养液中，适当温度 37℃，190～200 r/min 振荡培养过夜。

　　(2) 次日取过夜培养物以 5% 量接入 200～500 mL 含抗生素（Amp，终浓度 100 μg/mL）的 LB 培养液中，37℃培养至 $OD_{600}=0.4～0.6$ 时，加入 IPTG（终浓度为 1 mmol/L），37℃诱导表达 2～4 h。

　　(3) 收集细菌，5000 r/min 离心 10 min。

　　(4) PBS 缓冲液清洗一次后，同样条件离心后再次收集菌体，菌体−20℃

　　保存。

　　(5) 表达产物的纯化及鉴定见实验 3 和实验 8。

【注意事项】

　　(1) IPTG 的浓度对表达水平影响非常大，1 mmol/L 是一个比较高的浓度，实验中应在 0.01～5.0 mmol/L 的范围内改变 IPTG 浓度，寻找最佳使用浓度。

　　(2) 生长温度是影响在 *E. coli* 中获得高水平表达的最重要因素，表达不同的蛋白质可以通过实验确定最佳温度和诱导表达时间。在低温时细菌代谢缓慢，不容易形成包含体，但相应诱导时间要延长，如加入 IPTG 后可以 16℃ 诱导表达过夜。对于本实验中重组的 GFP 蛋白，温度在 37℃ 诱导 2 h 即可取得较好的结果。

　　(3) 收集菌体后经冻存处理对下一步的破壁纯化更为有利。

【思考题】

　　对于一个新的目的蛋白要想得到较好的蛋白表达量，应该如何进行预实验来获得最佳实验条件？

实验 2　重组蛋白在酵母中的诱导表达

　　"yeast" 虽然广泛地看做是酿酒酵母（*Saccharomyces cerevisiae*）的同义词，但事实上 yeast 是包括大约 500 种不同酵母的集合名词，而人们对酿酒酵母的基因结构、功能和调控的研究最为深入。除了酿酒酵母外，近年来另一类酵母（*Pichia pastoris*，即甲醇酵母）也被用作高效表达的宿主酵母。酵母很容易用来进行遗传操作，对培养条件的要求也不苛刻，易于高密度发酵。酵母也是理想的真核宿主，可以进行很多翻译后的修饰，这些修饰对某些蛋白质生物活性的表达是重要的。用于酵母表达体系的载体，除少数例外都是穿梭载体，它们不但有酵母本身的，还有来自 *E. coli* 的选择和复制序列元件，从而便于基因重组操作。两种类型的载体用于构建酵母转化质粒 YEp（酵母附加体质粒）和 YCp（酵母着丝点质粒）二者都含有促进在酵母中自主复制的序列元件（auto-replication sequence，ARS）。

　　以研究基因调控的 LacZ 融合载体为例，来看一下酵母质粒型表达载体的构建和表达。由于 β-半乳糖苷酶的检测简单、敏感，因此酵母基因经常以 LacZ 基因的功能部分作标签，来指示待研究酵母基因的表达调节功能。构建这些融合蛋白时，酵母的启动子与 LacZ 基因的 5′ 端相连，在其 N 端加几个氨基酸残基，整个基因编码的蛋白质片段仍保持着 β-半乳糖苷酶的活性。在构建 LacZ 融合基因时，关键是基因融合的连接处要保证蛋白质翻译读框的正确性。

　　质粒 pLG670-Z（图 2-3）可用于构建 LacZ 融合表达。pLG670-Z（YEp24

衍生质粒）含有 2 μm 复制起点、作为酵母菌选择基因的 *URA*3 和一个 *lacZ* 基因的 3′片段。*lacZ* 基因的 5′端有一个唯一的 *Bam*HI 位点。图 2-3 中列出了紧接 *Bam*HI 位点之后的序列和翻译读框。

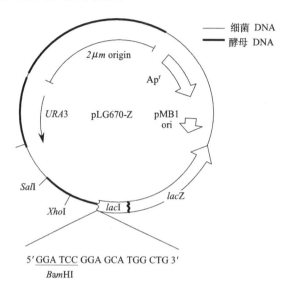

图 2-3　质粒 pLG670-Z

【实验目的】

掌握酵母表达载体的构建和重组蛋白诱导表达的方法。

【实验材料】

1. 材料

含有 *lacZ* 基因的酵母菌

2. 试剂

YPD 培养液：每升培养液含有酵母 10 g，蛋白胨 20 g，葡萄糖 20 g。葡萄糖溶液最好单独灭菌，以免在高压灭菌时培养液变黑妨碍酵母菌的最佳生长

Z 缓冲液：16.1 g $Na_2HPO_4 \cdot 7H_2O$（60 mmol/L），5.5 g $NaH_2PO_4 \cdot H_2O$（40 mmol/L），0.75 g KCl（10 mmol/L），0.246 g $MgSO_4 \cdot 7H_2O$（1 mmol/L），2.7 mL 2-ME（50 mmol/L），调 pH7.0，补水至 1L（切勿高压灭菌）

0.1% SDS

4 mg/mL ONPG，溶于 0.1 mol/L 磷酸钾（pH 7.0）（过滤除菌，冻存）

1 mol/L Na_2CO_3

氯仿

3. 仪器

分光光度计，恒温摇床，冰冻离心机，水浴锅，锥形瓶，离心管，移液枪

【实验步骤】

(1) 接种单酵母菌落于 5 mL YPD（或适当）的培养基中，挑 2～3 个含 LacZ 融合蛋白表达质粒的酵母菌于 30℃ 培养过夜。如果融合是在质粒上，那么就在该质粒所要求的培养基中培养。

(2) 在 5 mL YPD 培养基中（或用适当的选择培养基和诱导条件）接种 20～50 μL 过夜培养的培养液。培养细胞至对数生长的中期或晚期，$OD_{600} = 0.5～2.0$。

(3) 培养液 1100 g 离心 5 min 收集细胞，用等体积的 Z 缓冲液重悬菌体并置于冰浴中，检查每份样品的 OD_{600} 值。如果 β-半乳糖苷酶的表达水平很低，那么就有必要浓缩细胞，而如果在 30 min～4 h 之内细胞显示出 100～1000 U 的活性，就没有必要浓缩了。

(4) 每个样品设 2 个反应管（每管 1 mL）：
① 100 μL 细胞悬液与 900 μL Z 缓冲液混合；
② 50 μL 细胞悬液与 950 μL Z 缓冲液混合。

(5) 在每个样品反应管中，加 1 滴 0.1% SDS 和 2 滴氯仿，旋涡振荡 10～15 s，在 30℃ 水浴中平衡 15 min。

(6) 加入 0.2 mL ONPG，在旋涡混合器上振荡 5 s，置 30℃ 水浴中并开始计时。当溶液变黄（$OD_{420} = 0.3～0.7$）时，加入 0.5 mL 1 mol/L Na_2CO_3 终止反应，记录时间。

(7) 1100 g 离心细胞 5 min，测定上清的 OD_{420} 和 OD_{550}。
如果细胞碎片完全沉淀，那么 OD_{550} 通常为零，因此，OD_{550} 不必去记录。

(8) 按下列公式计算半乳糖苷酶的活性（单位 U）：

$$活性 = \frac{1000 \times [(OD_{420}) - (1.75 \times OD_{550})]}{t \times u \times OD_{600}}$$

式中，t 为反应时间；u 为用作检测活性的菌悬液体积（mL）；OD_{600} 为检测开始时细胞的密度；OD_{420} 为邻-硝基苯酚的光吸收值和细胞碎片的光散射之和；OD_{550} 为细胞碎片的光散射值。

2.2.2　重组表达蛋白的分离纯化

不同性质的蛋白质纯化条件各不相同，可依据蛋白质的带电性、分子质

量、疏水性以及特异性结合等特点，相应采取离子交换（IEX）层析、凝胶过滤（GF）层析、疏水（HIC）或反相（RPC）层析以及亲和（AC）层析进行纯化。

纯化融合蛋白几乎都可以用亲和层析的方法进行，亲和层析是以蛋白质或生物大分子和结合在介质上的配基间的特异亲和力为基础，纯化往往只需要一步就能达到目的。在亲和层析过程中，被纯化的生物分子，在一定的条件下，选择性地结合到被共价偶联在不溶性载体的配基上，然后改变原有的条件，如洗脱液的pH、离子强度、有机溶剂的浓度等，有选择的从载体上把被分离物洗脱下来。通过亲和层析法分离的物质，其纯度、活性回收率及纯化倍数均较高。目前这种融合系统已达 20 多种，可以用聚组氨酸（His）、谷胱甘肽-S-转移酶、蛋白 A 等对目的蛋白进行标记，然后利用相应的配基固化 Ni^{2+}、谷胱甘肽、IgG 等对标签蛋白进行纯化。

实验 3　金属螯合层析法纯化带组氨酸标签的蛋白质

生物大分子具有与其相应的专一分子可逆结合的特性，如酶的活性中心或别构中心能通过某些次级键与专一的底物、抑制剂、辅助因子和效应因子相结合，并且结合后可在不丧失生物活性的情况下用物理或化学的方法解离。这种生物大分子和配基（能与待分离的组分专一性结合的物质）之间形成专一的可解离的络合物的能力称为亲和力。亲和层析的方法就是根据这种具有亲和力的生物分子间可逆地结合和解离的原理建立和发展起来的。利用化学方法把一种酶的底物或抑制剂接到固体支持物上制成专一吸附剂，并将这种吸附剂装入层析柱中，当含这种酶的样品溶液通过该层析柱时，理想的情况下该酶便被吸附在层析柱上，而其他的蛋白质则不被吸附，全部通过层析柱流出，再用适当的缓冲液将欲分离的酶从层析柱上洗脱下来。

His6 标记的蛋白质可用氮川三乙酸镍（nickel-nitrilotriacetic acid, Ni-NTA）金属螯合层析进行纯化（图 2-4）。

亲和层析柱的填料为 Ni-NTA 偶联的 SepharoseCL-6B。这种 NTA 填料有 4 个金属螯合位点，能牢固螯合 Ni^{2+}。同时 Ni^{2+} 有两个开放的互补位点可与组氨酸结合。当组氨酸与 Ni^{2+} 结合后，使得带有 His6 标记的蛋白质就受到阻滞，而"挂"在层析柱上。进一步利用咪唑与目的蛋白竞争金属离子结合位点的特性，通过提高洗脱液中咪唑的浓度，而将组氨酸标记蛋白质洗脱下来。由于天然蛋白质一般对这类基质的亲和力都不高，重组技术产生的 His6 标记蛋白就能用金属螯合层析一步纯化。金属螯合层析不仅非常有效，而且对适当的蛋白质折叠、离子强度、去污剂等相对不敏感，因此得到普遍应用。

本实验在非变性条件下对 His6 标记的 GFP 进行分离纯化，只需通过"结

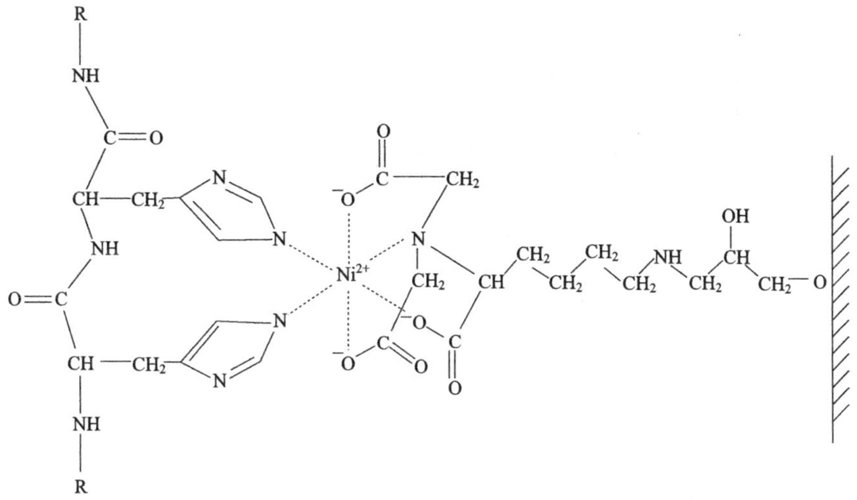

图 2-4　His 6 标记中相邻氨基酸残基与 Ni-NTA 介质的相互作用

合–清洗–洗脱”三个简单的操作步骤就可完成。

【实验目的】

掌握亲和层析法纯化 His 标记的融合蛋白的原理和方法。

【实验材料】

1. 材料

诱导表达后收集的菌体（具体见实验 1）

2. 试剂

裂解缓冲液（lysis buffer）（1 L）：50 mmol/L NaH_2PO_4，300 mmol/L NaCl，10 mmol/L 咪唑（imidazole），用 NaOH 调至 pH 8.0

冲洗液（wash buffer）（1 L）：50 mmol/L NaH_2PO_4，300 mmol/L NaCl，100 mmol/L 咪唑，用 NaOH 调至 pH 8.0

洗脱液（elution buffer）（1 L）：50 mmol/L NaH_2PO_4，300 mmol/L NaCl，500 mmol/L 咪唑，用 NaOH 调至 pH 8.0

Ni-NTA 凝胶

溶菌酶 100 mg/mL

3. 仪器

超声波破碎仪，冰冻离心机，锥形瓶，离心管，移液枪，层析柱，旋涡振荡器

【实验步骤】

1. 细菌的破碎

(1) 每克诱导表达后收集的菌体（湿重）加入 4 mL 裂解缓冲液悬浮。收集的菌体按此比例加入裂解缓冲液，充分混匀悬浮。

(2) 将悬浮液中加入溶菌酶，使得终浓度为 1 mg/mL，放置冰浴中 30～60 min充分酶解。

(3) 冰上用超声波（200～300 W）破碎细胞，每次 10 s，间歇 10 s，共做 6 次。

(4) 于 4℃ 12 000 r/min 离心 15～20 min，收集上清液。

(5) 取 20 μL 上清液加 5 μL 5×SDS-PAGE 样品液，−20℃暂存，准备进一步做 SDS-PAGE 分析。其余上清液做下一步亲和纯化。

2. 融合蛋白的亲和层析

(1) 200 μL Ni-NTA 填料与 4 mL 澄清的裂解液用旋涡振荡器（速度大约 220 r/min）混合均匀，4℃，60 min，期间多次振荡混匀。

(2) 将上述混合液装入准备好的层析柱，打开层析柱出口，让液体自然流过。

(3) 待液体流尽以后，在层析柱里面加入 4 mL 冲洗液，让液体自然流尽。重复此步骤 1 次。

(4) 然后在层析柱里面加入 0.5 mL 洗脱液，用干净的 EP 管收集流过的液体，即获得洗脱的蛋白质。重复此步骤 3 次，每次分别收集蛋白洗脱液。

(5) 每次冲洗液和洗脱液各取 20 μL，进行 SDS-PAGE 电泳，分析纯化结果。

【注意事项】

(1) Ni-NTA 层析柱结合蛋白质的容量是 5～10 mg/mL，它的结合容量大。Ni^{2+} 树脂容易再生，可以反复使用多次。

(2) 裂解液中含有 10 mmol/L 的咪唑，是为了减少未标记蛋白和杂质的结合以提高纯度。如果标记蛋白在这一条件下不能结合，需将咪唑的浓度降至 1～5 mmol/L。

(3) 若洗脱率太低，可适当提高洗脱液中咪唑的浓度。

(4) 任何螯合剂对金属螯合层析都有干扰，因此抽提和层析所用的缓冲液都不能含有 EDTA 或 EGTA。

【结果与分析】

结果见图 2-5。

【思考题】

(1) 融合蛋白产量太低，可能的原因是什么？

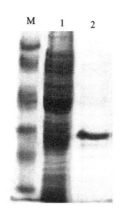

图 2-5　GFP 亲和层析纯化后 SDS-PAGE 的结果

M. Marker；1. 诱导后的总蛋白；2. 洗脱收集的 GFP

（2）为什么有时候会出现洗脱的蛋白质失活的现象？

实验 4　谷胱甘肽-琼脂糖亲和层析纯化融合蛋白

目的蛋白与谷胱甘肽 S-转移酶融合，表达后可以通过谷胱甘肽-琼脂糖亲和层析进行纯化。GST 是一类以谷胱甘肽（γ-谷氨酰半胱氨酰甘氨酸）作为底物，通过硫醇尿酸失活毒性小分子的酶。由于 GST 对底物的亲和力是亚毫摩尔级的，因此谷胱甘肽固化于琼脂糖形成的亲和层析树脂对 GST 及其融合蛋白的纯化效率很高。可以用含游离的谷胱甘肽的缓冲液洗脱结合的 GST 融合蛋白。树脂可以再生重复利用。

pGEX1 是一种融合蛋白表达载体，将克隆基因表达成与 GST 相融合的蛋白质（图 2-6）。Lac 阻遏蛋白与 P_Lac 启动子结合，阻抑 GST 融合蛋白的表达，经 IPTG 诱导后发生脱阻抑作用使 GST 融合蛋白得以表达。可将目的基因插入位于 GST 基因末端的多克隆位点处。

【实验目的】

掌握亲和层析法纯化 GST 融合蛋白的方法。

【实验材料】

1. 材料

含有目的基因的 pGEX1-gfp 质粒

2. 试剂

PBS 缓冲液（pH 7.5）：137 mmol/L NaCl，2.7 mmol/L KCl，10 mmol/L Na$_2$HPO$_4$，2 mmol/L KH$_2$PO$_4$

Triton X-100（0.2% V/V）

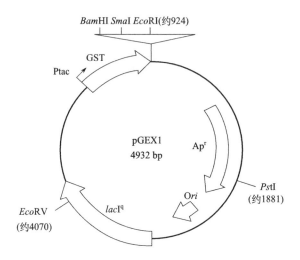

图 2-6　pGEX1 质粒图

谷胱甘肽洗脱缓冲液：10 mmol/L 还原型谷胱甘肽，50 mmol/L Tris-
　　HCl（pH 8.0）

谷胱甘肽-琼脂糖树脂：PBS 制成 50% 匀浆

溶菌酶 100 mg/mL

DNase 5 mg/mL

RNase 5 mg/mL

DTT 1 mol/L

3. 仪器

冰冻离心机，锥形瓶，离心管，移液枪，层析柱，注射器

【实验步骤】

（1）每 100 mL 培养物的细胞沉淀悬于 4 mL PBS 溶液中。

（2）加入溶菌酶至终浓度 1 mg/mL，冰上放置 30 min。

（3）用注射器将 10 mL 0.2% Triton X-100 注入黏的细胞裂解物中，剧烈振
　　荡数次混匀。加入 DNase 和 RNase 至终浓度分别为 5 μg/mL，4℃振动
　　孵育 10 min。4℃ 3000 g 离心 30 min，上清液转移到一只新管中，加入
　　DTT 至终浓度 1 mmol/L。

（4）将离心上清液与适量 50% 谷胱甘肽-琼脂糖树脂匀浆混合，每 100 mL
　　细菌培养物加 2 mL 树脂，室温轻摇 30 min。

（5）混合物于 4℃ 500 g 离心 5 min，小心去掉上清。

（6）沉淀中加入 10 倍柱床体积 PBS，颠倒离心管数次混匀，洗去未与树脂结合的蛋白质，4℃ 500 g 离心 5 min，小心去掉上清。

（7）重复步骤（6）2 次。

（8）用谷胱甘肽洗脱缓冲液洗脱收集结合的 GST 融合蛋白。

（9）采用 SDS-PAGE 进行蛋白质纯化的鉴定。

实验 5　从包含体中纯化表达蛋白

外源蛋白在大肠杆菌宿主中过量表达时，常导致表达产物在胞内形成不溶性的聚集体，称为包含体。包含体在电子显微镜下呈不规则颗粒，在相差显微镜下呈折射粒子，无包被膜，分析表明包含体中除了变性的外源蛋白之外，几乎没有其他蛋白质。现有证据表明，包含体的形成是因为部分折叠或错误折叠的多肽发生不适当聚集，而不是由于天然蛋白的不溶性或不稳定性所导致的。因此，如果大肠杆菌中表达的蛋白质折叠成对热不稳定的中间体，就会促进包含体的形成；而在低温培养高水平表达外源蛋白的大肠杆菌，就能在一定程度上抑制包含体的形成。

利用融合系统表达目的蛋白可以减少蛋白质的错误折叠和包含体的形成，另一个方法是利用含有原核信号肽的载体进行表达，将目的蛋白直接分泌到周质中。尽管包含体结构复杂，还是可以从中提取到纯的有活性的外源蛋白。首先通过低速离心分离出包含体，为了获取可溶性的活性蛋白，必须将洗涤过的包含体溶解，然后进行重折叠。可利用各种不同的条件［如盐酸肌（5～8 mol/L）、尿素（6～8 mol/L）、SDS、偏碱性 pH 或乙腈/丙醇］溶解包含体，也可采用弗氏压碎或超声波处理等其他方法裂解含包含体的细胞。再利用不同的方法将聚集体充分溶解，并进一步折叠成天然肽。由于每一种蛋白质都是不同的，因此没有普遍适用的方法，只是从中不断总结规律。图 2-7 为一般包含体纯化的步骤。

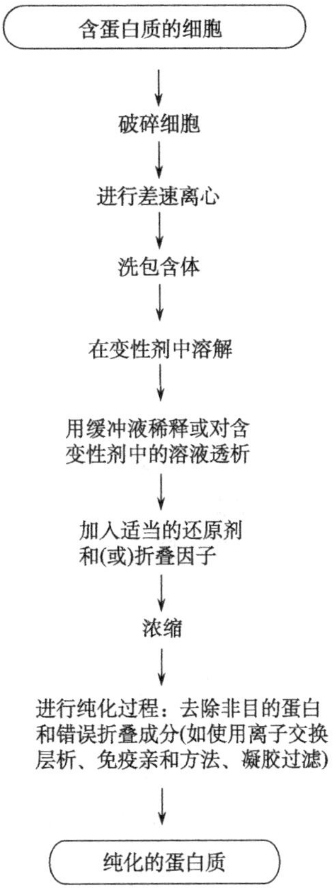

图 2-7　包含体的纯化步骤

【实验目的】

（1）掌握包含体的纯化和溶解方法。

（2）了解重折叠的过程。

【实验材料】

1. 材料

含有已构建好表达载体的菌种

2. 试剂

细胞裂解缓冲液 I：50 mmol/L Tris-Cl（pH 8.0），1 mmol/L EDTA（pH 8.0），100 mmol/L NaCl

细胞裂解缓冲液 II：50 mmol/L Tris-Cl（pH 8.0），10 mmol/L EDTA（pH 8.0），100 mmol/L NaCl

0.5% Triton X-100

脱氧胆酸：使用蛋白级的胆酸/去污剂

HCl（12 mol/L）（浓盐酸）

包含体溶解缓冲液 I：50 mmol/L Tris-Cl（pH 8.0），1 mmol/L EDTA（pH 8.0），100 mmol/L NaCl，8 mol/L 尿素

100 mmol/L PMSF，溶液现用现配

包含体溶解缓冲液 II：50 mmol/L KH_2PO_4（pH 10.7），1 mmol/L EDTA（pH 8.0），50 mmol/L NaCl

KOH（10 mol/L）

DNase I（1 mg/mL）

溶菌酶（10 mg/mL）：用 Tris-Cl（pH 8.0）现用现配

3. 仪器

离心机，玻璃棒，移液枪

【实验步骤】

1. 制备细胞抽提物

（1）1 L 表达细胞培养物于预先称重的离心管中，于 4℃ 5000 g 离心 15 min。

注：步骤（1）～（4）一定要在 4℃进行。

（2）吸去上清，称菌体沉淀的重量，每克（湿重）菌体加入 3 mL 细胞裂解缓冲液 I，轻轻旋动或用玻璃棒搅动，使菌体悬起。

（3）每克（湿重）菌体加入 4 μL 100 mmol/L PMSF，80 μL 10 mg/mL 溶菌酶，搅动 20 min。

（4）每克（湿重）菌体加入 4 mg 脱氧胆酸，继续搅动。

（5）悬液 37℃放置，不时用玻璃棒搅动待其变黏时每克（湿重）菌体加入 20 μL 1 mg/mL DNase I。

（6）裂解液室温放置，直至不再黏稠（约 30 min）。

2. 纯化和溶解包含体

（1）细胞裂解物 4℃高速离心 15 min。

（2）倾倒去除上清，沉淀重悬于 9 倍体积的预冷的细胞裂解缓冲液 II。

（3）悬液室温放置 5 min。

（4）4℃高速离心 15 min。

（5）倾倒上清，留置待用。沉淀重悬于 100 μL 水中。

（6）各取 10 μL 上清和沉淀，分别与 10 μL 2×SDS 凝胶加样缓冲液混合，SDS-聚丙烯酰胺凝胶电泳（SDS-PAGE）分析靶蛋白的分布（见实验 11）。

（7）取适量步骤（5）的重悬细胞沉淀，4℃高速离心 15 min，沉淀重悬于 100 μL 含终浓度为 0.1 mmol/L PMSF（现用现加）的包含体溶解缓冲液 I 中。

（8）室温放置 1 h。

（9）把溶液加入到 9 倍体积的包含体溶解缓冲液 II 中，室温放置 30 min。检查 pH 是否维持在 10.7 左右，必要时用 10 mol/L KOH 调节。

（10）用 12 mol/L 盐酸将溶液 pH 调至 8.0，室温放置至少 30 min。

（11）室温高速离心 15 min。

（12）倾倒上清，留置待用，沉淀重悬于 100 μL 1×SDS 凝胶加样缓冲液。

（13）取 10 μL 上清与 10 μL 2×SDS 凝胶加样缓冲液混合，上清和沉淀分别进行 SDS-PAGE，分析溶解程度。

3. 重折叠从包含体提取的溶解蛋白

逐渐去除变性剂和（或）去污剂时，溶解蛋白发生复性和重折叠。在这个过程中蛋白质疏水区暴露于溶剂中，如果条件控制不好，会形成不溶性的聚集体或虽然可溶但没有活性的多聚体，在许多情况下需要进行大量的工作来防止这些包含体的形成，以便使单体蛋白质分子能折叠成全天然构象。通用的指导原则几乎不存在，因为能促进折叠的条件因蛋白质而异，而且差别很大。但从普遍意义上讲，最好还是建立一套基本的条件，能最大限度地减少对氨基酸侧链的化学修饰，抑制蛋白酶降解作用，而且对于胞质蛋白，能抑制变性蛋白纯化过程中二硫键的形成。在此基础上，通过逐渐降低变性剂的浓度，以及在溶解和复性的不同阶段，改变氧化和还原条件之间的平衡，优化重折叠过程（Wulfing and Pluckthun 1994）。

确定特定蛋白质最佳重折叠方案所需的实验材料已经产品化（如 Novagen 公司的蛋白质折叠试剂盒，请查阅 www. novagen. com）。尽管没有一种折叠方案是完美无缺的，但只要能得到占表达蛋白百分之几的活性蛋白就足以满足生化实验的需求。

实验 6　利用凝胶过滤层析更换缓冲液

凝胶层析（gel chromatography）也称为排阻层析（exclusion chromatography）、凝胶过滤（gel filtration）和分子筛层析（molecular sieve chromatography）。它是利用凝胶把物质按分子大小不同进行分离的一种层析方法。

凝胶是由胶体溶液凝结而成的固体物质，它们的内部都具有很细微的多孔网状结构。凝胶颗粒在合适溶剂中浸泡，充分吸液膨胀，然后装入层析柱内，加入欲分离的混合物后，再以同一溶剂洗脱（图 2-8）。在洗脱过程中，大分子不能进入凝胶内部而沿凝胶颗粒间的空隙最先流出柱外，而小分子可以进入凝胶颗粒内部的多孔网状结构，流速缓慢，以致最后流出柱外，从而使样品分子大小不同的物质得到分离。

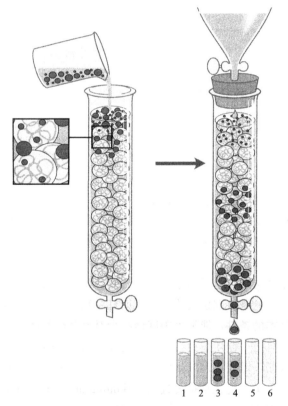

图 2-8　凝胶过滤层析原理

1～6 为收集的洗脱液

凝胶层析中常用的凝胶包括葡聚糖凝胶（商品名为 Sephadex）、聚丙烯酰胺凝胶（Bio-Gel P）、琼脂糖凝胶（Sepharose）和由琼脂糖及葡聚糖组成的复合凝胶（Superdex）4 种主要的类型。

影响凝胶过滤的因素主要有：①层析柱的长短和粗细。需要高分辨率时，通常采用 L/D（长度/直径）比值高的柱子。增高柱长虽然能提高分辨率，但会影响流速和增加样品的稀释度。同样高度的层析柱，由于管壁效应的影响，直径大些的分辨率高。②样品的上柱体积。往往根据层析目的，确定样品的上柱体积。分析工作一般所用样品体积为柱床体积的 1%～4%。制备分离时，一般样品体积可达柱床体积的 25%～30%，这样，样品的稀释程度小，柱床体积的利用率高。③操作压。流速是影响分离效果的重要因素之一，所以洗脱时应维持恒定的流速，而流速又与洗脱液加在柱上的压力有密切关系，即恒定的操作压是恒定流速的先决条件。

利用 Ni-NTA 亲和层析法纯化的融合蛋白，洗脱液中往往含有高浓度的咪唑，这对后续的研究工作会造成一定的影响，我们可以采用凝胶过滤层析法，将含有咪唑的缓冲液更换为我们下一步实验所需的缓冲液。

【实验目的】

掌握凝胶过滤层析的原理和操作方法。

【实验材料】

1. 材料

待处理的蛋白质溶液

2. 试剂

Sephadex G-750

洗脱液：0.1 mol/L 磷酸钾缓冲液（pH 7.6）

3. 仪器

过滤装置，真空泵，层析柱（2.6 cm×40 cm），紫外检测仪，自动部分收集器，恒流泵，记录仪

【实验步骤】

1. 凝胶的选择和处理

将称好的凝胶干粉加入过量的洗脱液，室温下放置，使之充分溶胀。对于颗粒不均匀的凝胶，可将其悬浮于大体积的水中，让其自然沉降一定时间之后，除去悬浮的过细颗粒。注意在溶胀过程中不要过分搅拌（尤其不要使用磁力搅拌器），以防颗粒破碎。溶胀时间因凝胶交联度不同而异（通常 24 h）。为了缩短溶胀时间，并杀死细菌和霉菌及排除凝胶内气泡，可在沸水浴上加热 1～2 h。

2. 装柱

装柱前，必须用真空过滤装置抽尽凝胶中空气，并将凝胶上面过多的溶液倒出。将层析柱固定在铁架台上，先关闭层析柱出水口，沿管壁缓慢将薄浆状的凝胶液连续加入层析柱中，使其自然沉降 2～3 cm 后，打开柱的出口，调节合适的

流速，使凝胶继续沉积，待沉积的胶面上升到离柱的顶端约 5 cm 处时停止装柱，关闭出水口。接着再通过 2～3 倍柱床体积的洗脱液使柱床稳定。

3. 加样

加样时要考虑样品浓度与黏度两个方面，一般加样量不超过柱体积的 1%～2%。加样时先打开柱上端的进水口，吸出层析柱中多余液体直至与胶面相切。沿管壁将样品溶液小心加到凝胶床面上，应避免将床面凝胶冲起，打开柱子出水口，使样品液流入柱内，当样品流至与胶面相切时，关闭柱子出水口。再小心地将洗脱液加满，旋紧进水口。柱进水口连通洗脱液，柱出水口与恒流泵连接后再通过紫外检测仪。紫外检测仪出口与自动部分收集器相连。

4. 洗脱

洗脱液应与凝胶溶胀所用液体相同。以每管 3 mL/10 min 的流速洗脱，用自动部分收集器收集流出液。同时打开记录仪，记录洗脱峰出现的时间，将有蛋白峰的试管溶液收集在一起。

【注意事项】

(1) 连接装置时各接头不能漏气，连接用的小乳胶管不要有破损，否则造成漏气、漏液。

(2) 装柱要均匀，既不过松，也不过紧，最好在要求的操作压下装柱，流速不宜过快，避免因此压紧凝胶。

(3) 始终保持柱内液面高于凝胶表面，否则水分蒸发，凝胶变干。也要防止液体流干，使凝胶混入大量气泡，影响液体在柱内的流动，导致分离无法进行，不得不重新装柱。

(4) 样品溶液的浓度和黏度要合适。浓度大，则黏度增加。高黏度的样品上柱后，样品分子因运动受限制，影响进出凝胶孔隙，使洗脱峰形显得宽而矮，有些可以分离的组分出现重叠。

(5) 洗脱用的液体应与凝胶溶胀所用液体相同，否则，由于更换溶剂引起凝胶容积变化，影响分离效果。

【思考题】

利用凝胶过滤层析还可以进行蛋白质分子质量的测定，请你设计一下如何操作？

2.2.3　蛋白质溶液的浓缩

纯化后的蛋白质在进一步实验时，常要除盐或更换缓冲液，除盐后的样品体积往往变大，样品浓度降低，因此必须建立浓缩蛋白质溶液的方法。蛋白质溶液浓缩的方法有多种，可分为两大类：一是利用酸和有机溶剂沉淀的方法，但该法常常导致蛋白质变性；二是保有蛋白质活性的浓缩方法，如硫酸铵沉淀法、聚乙二醇沉淀法、超滤法、透析法等。下面介绍几种保持蛋白质活性的浓缩方法。

实验 7　超滤法浓缩蛋白质溶液

超滤浓缩蛋白质是通过外力使蛋白质溶液通过滤膜而仍保留目的蛋白的方法。实验室超滤主要针对小体积蛋白质溶液（几毫升到十几毫升），用离心力的方法或加压的方法使溶液很容易通过滤膜。根据目的蛋白的大小选用不同型号的滤膜，根据蛋白质溶液的多少选取大小不同的滤器来达到浓缩的目的。每种滤膜都有一定的分子质量截留值，超滤的方法不仅有浓缩的作用，而且有除盐、分级、纯化的作用，超滤法比起各种沉淀方法更不容易引起蛋白质变性。图2-9为超滤浓缩装置。

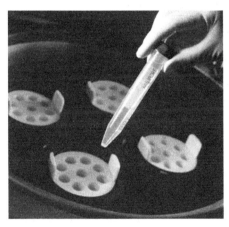

离心浓缩　　　　　　　　　　　　　　　搅拌式浓缩

图 2-9　超滤浓缩装置

【实验目的】

掌握超滤的不同方法和原理。

【实验材料】

1. 材料

待浓缩的蛋白质溶液

2. 仪器

Amicon Ultra-4 离心超滤管，Amicon Stirred 超滤杯，磁力搅拌器，压力泵，滤膜

【实验步骤】

1. 离心浓缩（使用 Amicon Ultra-4 离心超滤管）

（1）组装超滤管，并加 4 mL 样品到样品池内。

（2）4℃ 4000 g 离心 15 min。离心时间与滤过体积关系见图 2-10。

（3）用移液枪小心地将浓缩蛋白吸出至干净的 EP 管中，准备定量测定。

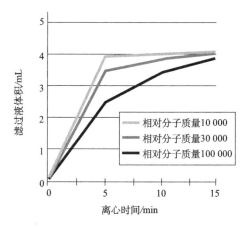

图 2-10　典型的离心时间与滤过液体积（4000 g 离心，样品体积 4 mL）

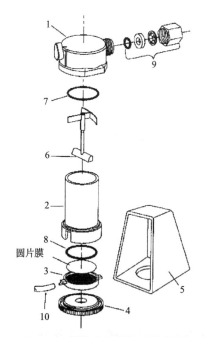

图 2-11　搅拌式浓缩装置组成图

1. 盖；2. 壳体；3. 膜支架；4. 底座；5. 壳
体支撑架；6. 搅拌子；7，8. 密封圈；9. 导
管连接；10. 导管

2. 搅拌式加压浓缩

（1）选择适合大小的超滤膜，组装搅拌式浓缩装置（图 2-11）。

（2）将待浓缩的蛋白质溶液加入容器中，盖好超滤盖，将超滤装置放置磁力搅拌器上，调节转速，用低速即可。

（3）打开加压阀，开始进行浓缩，待样品体积达到要求时，停止加压（图 2-12）。

（4）首先将超滤杯中的气体小心地排出，打开盖后，用移液枪或吸管将浓缩蛋白质溶液吸出。

（5）蛋白质溶液可进一步定量测定，超滤膜取出后小心用水清洗，放入 20％乙醇中，4℃保存，可反复使用多次。

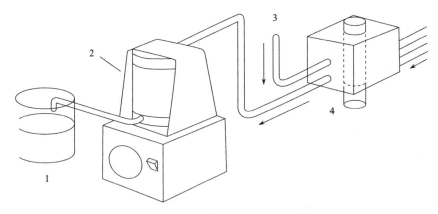

图 2-12　搅拌式超滤装置工作原理图（引自 http：//www. millipore. com）

1. 超滤液过滤；2. 超滤装置；3. 加压；4. 选择阀

【注意事项】

（1）离心时间依样品性质而定，一般含有甘油的黏性溶液或蛋白质浓度较高时，需要离心时间较长。可以先离心 10～15 min，看一下情况再继续离心。

（2）目的蛋白的分子质量应大于滤膜截留组分分子质量的 30％～50％，以确保目的蛋白截留成功。要根据蛋白质的大小选用不同的滤膜。

（3）由于滤膜对蛋白质有一定的吸附作用，蛋白质回收率不可能 100％。

（4）超滤流出液不要马上遗弃，最好检测后确定无目的蛋白再倒掉，防止由于超滤膜破裂造成浓缩失败。

实验 8　透析法浓缩蛋白溶液

透析主要用于更换蛋白质的缓冲液，如在真空或吸湿环境中（如 PEG、Sephadex）也可以作为浓缩蛋白质溶液的一种方法。将蛋白质溶液装在半透膜袋内，此膜能防止蛋白质丢失而无论在常压或减压下都可与周围的缓冲液进行溶质交换。透析法是根据扩散原理进行的，蛋白质大分子无法透出，而小分子可以达到袋内外离子平衡，小体积样品进行透析相对时间较短，但也要几小时，而大体积样品利用透析法更换缓冲液或是浓缩都非常耗时，通常选择超滤法。透析袋已成商品化，在不受时间限制的情况下，可选择透析法，不需要特殊的仪器。

【实验目的】

掌握用透析法更换缓冲液和浓缩蛋白质溶液。

【实验材料】

1. 材料

待浓缩蛋白质溶液

2. 试剂

EDTA，聚乙二醇（PEG）

3. 仪器

透析袋，烧杯，磁力搅拌器，搅拌子

【实验步骤】

(1) 准备透析袋。购买的透析袋在使用前应进行处理，以除去可能含有的化学杂质。通常剪取适合长度的透析袋，用 1 mmol/L EDTA 溶液煮沸透析袋 10 min，然后用双蒸水充分冲洗透析袋内外，即可使用。

(2) 在透析袋一端打两个死结，也可以用透析夹夹住。

(3) 用吸管或移液枪将蛋白质溶液移入透析袋内。

(4) 在透析袋的另一端打两个死结并将其放入盛有 10 倍蛋白质溶液以上体积的缓冲液的烧杯中，将烧杯放在磁力搅拌器上缓慢搅拌以促进溶液交换。

(5) 烧杯中的缓冲液根据蛋白质溶液的多少每 1～2 h 更换一次。

(6) 为了浓缩蛋白质，可将透析袋埋入聚乙二醇干粉中或 Sephadex G-100、Sephadex G-200 树脂中，每半小时更换干粉或树脂，2～3 h 可使蛋白溶液浓缩 5 倍。

【注意事项】

(1) 透析前一定要检查透析袋，保证完好无损不漏液。

(2) 透析时间较长，最好在 4℃ 进行，否则蛋白质变性失活。

(3) 为防止水溶液进入透析袋，应留有增加溶液体积的空间，以免透析膜破裂。

【思考题】

透析法可进行缓冲液的更换，还有什么其他方法可进行缓冲液更换？

2.2.4 蛋白质浓度测定

蛋白质含量可以通过对它们的物理化学性质，如比重、紫外吸收、染色等的测定而得知。或者利用定氮、Folin 酚、双缩脲等化学方法来测定。

实验 9 Bradford 检测法

1976 年 Bradford 建立了通过考马斯亮蓝 G-250 与蛋白质结合的原理，迅速、可靠地通过染色测定溶液中蛋白质的方法。这一方法基于考马斯亮蓝 G-250 有红、蓝两种不同颜色的形式，在一定浓度的乙醇及酸性条件下，可配成淡红色的溶液，染料与蛋白质结合后产生蓝色化合物，反应迅速而稳定，同时引起染料最大吸收值的改变，从 465 nm 变为 595 nm，光吸收值增大。蛋白质–染料复合物颜色的深浅与蛋白质浓度的高低成正比关系，而且该复合物具有较高的消光系数，因此大大提高了蛋白质测定的灵敏度，最低检出量为 1μg。因此可通过检测595 nm 的光吸收值的大小来计算蛋白质的含量。由于染色法简单迅速，干扰物质少，灵敏度高，现已广泛应用于蛋白质含量的测定。

【实验目的】

(1) 采用考马斯亮蓝 G250 法测定蛋白质含量。

(2) 要求通过制作标准曲线，测定未知蛋白质样品浓度。

【实验材料】

1. 材料

待定量蛋白溶液

2. 试剂

标准牛血清白蛋白溶液：配制成 100 μg/mL 的溶液

染液：考马斯亮蓝 G-250（0.01％）。称取 0.1 g 考马斯亮蓝 G-250 溶于 50 mL 95％乙醇中，再加入 100 mL 85％磷酸，然后加蒸馏水定容至 1000 mL

样品液：待测蛋白质溶液（可用 100 μg/mL 牛血清白蛋白溶液，稀释至一定浓度）

3. 仪器

试管及试管架，20～200 μL 移液枪，1000 μL 移液枪，分光光度计

【实验步骤】

1. 标准曲线的制作

取 5 支试管，按下表进行编号并加入试剂。

管　号	0	1	2	3	4	5
标准蛋白质溶液/mL	0	0.02	0.04	0.06	0.08	0.1
双蒸水/mL	0.1	0.08	0.06	0.04	0.02	0
染液/mL	0.9	0.9	0.9	0.9	0.9	0.9
蛋白质浓度/(μg/mL)*						
A_{595}						

* 按照标准牛血清白蛋白溶液浓度和每管用量计算。

充分混匀，室温下放置 5 min 后，在 595 nm 处以 0 号管为空白，测定各管

吸光度值（A_{595}）。以吸光度值为纵坐标、标准蛋白质溶液浓度（$\mu g/mL$）为横坐标作图得到标准曲线。

2. 样品测定

取 0.05 mL 样品溶液，加入 0.05 mL 双蒸水，再加入 0.9 mL 考马斯亮蓝 G-250 染液，充分混匀，室温下放置 5 min 后，测其在 595 nm 处的吸光值，对照标准曲线求得蛋白质浓度。

【注意事项】

（1）样品蛋白质含量应在 $10\sim100\ \mu g$ 为宜。

（2）去污剂，如 SDS 或 Triton 等会严重干扰测定。

实验 10　Lowry 检测法

Lowry 法亦称为 Folin 酚法，是双缩脲方法的发展。所用的试剂由两部分组成。试剂甲由 Na_2CO_3、NaOH、$CuSO_4$ 及酒石酸钾钠组成，试剂乙由磷钼酸、磷钨酸、硫酸和溴组成。首先在碱性溶液中蛋白质中的肽键可与酒石酸钾钠铜盐溶液反应，生成紫红色络合物，然后这一复合物还原磷钼酸-磷钨酸试剂，产生钼蓝和钨蓝复合物的深蓝色。这种深蓝色的复合物在 $745\sim750$ nm 处有最大吸收峰。在一定条件下，蓝色深浅与蛋白质的浓度成正比，可根据 750 nm 的光吸收值大小计算蛋白质的含量。测定范围为 $25\sim250\ \mu g/mL$ 蛋白质。

【实验目的】

熟悉并掌握 Lowry 法测定蛋白质浓度的原理和方法。

【实验材料】

1. 材料

待测蛋白质溶液

2. 试剂

标准蛋白质溶液：取牛血清白蛋白配制成 $250\ \mu g/mL$ 的蛋白质溶液

Folin 酚甲试剂：将 1 g Na_2CO_3 溶于 50 mL 0.1 mol/L 的 NaOH 中，再把 0.5 g $CuSO_4$ 溶于 100 mL 1％ 酒石酸钾钠溶液中，然后将前者 50 mL 与后者 1 mL 混合。混合后一日内使用有效

Folin 酚乙试剂：在 1.5 L 容积的磨口回流瓶中加入 100 g 钨酸钠、25 g 钼酸钠、700 mL 蒸馏水、50 mL 85％磷酸及 100 mL 浓盐酸，充分混匀后回流 10 h。然后，再加 150 g 硫酸锂、50 mL 蒸馏水及数滴液体溴，开口继续沸腾 15 min，以便驱除过量的溴，冷却后定容至 1000 mL，过滤即成 Folin 酚乙贮存液。该液如显绿色，可加溴水数滴至溶液呈黄色，置于棕色瓶中，可在暗处长期保存。使用前用标准 NaOH（1 mol/L）溶液滴定，酚酞为指示剂，当溶液颜色变为紫红、

紫灰，再突然转变成墨绿时即为终点。该试剂的酸度一般为 2 mol/L 左右。使用时稀释约 1 倍，最终酸度为 1 mol/L

3. 仪器

试管及试管架，移液枪，分光光度计，比色皿

【实验步骤】

取 7 支干净试管编号，其中 7 号为样品管。按下表分别顺序加入试剂。

管号	标准曲线						样品
	1	2	3	4	5	6	7
标准蛋白溶液/mL	0	0.2	0.4	0.6	0.8	1.0	0.4
双蒸水/mL	1.0	0.8	0.6	0.4	0.2	0.0	0.6
Folin 酚甲试剂/mL	5.0	5.0	5.0	5.0	5.0	5.0	5.0
混匀，室温下放置 5 min							
Folin 酚乙试剂/mL	0.5	0.5	0.5	0.5	0.5	0.5	0.5
混匀，30℃ 10～30 min，650 nm 处光吸收值							
A_{650}							

对照标准曲线，求出样品液的蛋白质浓度。

【注意事项】

进行测定时，加乙试剂时要特别小心，因为该试剂仅在酸性 pH 条件下稳定。

【思考题】

请比较一下 Bradford 检测法和 Lowry 检测法测定蛋白质浓度的优缺点。

2.2.5　蛋白质鉴定方法

鉴定蛋白质样品是否均一远非易事，蛋白质纯度最终取决于所用方法的类型和分辨率，用低分辨率方法证明是纯的样品，改用高分辨率方法时就可能证明它是不纯的。而且每一方法只能描述样品在某一方面的性质。因此最好的纯度标准是：建立多种分析方法，从不同的角度去测定蛋白质样品的均一性。可采用电泳法、免疫化学法、超速离心沉降分析法、质谱法等。

实验 11　蛋白质的 SDS-PAGE

蛋白质在聚丙烯酰胺凝胶中电泳时，其迁移率与所带电荷、分子大小和形状等因素有关。但若在样品介质和凝胶中加入强还原剂和去污剂，电荷因素可被忽略。蛋白质的迁移率主要取决于分子质量。

强还原剂，如巯基乙醇可使蛋白质分子中的二硫键还原。去垢剂十二烷基硫酸钠（SDS）可与蛋白质的疏水部分相结合，破坏其折叠结构。因此，在有 SDS 和巯基乙醇存在时，各种蛋白质的多肽链处于展开状态，蛋白质与 SDS 形成蛋白质-SDS 复合物，并使其存在于一个广泛均一的溶液中。由于十二烷基硫酸根带负电，可使各种蛋白质-SDS 复合物都带上相同密度的负电荷，其电量大大超过了蛋白质分子原有的电荷量，因而掩盖了不同种蛋白质原有电荷的差异。SDS 与蛋白质结合后，还可引起构象改变，蛋白质-SDS 复合物形成近似"雪茄烟"形的长椭圆棒。不同蛋白质-SDS 复合物的短轴长度都一样，约为 1.8 nm，而长轴长度与蛋白质分子质量成正比。因此电泳时，蛋白质-SDS 复合物的迁移率与蛋白质分子所带电荷和分子形状无关，而主要取决于分子质量的大小（图 2-13B）。所以，SDS-PAGE 是对蛋白质进行定量，比较及特性鉴定的一种经济、快速的方法。

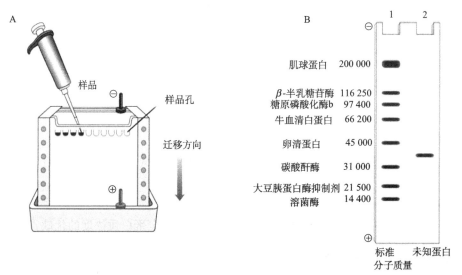

图 2-13　SDS-PAGE 用于蛋白质分子质量的测定
A. 在已配好的凝胶中加样；B. 电泳结果示意图

【实验目的】

（1）掌握 SDS-PAGE 的基本原理。

（2）熟悉 SDS-PAGE 的实验操作方法。

【实验材料】

1. 材料

纯化后的蛋白质溶液（GFP）或其他蛋白质溶液

2. 试剂

5×样品缓冲液（10 mL）：0.6 mL 1 mol/L 的 Tris-HCl（pH6.8），5 mL 50%甘油，2 mL 10%的 SDS，0.5 mL 巯基乙醇，1 mL 1%溴酚蓝，0.9 mL 蒸馏水。可在 4℃保存数周，或在−20℃保存数月

30% 凝胶贮液：在通风橱中，称取丙烯酰胺 30 g，甲叉双丙烯酰胺 0.8 g，加重蒸水溶解后定容至 100 mL。过滤后置棕色瓶中，4℃保存，一般可放置 1 个月

4×分离胶缓冲液（4℃保存）：

2 mol/L Tris-HCl（pH8.8）	75 mL（1.5 mol/L）
10% SDS	4 mL（0.4%）
ddH$_2$O	21 mL

4×浓缩胶缓冲液（4℃保存）：

1 mol/L Tris-HCl（pH6.8）	50 mL（0.5 mol/L）
10% SDS	4 mL（0.4%）
ddH$_2$O	46 mL

TEMED（四乙基乙二胺）原液

10%过硫酸铵（用重蒸水新鲜配制）

Tris-甘氨酸电极缓冲液：Tris 6.0 g，甘氨酸 28.8 g，加蒸馏水约 900 mL，调 pH8.3 后，用蒸馏水定容至 1000 mL。置 4℃保存，临用前稀释 10 倍

考马斯亮蓝 R250 染色液：考马斯亮蓝 G-250 1.0 g，甲醇 450 mL，蒸馏水 450 mL，冰乙酸 100 mL

脱色液：甲醇 100 mL，蒸馏水 800 mL，冰乙酸 100 mL

3. 仪器

电泳仪，电泳槽，摇床，水浴锅，移液枪

【实验步骤】

1. 样品制备

将 20 μL 蛋白质样品与 5 μL 5×样品缓冲液在一个小离心管中混合。放入 100℃加热 5～10 min，取上清点样。

2. 分离胶及浓缩胶的制备

(1) 将玻璃板、样品梳用洗涤剂洗净后用双蒸水冲洗数次，再用乙醇擦拭，晾干。

(2) 按照 Bio-Rad Mini II/III 说明书提示装好玻璃板。

(3) 按如下体积配制 10%分离胶 10 mL，混匀：

ddH₂O	4.2 mL
4×分离胶缓冲液	2.5 mL
30% 凝胶贮液	3.3 mL
10%AP	50 μL
TEMED	5 μL

（4）向玻璃板间灌制分离胶，立即覆一层重蒸水，大约 20 min 后胶即可聚合。

（5）按如下体积配制 5%浓缩胶 2 mL，混匀：

ddH₂O	1.15 mL
4×浓缩胶缓冲液	0.5 mL
30% 凝胶贮液	0.35 μL
10% AP	25 μL
TEMED	5 μL

（6）将上层重蒸水倾去，滤纸吸干，灌制浓缩胶，插入样品梳。

（7）装好电泳系统，加入电极缓冲液，上样 10～25 μL。

（8）稳压 200 V 电泳，溴酚蓝刚跑出分离胶时，停止电泳，需 45 min～1 h。

（9）卸下胶板，剥离胶放入染色液中，室温染色 1～2 h，染液可重复使用。染色结束后加入脱色液，置于 80 r/min 脱色摇床上脱色，每 20 min 更换一次脱色液至完全脱净本底。

【思考题】

若 SDS-PAGE 鉴定没有蛋白质区带，可能的原因是什么？

实验 12　双向聚丙烯酰胺凝胶电泳

双向聚丙烯酰胺凝胶电泳（2-DGE）是利用等电聚焦和 SDS-PAGE 对蛋白质和肽等生物大分子进行二维分离的一门电泳技术。目前双向凝胶电泳的第一向是等电点聚焦（IEF），第二向是 SDS-PAGE。第一向的 IEF 电泳，经历了从最初的载体两性电解质 pH 梯度电泳到 20 世纪 80 年代的固相 pH 梯度（immobilized pH gradient，IPG）等电聚焦电泳的发展过程。样品经过电荷和质量两次分离后，得到等电点和分子质量的信息，电泳的结果不是条带而是点。在 1975 年 O'Farrell 就报道了利用聚丙烯酰胺凝胶电泳技术从蛋白质的混合物中分离出 1000 多种蛋白质，具有较高的分辨率，但这种系统仍存在不少问题，如重复性不好、载体两性电解质 pH 梯度不稳定、受电场和时间影响大、尿素在低温下容易在毛细管中析出影响聚合等。1982 年由 Bjellqvist 发展并完善了固相 pH 梯度等电聚焦技术被应用于双向电泳的第一向分离，从而解决了以上所存在的问题，大大提高了双向电泳的分辨率及重复性，在一张双向电泳图谱上可以分离到数千个蛋白质点，是目前分离蛋白质的最好方法。在最近几年该技术得到了广泛的应用和发展，双向电泳目前在蛋白质分离和蛋白质组学研究中都发挥重要的作用。

固相 pH 梯度 IEE-SDS 双向凝胶电泳是基于蛋白质分子的两个独立的物化参数——等电点和相对分子质量对蛋白质进行分离，因此是目前所有电泳技术中分辨率最高、信息量最多的技术。固相 pH 梯度所用的介质是一些具有弱酸或弱碱性质的丙烯酰胺衍生物，它们与丙烯酰胺和甲叉双丙烯酰胺具有相似的聚合行为。由 GE 公司生产的 IPG 介质商品名为 Immobiline，该分子的一端是双键，它可以在聚合过程中通过共价结合嵌合到聚丙烯酰胺介质中。在分子的另一端是一个缓冲基团 R，R 为弱酸或弱碱，它可在聚合物中形成弱酸或弱碱的缓冲体系。因此固相 pH 梯度凝胶可以由两组一系列不同 pk 值的固相 pH 梯度介质 Immobiline 与丙烯酰胺及甲叉双丙烯酰胺，按不同比例经梯度混合，Immobiline 共价结合到丙烯酰胺凝胶中，从而形成固相 pH 梯度凝胶。由于固相 pH 介质与聚丙烯酰胺共价结合，pH 梯度在凝胶聚合时就已形成，因此不受脱水、重新水化和电场因素的影响，pH 梯度十分稳定。另外，固相 pH 梯度的凝胶上样量大，平衡时蛋白质不易被洗脱，易进入第二向凝胶。因此固相 pH 梯度 IEE-SDS 凝胶双向电泳有更高的分辨率和更好的重复性。

【实验目的】

了解双向聚丙烯酰胺凝胶电泳的基本原理和实验方法。

【实验材料】

1. 材料

大肠杆菌

2. 试剂

裂解液：尿素 13.5 g，Triton X-100 0.5 mL，二硫苏糖醇（DTT）500 mg，载体两性电解质（Pharmalyte 3-10）0.5 mL，PMSF 2.5 mg。双蒸水溶解后，定容至 25 mL，−20℃保存

样品溶液：尿素 13.5 g，二硫苏糖醇（DTT）250 mg，载体两性电解质（Pharmalyte 3-10）0.5 mL，Triton X-100 0.13 mL，加少许溴酚蓝，用双蒸水定容至 25 mL，在−20℃可保存 2 个月

水化液：尿素（8.0 mol/L）12.0 g，CHAPS 500 mg，两性载体电解质 0.13 mL，DTT 50 mg，加双蒸水至 25 mL，需新鲜配制，使用前加少许溴酚蓝

Tris-HCl 缓冲液（pH6.8）：Tris 61 g 溶于 30 mL 双蒸水中，用 4 mol/L HCl 调 pH 至 6.8，用双蒸水定容至 1000 mL

平衡液贮液：取 Tris-HCl 缓冲液（pH6.8）20 mL，尿素 72 g，甘油 60 mL，SDS 2 g，定容至 200 mL

平衡液 A：取平衡液贮液 15 mL 加 30 mg DTT

平衡液 B：取平衡液贮液 15 mL 加 450 mg 碘乙酰胺，加痕量溴酚蓝

IPG 缓冲液（pH3～10）：Pharmacia 成品

固相 pH 梯度干胶条（Immobiline dry strip）：pH3～10，长度 13 cm

30％凝胶贮液：取丙烯酰胺 29.2 g，甲叉双丙烯酰胺 0.8 g，用双蒸水定
    容至 100 mL

分离胶缓冲液（1.5 mol/L，pH 8.8 Tris-HCl 缓冲液）：取 18.2 g Tris，
    用 2 mol/L HCl 调 pH 至 8.8，加 0.4 g SDS，然后定容至 100 mL

浓缩胶缓冲液（0.5 mol/L pH6.8 Tris-HCl 缓冲液）：取 6.1 g Tris 溶解
    后，以 2 mol/L HCl 调 pH 至 6.8，加 0.4 g SDS，定容至 100 mL

考马斯亮蓝染色液：考马斯亮蓝 0.1 g，加 45 mL 甲醇，10 mL 冰乙酸，
    加双蒸水 45 mL

脱色液：甲醇 250 mL，水 675 mL，冰乙酸 75 mL，充分混合

银染试剂（5％ AgNO₃ 溶液）：称 5 g AgNO₃ 溶解后，定容至 100 mL，
    置棕色瓶中保存

10％硫代硫酸钠溶液：称取 10 g 硫代硫酸钠溶解后，定容至 10 mL

25％戊二醛溶液

38％甲醛溶液

3. 仪器

Multiphor-II 电泳单元（图 2-14），IPGphor 电泳系统垂直平板电泳系统
（图 2-15），EPS3500 电源，水化胶条盘（重泡涨附件），循环水浴箱，脱色
小摇床，真空自动吸引器

图 2-14　Multiphor-II Electrophoresis System with Immol/Lobiline
DryStrip Kit. 第一向 IEF 装置

图 2-15　SE 600 Ruby™第二向垂直电泳槽

【实验步骤】

1. 固相 pH 梯度等电聚焦凝胶电泳（第一向，图 2-16）

(1) 干胶条的重新水化（泡涨）。将保存在−20℃冰箱中 13 cm，pH3～10 的干胶条取出，在室温下平衡后，去掉保护膜，放入水化槽中进行水化，每条胶条加水化液 2.5 mL（使用前加入 IPG 缓冲液 50 μL，微量溴酚蓝混匀），在室温下静置过夜水化约 16 h。

(2) 塑料沟槽板的安放：在 Multiphor-II 的平台上滴加少量石蜡油，然后将塑料沟槽板安放在 Multiphor-E 平台上，排除两者之间的气泡。

(3) 取出已水化的胶条，用双蒸水冲洗掉多余的水化液，以滤纸轻轻吸去水分，将胶条放入塑料平行沟槽板的沟槽中，将电极滤纸条剪成两截各 120 mmol/L 长的小条，放在一干净玻璃板上，各加入约 0.5 mL 双蒸水，用纸巾吸去多余的水，然后分别将其放在胶条的正负极的两端。

(4) 加上正极（红色）和负极（黑色）杆，使其铂金丝压在电极纸条上。

(5) 将样品杯固定在样品杆架上，要保持一定高度，不要使样品杯与胶条接触，将样品杆架放在正极下侧，使样品杯距正极 2～3 mmol/L，每一个样品杯处于一胶条的上方，向下压样品杯，使之与每一根胶条接触。

(6) 加入 50 mL 左右石蜡油，覆盖胶条，如果石蜡油漏入样品杯，则调整相对位置，使其紧密接触，并吸去样品杯中的石蜡油，准备加样。

(7) 样品准备及加样：可溶性蛋白样品，如体液、细胞和组织萃取液，可直接按 1∶4 的比例加入裂解液和样品液的混合液，使样品充分溶解，如

图 2-16　固相 pH 梯度等电聚焦凝胶电泳

果为固体样品或冻干样品，则可先加入一定量的裂解液，使样品裂解然后再加入 4 倍量的样品溶解液，使样品溶解后，在 12 000 r/min 下离心

5 min，取上清液加入样品杯中（体积不超过 50 μL），然后加入少量石蜡油覆盖样品杯，再加石蜡油将胶条完全覆盖，关上 IEF 装置的盖子，准备电泳。

(8) 连接电极，开循环水冷却，使温度保持 15～20℃，打开 EPS3500 电源，按以下程序进行电泳（13 cm 胶条）。

程序	电压/V	电流/mA	功率/W	时间
1	300	2	5	0.01 h
2	3500	2	5	1 h 30 min
3	3500	2	5	3 h 10 min～4 h
共计				4 h 40 min～5 h 30 min

(9) 平衡：IEF 完毕，取出胶条放入 50 mL 具塞的比色管中，加入 15 mL 平衡液 A，在脱色摇床上，摇振 10 min，再换平衡液 B，摇振 10 min。

(10) 取出胶条，放在用蒸馏水湿润的滤纸上，准备进行第二向电泳。

2. SDS-PAGE（第二向）

1）凝胶配制及灌胶

电泳槽及玻璃板用洗涤剂充分洗涤干净，用双蒸水淋洗，在空气中自然干燥，然后将玻璃板的内、外板之间放上塑料隔条安装在制胶架上，把螺丝拧紧。按下列配方配制 12.5% 的分离胶：

30% 凝胶贮液　　　 31.25 mL
分离胶缓冲液　　　 23.44 mL
双蒸水　　　　　　 20.11 mL
10% 过硫酸铵　　　 200 μL
TEMED　　　　　　 50 μL

充分混合后，沿玻璃内板倒入玻璃内外板之间的夹缝中，上部留出 3 cm 的空间（加浓缩胶用），在胶面上轻轻叠加一层双蒸水覆盖胶面，使充分聚合（约需 1 h）。

分离胶聚合后，移去覆盖的水层，再用水洗几次胶面，吸干胶面上的水分，然后加入浓缩胶，浓缩胶的配方如下：

30% 凝胶贮液　　　 1.65 mL
浓缩胶缓冲液　　　 2.50 mL
双蒸水　　　　　　 5.80 mL
10% 过硫酸铵　　　 42 μL
TEMED　　　　　　 12 μL

混合均匀后灌入胶室，叠加于分离胶之上，上端留出 5 mmol/L 空间以便安放第一向胶条。覆盖双蒸水，聚合 30～60 min。

2）第一向胶条的转移

待浓缩胶完全聚合后，除去覆盖的水层，用双蒸水洗胶面数次，小心地将已平衡好的第一向胶条放置在胶面上，轻轻压紧，排除气泡，覆盖一层 0.5％ 琼脂糖（用电极缓冲液配制）。

3）电泳

盖上电泳槽盖，注意正极与正极相连，负极与负极相连，按20 mA/胶电泳约 1.5 h，待溴酚蓝前沿迁移至分离胶时，将电流升至 30 mA/胶，再继续电泳约 4 h。电泳过程需开循环水冷却，温度保持 15℃左右。待溴酚蓝迁移至距末端 1 cm 时，停止电泳，关闭电源。

4）脱胶

从电泳槽中取出凝胶玻板固定支架，取下玻板，用吸满了双蒸水的 10 mL 注射器，插上长针头，插入凝胶与玻板之间轻缓移动针头，并注入双蒸水，最后注入少许空气，轻轻将两玻板揭开，将凝胶块滑落进玻璃染色盘中，准备染色。

5）染色

可采用考马斯亮蓝染色法，也可以银染法染色。

银染法：取出凝胶置固定液（100 mL 乙醇，25 mL 冰乙酸，定容至 250 mL）中固定 30 min，换敏化液（75 mL 乙醇，10 mL 10% 硫代硫酸钠，1.25 mL 25% 戊二醛，17 g 乙酸钠，定容至 250 mL）敏化30 min；双蒸水洗 3 次，每次 5 min；然后置银染试剂中染色 20 min，再用双蒸水洗 2 次，每次 1 min，置显影液中显色（6.25 g 碳酸钠，0.05 mL 甲醛，定容至 250 mL）至蛋白质完全显现，终止显影。倒去显影液，立即换终止液（3.75 g 乙二胺四乙酸二钠，定容至 250 mL）停止显色反应，10 min 后用双蒸水洗 3 次，每次 5 min，然后置保存液（75 mL 乙醇，11.5 mL 甘油，定容至250 mL）中，30 min 后再换一次保存液，即可扫描分析。

【注意事项】

(1) 当第一向电泳完毕后，做第二向电泳之前需要平衡，平衡时间视蛋白质的性质而定，一般为 10 min，最多不超过 15 min，平衡后，需用湿的滤纸吸去多余的平衡液，应将胶条胶面朝上放在滤纸上，以免蛋白质损失或损坏胶条表面。

(2) 固相 pH 梯度等电点聚焦本身的特征，一般加样量较大，加样量取决于样品的特性以及胶条的 pH 梯度范围和长度，13 cm 长的胶条可加 0.5～1 mg 样品，加样量以 20～30 μL 为宜（Multiphor-II）。过量的样品会引起双向图形畸变，特别在第一向电泳时，当样品浓度超过 5 mg

时，则蛋白质凝聚和沉淀，使第二向电泳时产生水平和垂直的条理。

(3) 加有尿素的试剂均应避免过高的温度处理，一般不要超过 30℃，否则尿素分解产生异硫氰酸盐会引起氨基甲酰化而导致电荷不均一性。

(4) 根据等电点聚焦原理，样品可以加在凝胶的任何位置。但由于尿素在碱性 pH 时会产生异硫氰酸盐，引起蛋白质氨甲酰化，所以样品加在正极为宜，但也有一些蛋白质加在阴极才获得较好的结果。

(5) 第一向中过量的去污剂会严重影响双向电泳图谱，因此聚焦电泳完毕，进行平衡之前，用双蒸水冲洗胶条，以除去残留的去污剂。同时将胶条竖起，沥干胶条上的水分。

(6) 双向电泳中，双向凝胶间的界面紧密接触十分重要。如果接触不好或两者之间有气泡，则将导致转移时分子的扩散。蛋白质点的纵向延长的原因可能是第一向凝胶条太宽或第二向 SDS 浓缩胶太窄。另外，扩散也可能是由于加样量过大而引起，或电泳过程中产生焦耳热所致。

(7) 双向电泳图谱中的条纹现象（streaking）是常见的问题。水平条纹可能与第一向电泳时间不够、聚焦不好有关，或在加样处产生沉淀和引起重新溶解所致，纵向条纹则表明样品没完全溶解。这可通过调整样品量，增加 IEF 电泳时间，改善样品的溶解状态而加以改进。

【结果与分析】

结果如图 2-17 所示。

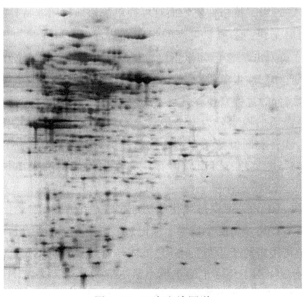

图 2-17　双向电泳图谱

【思考题】

对电泳图（图 2-17）中的条纹现象进行分析，并提出改进办法。

实验 13　蛋白质印迹

蛋白质印迹（Western blotting）又称免疫印迹（immunoblotting），是一种借助特异性抗体鉴定抗原的有效方法。该方法是在凝胶电泳和固相免疫测定技术基础上发展起来的一种新的免疫生化技术。将含有目标蛋白（抗原）的样品首先用 SDS-PAGE 或非变性电泳（native-PAGE）等分离后，通过转移电泳原位转印至硝酸纤维素膜或其他膜的表面，然后将膜表面的蛋白质再用抗原抗体反应进行特异性检测。将蛋白质固定在膜基质上比直接在凝胶上检测更有优势、更易于操作，试剂用量更少、更省时。由于免疫印迹具有 SDS-PAGE 的高分辨力和固相免疫测定的高特异性和敏感性，其优点是方法简便、标本可长期保存、结果便于比较，故广泛应用于免疫学、微生物学及分子生物学等研究领域。

蛋白质印迹可分成两个步骤：蛋白质转移（蛋白质由凝胶转移至固相基质）和特异性抗体检测。

蛋白质转移常用方法有两种：①半干法：将凝胶和固相基质三明治样夹在缓冲液润湿的滤纸中间，通电 10～30 min 可完成转移；②湿法：将凝胶和固相基质夹在滤纸中间，浸在转移装置的缓冲液中，通电 1 h 或过夜可完成转移。

蛋白质印迹中常用的固相基质有硝酸纤维素膜和尼龙膜。大多数应用中，硝酸纤维素膜是首选，因其价格便宜，而且可简单快速地封闭非特异性抗体结合。在下列情况下选用尼龙膜：①需要更高的蛋白质结合率，尼龙膜为 480 $\mu g/cm^2$，硝酸纤维素膜为 80 $\mu g/cm^2$；②已知该蛋白质与硝酸纤维素膜结合能力弱（尤其一些高分子质量蛋白质和酸性蛋白质）；③需要更强的机械强度。尼龙膜比较昂贵，封闭非特异性抗体结合的过程繁琐，并且不能用阴离子染料进行总蛋白染色。

转移后，蛋白质的检测分为三个步骤：①封闭膜上非特异性结合位点；②将膜同一抗孵育；③将膜同可特异识别一抗的二抗孵育，通常二抗连接有辣根过氧化物酶等标记物；④ 显色：蛋白质可有该酶催化的显色反应在膜上形成有色产物加以检测。

检测灵敏度：10 pg（辣根过氧化物酶或碱性磷酸酶标记）

1 pg（免疫金或^{125}I 标记）

本实验首先利用来源于小鼠的 GFP 抗体与重组表达的 GFP 蛋白结合，通过与辣根过氧化物酶（HRP）标记的羊抗小鼠二抗结合后，再由 HRP 催化的显色反应在膜上形成有色产物加以检测。辣根过氧化物酶的底物是氯萘酚，反应后生成蓝粉色物质。

【实验目的】

(1) 掌握蛋白质印迹的基本原理。

(2) 熟悉蛋白质印迹的实验操作步骤。

【实验材料】

1. 材料

纯化后的 GFP 蛋白溶液

2. 试剂

GFP 抗体：200 $\mu g/mL$（用 pH7.5 TBS 配制）

二抗：HRP 标记的羊抗小鼠 IgG 抗体

转移缓冲液：1.93 g Tris＋9 g Gly，用 dH_2O 水稀释至 1L，无须调节，pH 应为 8.1～8.4。4℃贮存。

TBS（Tris 缓冲盐溶液）1 L：

2 mol/L Tris-HCl（pH7.5）	5 mL
4 mol/L NaCl	37.5 mL
dH_2O	957.5 mL

封闭液：3% BSA（用 TBS 配制）或 5%脱脂奶粉（用 TBS 配制，加有 0.05% Tween-20）

显色液（50 mL）：

氯萘酚（30 mg/mL 于甲醇中）	1 mL
甲醇	10 mL
TBS（室温）	39 mL
30% H_2O_2	30 μL

3. 仪器

电泳仪，垂直板电泳槽，电转移装置，滤纸，Seal-A-Meal 塑料袋，封口机，摇床，镊子，一次性手套，塑料或玻璃容器，浅盘等

【实验步骤】

1. 转移

将目的蛋白质经 SDS-PAGE 分离后进行转移操作。最好同时做两块胶，一块胶进行蛋白质染色以检测蛋白质量和转移效率，另一块胶进行免疫印迹分析。

1）滤纸和硝酸纤维素薄膜的准备

切 4 张滤纸和 1 张硝酸纤维素滤膜，其大小都应与凝胶大小吻合，放入浅盘中，并加入转移缓冲液使其浸泡 15～20 min。

2）凝胶-硝酸纤维素薄膜"三明治"的制作

(1) 打开转移盒并放置在浅盘中，用转移缓冲液将海绵垫完全浸透，海绵的上面放置 2 张用转移缓冲液浸泡过的滤纸。

(2) 小心地将凝胶用去离子水中略为漂洗一下，然后放在滤纸上，要保证精确对齐，避免气泡。

(3) 转移缓冲液润湿胶面，小心地将硝酸纤维素薄膜准确平放于凝胶上。可从凝胶一边开始轻轻放下，避免气泡。

(4) 在硝酸纤维素薄膜上放 2 张润湿的滤纸，用一玻璃移液管作滚筒轻轻滚过凝胶-硝酸纤维素薄膜"三明治"以挤出所有气泡。

(5) 将另一块海绵垫用转移缓冲液完全浸透后，放在凝胶-膜"三明治"上，关上转移盒并插入转移池。以上各步接触凝胶和薄膜时，均需戴手套。转移缓冲液最好预冷，并且在转移槽的冰盒中放入冰避免转移过程中产生大量的热。

3）电转移

倒满转移缓冲液，稳压 100 V 转移 1 h。

2. 免疫检测

1）封闭膜

关闭电源，拆下转移装置，用镊子把硝酸纤维素薄膜放入可加热封口的塑料袋中，根据滤膜面积以 0.1 mL/cm^2 的量加入封闭液（约 8 mL），尽可能排除里面的气泡，然后密封袋口，平放在平缓摇动的摇床上于室温温育 30～60 min。应保证薄膜与封闭液充分接触。

2）洗膜

倒掉封闭液，用 TBS 洗膜 3 次。

3）加入抗体

将封闭过的硝酸纤维素薄膜放入另一个塑料袋中，按薄膜面积 0.1 mL/cm^2（约 8 mL）加入稀释的 GFP 抗体，小心除去气泡，密封袋口，平放在摇床上室温温育 1 h 或过夜。

4）洗膜

将薄膜转移至盛有 TBS 的培养皿中，于室温平缓摇动，漂洗 10 min，重复 2 次。

5）加入二抗

小心地将硝酸纤维素薄膜放入另一个塑料袋中，加入稀释的二抗，密封袋口，平放在摇床上温育 1 h 或过夜。

6）洗膜

用 TBS 溶液洗膜 2～3 次。

7）显色

图 2-18　转膜
后显色结果

将薄膜转移至盛有显色液的培养皿中，细心观察反应过程。一旦蛋白质带的颜色达到要求（5～30 min），即取出滤膜，用去离子水漂洗 3 次，每次 10 min。将薄膜用吸水纸吸干水分，记录条带位置，拍摄照片，留作永久实验记录（图 2-18）。拍摄应在一周内进行，因为随着时间的推移，条带会变浅，薄膜会变黄。

【注意事项】

(1) 电泳时不上样的上样孔要加等体积的样品缓冲液，防止样品扩散。

(2) 从裁剪滤纸到安装整个转移装置，都要戴手套操作，防止污染。

(3) 滤纸、滤膜应与凝胶大小吻合，并要精确对齐，防止短路。

(4) 加入底物显色时，应仔细观察，蛋白质主条带出现后应立即取出，终止反应，否则非特异性结合背景太高，影响实验效果。

【思考题】

(1) 蛋白质印迹法有哪些应用？

(2) 为什么蛋白质经过 SDS 电泳后仍具有抗原性？

2.2.6　蛋白质的定点突变

基因突变技术是通过在基因水平对其编码的蛋白质分子进行改造，在其表达后用来研究蛋白质结构功能的一种方法。这一技术的出现使蛋白质结构功能关系的研究产生了巨大的变化，可以使人们随心所欲地研究特定氨基酸残基、特定结构元件在蛋白质结构形成和功能表达中的作用。根据其特点，可将基因突变分为两大类：位点特异性突变和随机突变。在体外通过碱基取代、插入或缺失使基因 DNA 序列中任何一个特定碱基发生改变的技术叫做定点突变（site-directed mutagenesis）。定点突变需要了解目的序列的详细情况，当缺乏这方面的资料和信息时，该方法就受到限制，这种情况下利用随机突变的方法，在目的序列中产生一系列突变体。目前已发展的定点突变技术大体可分为三种类型：第一类是寡核苷酸介导的基因突变；第二类是盒式突变或片段取代突变；第三类是 PCR 突变，以双链 DNA 为模板进行的基因突变。可以这样说，PCR 技术的出现为基因的突变、基因的剪接开辟了一条极其有效、极其快捷的道路。

实验 14　重叠延伸产生特异位点突变

重叠延伸法进行特异位点诱变需要 4 种引物（图 2-19）。用第一对引物扩增含突变位点及其上游序列的 DNA 片段。正向引物（FM）含有希望引进野生型模板 DNA 的突变位点。反向引物（R2）含有野生型序列。许多研究人员喜欢在引物 1 的 5′端加上一个限制酶酶切位点，以便对诱变 DNA 片段进行亚克隆。

第二对引物被用来扩增含突变体位点及其下游序列的 DNA 片段。反向引物（RM）含有希望引入至模板 DNA 的突变位点。引物 RM 和引物 FM 之间至少有 15 个碱基序列互补。如果需要，可在携带野生型序列的正向引物（F2）的 5′端

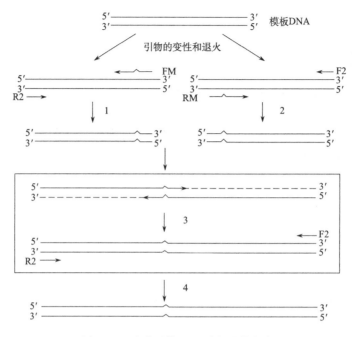

图 2-19　重叠延伸 PCR 进行取代突变

加上限制酶位点。

　　这两套引物分别用在两个反应中以扩增带有相互重叠的 DNA 片段（图 2-19 中的反应 1 和 2）。感兴趣的突变位于两条扩增片段的重叠区。混合两条重叠片段（由第一轮和第二轮 PCR 产生的），进行变性和退火，产生能延伸的异源双链，在第三轮 PCR（图 2-19 反应 3）中，使用两条能与原来 DNA 片段延伸部分相结合的引物以扩增全长 DNA。这一方法具有极高的诱变效率，但反应过程需要两条诱变引物、两条双侧翼序列引物和 3 轮 PCR。在某些情况下，如在含有突变位点的扩增 DNA 片段末端引入限制酶位点，则即可简化为只使用一条诱变引物和两轮 PCR。

【实验目的】

　　掌握利用 PCR 进行基因取代的定点突变的基本原理和方法。

【实验材料】

1. 试剂

　　寡核苷酸引物

　　模板 DNA 载体 pSV-P-半乳糖苷酶

　　Taq DNA 聚合酶

　　dNTP

氯化镁 （MgCl₂）

10×PCR 反应液

琼脂糖

1×TAE （pH 8.0）：40 mmol/L Tris，2 mmol/L EDTA。先将 Tris 和 EDTA 加在一起用蒸馏水溶解以后，再用 2 mol/L HAc 调 pH8.0，最后定容

0.5 μg/mL EB 染色液

溴酚蓝

DNA Marker

2. 仪器

PCR 循环仪，电泳仪，紫外透射仪，0.5 mL 扩增用薄壁管，移液器

【实验步骤】

(1) 依据要求和已知 DNA 序列设计合成寡核苷酸引物 FM、RM、R2 和 F2。

(2) 在一个 0.5 mL 的微量离心管或扩增管中混合以下试剂，组成 PCR 反应 1：

模板 DNA	约 100 ng
10×扩增缓冲液	10 μL
20 mmol/L 4 种 dNTP 混合溶液	1.0 μL
5 μmol/L 引物 FM （30 pmol）	6.0 μL
5 μmol/L 引物 R2 （30 pmol）	6.0 μL
热稳定 DNA 聚合酶	1～2 单位
加水至	100 μL

(3) 在第二个微量离心管或扩增管中混合以下试剂，组成 PCR 反应 2：

模板 DNA	约 100 ng
10×扩增缓冲液	10 μL
20 mmol/L 4 种 dNTP 混合溶液	1.0 μL
5 μmol/L 引物 RM （30 pmol）	6.0 μL
5 μmol/L 引物 F2 （30 pmol）	6.0 μL
热稳定 DNA 聚合酶	1～2 单位
加水至	100 μL

(4) 将反应管置于 PCR 仪中。

(5) 用以下给出的变性、退火、聚合所需的时间和温度扩增 DNA 片段。

循环数	变性	退火	聚合反应
20 次循环	94℃，1 min	50℃，1 min	72℃，1～3 min
最后一次循环	94℃，1 min		72℃，10 min

（6）各取以上两组 PCR 反应产物进行琼脂糖凝胶电泳。

（7）用胶回收试剂盒对两组 PCR 产物进行纯化回收。

（8）在一个灭菌的 0.5 mL 的扩增管中混合以下试剂进行扩增反应，连接靶基因的 5′端和 3′端。

PCR1 扩增产物［步骤（2）］	约 50 ng
PCR2 扩增产物［步骤（3）］	约 50 ng
10×扩增缓冲液	10 μL
20 mmol/L 4 种 dNTP 混合溶液	1.0 μL
5 μmol/L 引物 F2（30 pmol）	6.0 μL
5 μmol/L 引物 R2（30 pmol）	6.0 μL
热稳定 DNA 聚合酶	1～2 单位
加水至	100 μL

（9）将反应管置于 PCR 仪中。

（10）用步骤（5）给出的变性、退火、聚合反应所需的时间和温度进行扩增。

（11）取 PCR 反应产物的 5% 进行琼脂糖电泳估计扩增的靶 DNA 浓度。

（12）克隆后确证扩增 DNA 片段的全序列，保证在操作过程中没有产生除引物 FM 和 RM 携带突变之外的其他突变。

【思考题】

试述重叠延伸法进行点突变有哪些操作关键点。

主要参考文献

奥斯伯 F M 等 . 2005. 精编分子生物学实验指南 . 第四版 . 马学军，舒跃龙等译校 . 北京：科学出版社

科林根 J E 等 . 2007. 精编蛋白质科学实验指南 . 李慎涛等译 . 北京：科学出版社

萨姆布鲁克 J，拉塞尔 D W. 2002. 分子克隆实验指南 . 第三版 . 北京：科学出版社

陶慰孙，李惟 . 1995. 蛋白质分子基础 . 第二版 . 北京：高等教育出版社

汪家政，范明 . 2001. 蛋白质技术手册 . 北京：科学出版社

王大成 . 2002. 蛋白质工程 . 北京：化学工业出版社

魏群 . 2002. 生物工程技术实验指导 . 北京：高等教育出版社

翟礼嘉 . 2004. 现代生物技术 . 北京：高等教育出版社

Wulfing C，Pluckthun A. 1994. Protein folding in the periplasm of *Escherichia coli*. Mol Microbiol，12：685～692

第3章 植物细胞工程技术

细胞工程（cell engineering）是指应用现代细胞生物学、发育生物学、遗传学和分子生物学的理论与方法，按照人们的需要和设计，在细胞水平上进行遗传操作，重组细胞的结构和内含物，以改变生物的结构和功能，即通过细胞融合、核质移植、染色体或基因移植以及组织和细胞培养等方法，快速繁殖和培养出人们所需要的新物种的生物工程技术。通俗地讲，细胞工程是在细胞水平上动手术，也称细胞操作技术。包括细胞融合技术、细胞器移植、染色体工程和组织培养技术。细胞工程作为科学研究的一种手段，已经渗入到生物工程的各个方面，成为必不可少的配套技术。在农林、园艺和医学等领域中，细胞工程正在为人类做出巨大的贡献。

根据细胞类型的不同，可以把细胞工程分为植物细胞工程和动物细胞工程两大类。

3.1 植物细胞工程原理

植物细胞工程（plant cell engineering）是在植物细胞全能性的基础上，以植物细胞为基本单位，在体外条件下进行培养、繁殖或人为的精细操作，使细胞的某些生物学特性按照人们的意愿发生改变，从而改良品种或创造新品种，或加速繁育植物个体，或获得有用产物的过程统称为植物细胞工程。

植物细胞工程的理论基础是细胞学说和细胞全能性学说。1902 年德国学者 Haberlandt 提出了细胞全能性的观点，他认为，作为高等植物的器官和组织基本单位的细胞有可能在离体培养条件下实现分裂分化，乃至形成胚胎和植株。由于当时理论和技术的局限，并未取得预期的结果，但人们开辟了植物学的新领域——植物组织和细胞培养。之后植物细胞和组织培养的实践也表明，很多类型的植物细胞都可以在离体的培养条件下发育为胚状体或植株。因此，在细胞水平上进行的任何遗传操作，通过细胞的培养和植株再生，最终可以将细胞的遗传修饰变成植物的遗传，从而改变整个植物的遗传特性。到 20 世纪中叶，植物细胞组织培养和细胞的遗传操作相结合，逐渐发展为植物细胞工程。

从离体培养的组织或细胞再生完整的植株是植物细胞工程研究的核心问题。1948 年 Skoog 和 Tsui 首先解决了这一问题。其关键在于发现向培养基中添加适当浓度的腺嘌呤不但可以促进薄壁细胞的分裂，而且能够促进植株的器官发生。之后人们又相继发现了多种植物激素（包括生长素类和细胞分裂素类）在植物组织和细胞培养上起着非常重要的作用，其结果又进一步促进了更多植物组织培养获得成功。

20世纪60年代兴起的植物单倍体技术是一项在植物育种上实用的细胞工程技术。由于单倍体植物加倍之后即成为纯合二倍体，在育种上可以从杂种快速获得稳定的后代。我国自1972年以来，通过花粉培养获得的烟草、水稻、小麦和油菜新品种约20余个；另外还利用胚乳培养获得了三倍体植物（如西瓜等），开辟了三倍体植株育种的新途径。

植物细胞去掉细胞壁后仍然具有完整细胞的遗传特性。在20世纪80年代，国内外学者纷纷开展了将植物细胞去掉植物细胞壁后，利用原生质体进行植株再生的研究。当前已经有200余种植物原生质体培养成功，进一步验证了植物细胞全能性的理论。之后，人们利用原生质体进行体细胞杂交，获得了十余种体细胞种间杂种，在一定程度上克服了远缘杂交存在的生殖障碍和遗传不稳定现象。

植物细胞大量培养生产有用的次生代谢产物是植物细胞工程的另一个重要领域。迄今注意开展了人参、紫草、三七、红豆杉、红景天、水母雪莲等植物的细胞大量培养研究，从中提取了人参皂苷、紫杉醇、红景天苷等次生代谢物，在医学上具有广阔的应用前景。

1973年，烟草冠瘿瘤培养物中发现了来源于农杆菌的Ti质粒，它可以自发地整合到植物基因组中去，由此开始了植物细胞工程和基因工程的紧密结合，构成了现代植物细胞工程技术的主体。

3.2　植物细胞工程技术

植物细胞工程技术涉及的范围和内容十分广泛，依据操作对象或技术内容可分为：植物组织培养技术、植物原生质体分离与细胞融合技术、植物细胞质工程技术、植物染色体工程技术、植物转基因技术等。下面分别就几个常用技术的实验原理和方法进行介绍。

3.2.1　植物组织培养技术

植物组织培养是指利用植物细胞具有全能性的原理，用无菌培养的方法，在人工制备的培养基上培养植物体的器官、组织或单个细胞，这些离体的器官、组织或单个细胞在无菌条件下不断生长分化并最终形成一个完整植株的过程。植物组织培养作为现代植物生物技术研究和在农业生产上推广应用的一项十分有用的技术，越来越受到人们的重视，也发挥着越来越大的作用，创造出很大的经济效益。

　　组织培养技术从 20 世纪初发展至今已经具有上百年的历史,科学家们已经在多种植物多种基因型上取得了成功,而且从最初的组织培养(组织块培养)发展到细胞培养、原生质体培养等。并用之进行各种生理生化及遗传操作研究。作为一项实验技术,植物组织培养有着十分广阔的应用前景。利用组织培养可以挽救濒于灭绝的植物,快速繁殖保存某些稀有植物或有较大经济价值的植物,而且还可作为生物反应器生产某些药物;随着人们生活质量的提高,目前人们甚至利用组织培养的花卉等发展装饰产业。

实验 1　植物组织培养常用培养基的配制及灭菌

　　培养基是植物组织培养中的"血液",血液的成分及其供应状况直接关系到培养物的生长与分化,因此了解培养基的成分、特点及其配制至关重要。选择合适的培养基主要从以下两个方面考虑:一是基本培养基;二是各种激素的浓度及相对比例。目前人们已经发现了多种培养基,其中 MS 培养基适合于大多数双子叶植物,B5 和 N6 培养基适合于许多单子叶植物,特别是 N6 培养基对禾本科植物小麦、水稻等较有效,White 培养基适于根的培养。

　　组织培养中对培养物影响最大的是植物激素,其中最常用的激素主要分为生长素和细胞分裂素两大类型。常用的生长素有吲哚乙酸(IAA)、吲哚-3-丁酸(IBA)、萘乙酸(NAA)、二氯苯氧乙酸等;常用的细胞分裂素有呋喃氨基嘌呤(KT)、6-苄基腺嘌呤(6-BA)和玉米素(ZT)等。植物生长素的作用主要是诱导愈伤组织形成或根的发生,细胞分裂素的主要作用是促进细胞分裂和不定芽的分化。实践上可根据需要调整两类激素的浓度和配比来达到预期目的。

　　在基本培养基确定之后,试验中要大量进行的工作是用不同种类的激素进行浓度和各种激素间相互比例的配合试验。在实验中,首先应参考已有的报道,看有没有亲缘关系相近的物种组织培养成功的报道,如果有则可作为参考;如果没有,则需要建立激素配比的不同种类和浓度梯度的实验。最后根据结果进行相应的细微调整,从而确定出最佳的培养基配方。下面以 MS 培养基为例介绍培养基的配制方法。

【实验目的】

　　(1)掌握植物组织培养基母液的配制方法。

　　(2)掌握植物组织培养用固体培养基的配制方法及培养基的高压灭菌。

【实验材料】

　　1. 试剂

　　　MS 培养基的配方中涉及的试剂

2. 仪器

烧杯（200 mL、1000 mL），搅拌棒，容量瓶，量筒，移液管，三角瓶（100 mL），培养皿，冰箱，天平，高压灭菌锅，培养室（或培养箱），镊子，手术刀，手术剪，酒精灯，牛皮纸，橡皮圈

【实验步骤】

1. MS 母液的配制

由于培养基中涉及成分较多，如果直接称取每种所需药品置入培养基中则费时费力。因此，为了实验方便，将培养基中的成分分类并配成母液再进行培养基的配制。需要配制母液的种类和方法如下。

(1) 大量元素母液：一般将大量元素配成 20 倍或 50 倍的母液，使用时再稀释相应的倍数。如果配制 20 倍母液 1000 mL，则先分别称取 NH_4NO_3 33 g，KNO_3 38 g，KH_2PO_4 3.4 g，$MgSO_4 \cdot 7H_2O$ 7.4 g 并分别加入适量水各自溶解后，用 1000 mL 容量瓶定容。

(2) $CaCl_2$ 母液：为了避免沉淀的发生，一般将 $CaCl_2 \cdot 2H_2O$ 单独配成 20 倍或 50 倍的母液。如果配制 20 倍母液 1000 mL，则称取 8.8 g $CaCl_2 \cdot 2H_2O$ 溶解后定容至 1000 mL。

(3) 微量元素母液：培养基中所需的几种试剂量较少，我们将其统称为微量元素。为称取方便，将其制成 1000 倍母液，使用时稀释 1000 倍即可。要配制 1000 mL 1000 倍的微量元素母液，需要分别称取：

KI	0.83 g
H_3BO_3	6.2 g
$MnSO_4 \cdot 4H_2O$	22.3 g
$ZnSO_4 \cdot 7H_2O$	8.6 g
$Na_2MoO_4 \cdot 2H_2O$	0.25 g
$CuSO_4 \cdot 5H_2O$	0.025 g
$CoCl_2 \cdot 6H_2O$	0.025 g

各自溶解后，将各溶液混合，最后定容至 1000 mL。

(4) Fe 盐母液：培养基中需要使用螯合铁，因此将 $FeSO_4 \cdot 7H_2O$ 和 $Na_2EDTA \cdot 2H_2O$ 配在一起作为 Fe 盐母液。如果配制 200 倍的母液，需要先称取 $Na_2EDTA \cdot 2H_2O$ 7.64 g 加热使其溶解，然后称取 $FeSO_4 \cdot 7H_2O$ 5.56 g 溶解，再将 $FeSO_4 \cdot 7H_2O$ 溶液缓缓加入到 $Na_2EDTA \cdot 2H_2O$ 溶液中，边加边搅拌。最后定容至 1000 mL，于棕色磨口瓶中避光保存。

(5) 有机附加物母液：MS 培养基中含有的有机物有肌醇、烟酸、盐酸吡哆醇、盐酸硫胺素和甘氨酸，为了使用方便，将它们放在一起配成有机附

加物母液。由于它们能提供丰富的营养，如果配制倍数过高，容易引起污染，因此一般配成 100 倍母液。如果配制 100 倍母液 1000 mL，则需要分别称取、溶解肌醇 10 g，烟酸、盐酸吡哆醇和盐酸硫胺素各 50 mg，甘氨酸 200 mg，混合后定容至 1000 mL，并装入棕色瓶中避光保存。

(6) 激素母液：组织培养常用的激素有两大类：生长素和细胞分裂素。生长素类激素包括 IAA、IBA、NAA、2,4-D 等，配制时一般要先用少量 95% 乙醇或 0.1 mol/L 的 NaOH 助溶，再用蒸馏水定容至一定体积；细胞分裂素类包括 6-BA、KT 和 ZT 等，配制时要先用 0.5 ～1 mol/L 的 HCl 或 NaOH 溶解再用蒸馏水定容到一定体积。激素母液的浓度一般为 1 mg/mL。

以上母液均放在 4℃ 保存备用，配制培养基时每升培养基加入各种母液的量分别为：

大量元素母液	50 mL
$CaCl_2 \cdot 2H_2O$	50 mL
微量元素母液	1 mL
Fe 盐	5 mL
有机附加物	10 mL

另外，蔗糖、琼脂和激素等分别根据具体情况添加。

2. 配制 1 L MS 固体培养基的基本步骤（参考图 3-1 流程）

(1) 取 1 L 烧杯加入 600～700 mL 的蒸馏水，加热。

(2) 称取琼脂 6～8 g，蔗糖 30 g 倒入烧杯中，不断搅拌至加热沸腾。

(3) 停止加热，稍冷后加入相应体积的各种母液如大量元素 50 mL（20 倍）、$CaCl_2 \cdot 2H_2O$ 50 mL（20 倍）、微量元素母液 1 mL（1000 倍）、铁盐 5 mL（200 倍）、有机附加物 10 mL（100 倍）和相应的激素最后定容至 1 L，并搅拌混匀。

(4) 用 pH 计或试纸测 pH，用 1 mol/L NaOH 或 1 mol/L HCl 调至 5.8。

(5) 将配制好的培养基分装于清洗干净、烘干的三角瓶中，培养基高度约 1 cm 左右，琼脂约在 40℃ 时才凝固，所以有充足的时间分装。

(6) 将分装好培养基的三角瓶用封口膜封好并做好标记。

(7) 培养基的灭菌与保存。培养基内含有丰富的营养物质，有利于细菌和真菌繁殖，所以培养基配好后要及时灭菌。用全自动高压灭菌锅时注意以下几点。

① 检查锅内的水量，一般高度到支持锅座水平即可。

② 打开电源，设置温度 121℃，20 min 后，按 START 按钮开始高压灭菌。当程序运行完毕，机器会自动报警，这时可切断电源。当锅内压

力自然慢慢下降至 0 时可打开锅盖。

③ 将灭过菌的培养基置于室温下保存，待培养基放置 1～2 天后，瓶内水分逐步被吸干。培养基灭菌后不宜久放，一般不超过一个月，多数情况灭菌后 2 周内使用完。

MS 培养基配制 (1L)

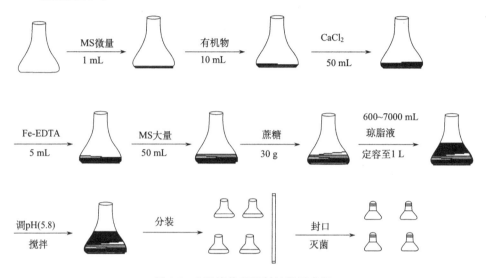

图 3-1　MS 培养基配制过程示意图

【注意事项】

(1) 配制母液时，需要分别将各种试剂溶解后再混合在一起定容。

(2) 配制激素母液时，一定用相应的助溶剂助溶后再加水定容，否则很难溶解。

(3) 配制培养基时一定要将 pH 调至 5.8。如果培养基过酸，灭菌后不易凝固；如果培养基过碱，灭菌后培养基过硬，将来不利于植物材料的生长。

(4) 用高压灭菌锅高压灭菌时，一定要注意添加水到合适的位置。

【结果与分析】

根据灭菌后培养基的凝固情况、培养基的颜色、2～3 天后培养基的外观情况分析培养基的 pH 调整情况及灭菌的结果。在光下，透过培养瓶的瓶底看，如果培养基透明，无任何杂质且呈软硬适中的固态，则表明培养基配制成功，灭菌彻底；反之，如果从瓶底能看到不均匀的片状或点状杂质分布，则表明培养基灭菌不彻底；如果培养基表现稀软，则表明 pH 调得偏低；如果培养基过硬，则表明 pH 调得偏高。

【思考题】

(1) 除了高压灭菌外，还有哪些灭菌方式？

(2) 如何根据植物材料的不同选用合适的培养基成分？

实验 2　烟草组织快繁技术

植物细胞全能性是组织培养的理论基础。一个生活的植物细胞只要有完整的膜系统和细胞核，它就会有一整套发育成一个完整植株的遗传基础，在适当的条件下可以通过分裂、分化再生成一个完整植株。就目前所知，细胞的再生能力与选用的基因型、外植体的类型及其分化程度、所用的培养基及激素配比等有很大关系。正常情况下一个已经分化的细胞或组织器官要表达其全能性要经历细胞脱分化和再分化两个阶段。因此，分别在不同的阶段选用合适的激素非常重要。

植物离体器官的再生有两条途径，一条是由愈伤组织的部分细胞先分化产生芽（或根），再在另一种培养基上产生根（或芽），形成一个完整的植株，这一过程叫做器官发生途径；另一条途径是由愈伤组织产生与合子胚类似的胚状体的结构，即同时形成一个有地上和地下部的两极性结构，最终形成一个完整的植株，这一过程称为体细胞胚发生途径。

烟草目前已经成为植物组织培养中的模式植物，它非常容易从离体的器官如叶片、茎段、种子等再生出完整的植株。本实验使用按上述方法配好的 MS 培养基添加 BA 1.0 mg/L 和 NAA 0.2 mg/L，从温室内分别选取烟草苗的茎尖和幼嫩叶片进行组织培养实验。

【实验目的】

(1) 掌握植物组织培养无菌操作的过程。

(2) 掌握不同激素在植物组织培养器官发生过程中的作用。

【实验材料】

1. 材料

温室培养的烟草茎尖和幼嫩叶片

2. 试剂

70%乙醇，2% NaClO，无菌水

3. 仪器

超净工作台，培养皿，烧杯，培养室（或培养箱），镊子，解剖刀，酒精灯，消毒棉等

【实验步骤】

(1) 先将超净工作台的紫外灭菌灯打开照射 20 min。

(2) 将超净工作台鼓风机打开 10 min 后可进行无菌操作。

(3) 双手用肥皂洗净，以 70%酒精棉擦拭一遍。

(4) 取已洗净的烟草茎尖用 70％乙醇浸泡 30 s，然后无菌水冲净，再用 2％ NaClO 浸泡 30 s，无菌水冲洗 3～4 遍置于培养皿中。

(5) 将接种需要的镊子、解剖刀用酒精灯烧至无菌，晾凉。然后在无菌的培养皿内把茎尖剥出来。再用镊子将材料迅速正向插入培养基中，在酒精灯上烧一下瓶口，塞上棉塞包上牛皮纸，捆紧即可。

(6) 将接种好的材料，放置于温度 23～28℃光照 1000～5000 lx，光照时间每天 16～18 h 的培养室中进行培养。随着培养组织的不断生长和细胞分裂，7 天左右即可看到幼叶边缘膨大，15～20 天便可看到有绿色不定芽从叶片边缘长出；对于接种的茎尖，则在 10 天左右会见到幼嫩叶片从外植体上长出。

【注意事项】

(1) 操作的整个过程中一定要保证无菌。

(2) 进行材料消毒时，消毒剂的选择及所用浓度处理时间等都要进行预实验。否则消毒过度，容易把材料杀死；消毒不够，容易导致一些菌的生长造成污染。

(3) 接种材料时，应该注意材料的极性。

(4) 不定芽伸长到一定程度后可放至生根培养基中使其生根，产生完整的植株。

(5) 培养室整体环境要保持清洁，保证正常的光照、温度和湿度等。

【思考题】

(1) 植物组织培养最基本的原理是什么？

(2) 在接种过程中应注意哪些问题？

(3) 如何判断接种的材料有无污染？

实验 3　植物细胞悬浮培养技术

将游离的植物细胞或小的细胞团置于液体培养基中进行培养和生长的技术称为植物细胞悬浮培养，它是由愈伤组织经液体培养基培养发展起来的一种技术。从 20 世纪 50 年代起，Muir 等便对单细胞培养进行了探讨和研究，得到了万寿菊、烟草单细胞和细胞团的悬浮液。1958 年 Steward 等进行了胡萝卜愈伤组织的悬浮培养，并得到了完整的再生植株。

30 多年来，从试管的悬浮培养发展到大规模的发酵罐培养，从不连续培养发展到半连续和连续培养。20 世纪 80 年代以来，作为生物技术中的一个组成部分，正在发展成为一门新兴的产业体系。悬浮培养技术为研究植物细胞的生理、生化、遗传和分化的机制提供实验材料，也为利用植物细胞进行次生代谢物的工业生产提供技术基础。此外，还在育种、快速繁殖、原生质体培养，体细胞杂交以及作为基因转化的受体等方面均得到了广泛的应用。

　　植物细胞或组织通过脱分化可产生愈伤组织。将疏松型的愈伤组织悬浮在液体培养基中并在振荡条件下培养一段时间后，可形成分散的悬浮培养物。良好的悬浮培养物应具备以下特征：①主要由单细胞和小细胞团组成；②细胞具有旺盛的生长和分裂能力，增殖速度快；③大多数细胞在形态上具有分生细胞的特征，它们多呈等径形，核质比率大，胞质浓厚，无液泡化程度较低。要建成这样的悬浮培养体系，首先需要有良好的起始培养物——迅速增殖的疏松型愈伤组织。然后经过培养基成分和培养条件的选择，并经多次继代培养才能达到。悬浮培养细胞经长期继代培养后，染色体常有变异现象，细胞的再生能力也逐渐降低，然而对于以生产有用代谢产物为目的的大量培养，这种再生能力的降低不一定有不良影响。

　　由于植物细胞具有聚集在一起的特性，因此，在分裂后，往往不能像细菌细胞那样各自分开，而是大多以细胞团的形式存在，至今还不能培养完全是单细胞的悬浮液。本实验主要介绍来源于愈伤组织的烟草细胞悬浮培养技术。

【实验目的】

　　(1) 掌握植物悬浮细胞系建立的方法和原理。

　　(2) 学会对悬浮细胞培养物进行细胞计数及绘制细胞生长曲线。

【实验材料】

　　1. 材料

　　　松软的烟草或胡萝卜愈伤组织

　　2. 试剂

　　　MS 液体培养基，CrO_3，0.1%酚藏花红，0.1%荧光素双醋酸酯（FDA）

　　3. 仪器

　　　超净工作台，高压灭菌锅，旋转式摇床，水浴锅，倒置显微镜，镊子，酒精灯，100 mL 三角瓶，移液管，pH 计，恒温培养室，漏斗，不锈钢网或筛，血细胞计数板等

【实验步骤】

　　(1) 用镊子夹取生长旺盛的松软愈伤组织，轻轻夹碎放入三角瓶中。每150 mL三角瓶含灭过菌的 MS 培养基 40～50 mL，每瓶接种 1～1.5 g 愈伤组织，以保证最初培养物中有足够量的细胞。

　　(2) 将已接种的三角瓶置于旋转式摇床上。在 100 r/min，25～28℃条件下，进行振荡培养。

　　(3) 经 6～10 天培养后，若细胞明显增殖，可向培养瓶中加新鲜培养基10 mL，必要时，可用大口移液管将培养物分装成两瓶，继续培养（若细胞无明显增殖，可能是起始材料不适当，应考虑用旺盛增殖期的愈伤

　　　　组织重新接种）。可进行第一次继代培养。

　　（4）悬浮培养物的过滤：按步骤（3）继代培养几代后，培养液主要由单细
　　　　胞和小细胞团（不多于 20 个细胞）组成。若仍含有较大的细胞团，则
　　　　可用适当孔径的金属网筛过滤，再将过滤后的悬浮细胞继续培养。

　　（5）细胞数目计算：取一定体积的细胞悬液，加入 2 倍体积的 8％的三氧化
　　　　铬（CrO_3），置于 70℃水浴处理 15 min。冷却后，用移液管重复吹打细
　　　　胞悬液，以使细胞充分分散，混匀后，取一滴悬液置于血细胞计数板上
　　　　计数。

　　（6）制作细胞生长曲线：为了解悬浮培养细胞的生长动态，可用以下方法绘
　　　　制生长曲线图。

　①　鲜重法（fresh weigh method）。在继代培养的不同时间，取一定体积的
　　　　悬浮细胞培养物，离心收集后，称量细胞的鲜重，以鲜重为纵坐标，培
　　　　养时间为横坐标，绘制鲜重增长曲线。

　②　干重法（dry weigh method）。在称量鲜重之后，将细胞烘干后称其干
　　　　重。以干重为纵坐标，培养时间为横坐标，绘制细胞干重生长曲线。
　　　　上述两种方法均需每隔 2 天取样一次，共取 7 次，每个样品重复 3 次，整
　　　　个实验进行期间不再往培养瓶中加入新鲜培养液。

　　（7）细胞活力的检查。在培养的不同阶段，吸取一滴细胞悬液，放在载玻片
　　　　上，滴一滴 0.1％的酚藏花红溶液（用培养基配制）染色，在显微镜下
　　　　观察。活细胞均不着色，而死细胞则很快被染成红色。也可用 0.1％
　　　　FDA 溶液染色，凡活细胞将在紫外光诱发下显示黄绿色荧光，根据细
　　　　胞是否发出荧光与否判断细胞的死活。

　　（8）细胞再生能力的鉴定：为了解悬浮培养细胞是否仍具有再生能力，可将
　　　　培养细胞转移到琼脂固化的培养基上，使其先形成愈伤组织，进而在分
　　　　化培养基上诱导植株的再生。

【注意事项】

　　（1）上述步骤均需无菌操作，培养基、用具、器皿等要高压灭菌后方可
　　　　使用。

　　（2）如培养液混浊或呈现乳白色，表明已污染。

　　（3）每次继代培养时，应在倒置显微镜下观察培养物中各类细胞及其他残余
　　　　物的情况，有意识地留下圆细胞，弃去长细胞。

【结果与分析】

　　（1）植物细胞在生长过程中，细胞的数目一般呈 S 形曲线的增长形式，否
　　　　则，细胞没有正常地繁殖（图 3-2）。

　　（2）植物细胞在悬浮培养的过程中，大多以小的细胞聚集体的形式存在。良

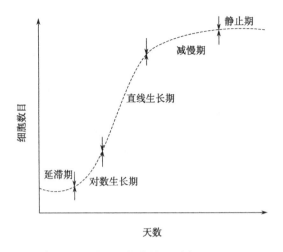

图 3-2　植物悬浮细胞的生长曲线（引自 Judge et al. 1989）

　　好的细胞形态为近圆形、胞质较浓、细胞核较大、核质丰富等；培养体系中出现的长弯形、胞质较空、体积较大的细胞为活力较差的细胞（图 3-3）。

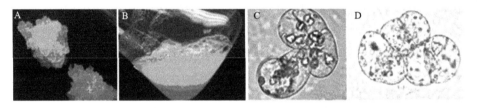

图 3-3　植物悬浮细胞在体系中存在呈少数细胞粘连状态

A. 愈伤组织；B. 将愈伤组织振荡培养建立悬浮细胞系；C、D. 良好的悬浮细胞系中细胞的状态

【思考题】

（1）计算出你所制作的悬浮培养物的密度，并绘出其细胞生长曲线图。

（2）如何将植物细胞悬浮系用于细胞分化规律或机制的研究？

（3）对你的实验结果进行描述、分析和总结。

3.2.2　植物原生质体分离与细胞融合技术

　　植物细胞除掉细胞壁后，由质膜包围的裸露细胞称为原生质体。由于植物原生质体仍然具有完整的细胞核结构及相应的遗传物质，根据细胞全能性的原理，它同样具有发育成为完整植株的潜力。

　　利用原生质体便于开展那些因细胞壁存在而难以进行研究的问题，如质膜的表面特性、细胞壁的形成、细胞器的摄取、体细胞的杂交及作为基因工程研究的良好受体系统，通过导入特定基因、获得转基因植株等。植物原生质体作为一种研究系统，如同在细胞水平上研究某些问题，比在组织、器官或个体水平上有方便之处。

自 20 世纪 60 年代初，Cocking 利用酶法分离原生质体获得成功，提供了一种大量制备有活力的原生质体的方法，开创了植物原生质体培养和细胞杂交的研究领域。70 年代以来，国内外学者相继从培养的 50 多种植物上获得原生质体再生植株，并利用原生质体融合技术得到多种植物的细胞杂种。

实验 4　烟草叶片原生质体的分离与培养

植物细胞壁的主要成分为纤维素、半纤维素、果胶质和少量蛋白质等。在细胞分化过程中，植物细胞壁各种成分的比例也会发生变化，而且还逐渐增加木质素等次生物质。随着细胞壁强度的加强，分离细胞壁获得原生质体的难度也随之增加。因此选取合适的材料、采用适当的方法是决定分离原生质体成败的关键。

植物体幼嫩的部分为制备原生质体的理想材料，如植物的幼叶、子叶、根和下胚轴的切段均可用作材料来源；细胞壁的去除主要采用从微生物中提取的纤维素酶、果胶酶和崩溃酶等商业制品，并因细胞壁的强度不同选用不同的浓度和处理时间；为了保持释放出的原生质体的活力和膜稳定性，酶液的渗透压必须与处理的细胞渗透压相似。通常加入葡萄糖、甘露醇或山梨醇等渗透压调节剂来调节酶液的渗透压，使用的浓度范围随植物材料的不同而异，一般为 $0.35 \sim 0.8 \ mol/L$。

为了提高原生质体分离的效率，往往在酶解前还要进行材料的预处理。如将叶片撕去下表皮、将材料进行低温处理或黑暗处理等。酶解处理一般在 $24 \sim 28℃$、黑暗、静止条件下进行。处理过程中，酶解物每隔一段时间轻摇一次，以促进原生质体的释放。

植物材料经酶解处理后，体系中除含有大量完整的原生质体外，还含有未去壁的细胞、细胞碎片、叶绿体、微管成分等组织残渣。如果想进一步进行原生质体的培养，则必须进行原生质体的纯化。一般采用两步法的策略。首先利用一定孔径的滤网将大的细胞团或组织块过滤掉，收集滤液于离心管中。然后采用其他方法（沉降法、漂浮法或密度梯度离心法等）将其中较小的杂质除去，目前最常用的方法是密度梯度离心法。主要是利用比重不同的聚蔗糖溶液或不同密度的蔗糖与甘露醇的混合溶液，经离心后产生不同的密度梯度，最终使完整无损的原生质体处在两液相的界面之间，而细胞碎片等杂质则沉于试管的底部。

原生质体在培养前还需要进行活性的检测，目前方便易行的方法是荧光素双醋酸酯（FDA）染色法。FDA 本身无荧光，无极性，能自由地穿过细胞质膜。

FDA 进入原生质体后，在原生质体内酯酶的作用下可分解成有荧光的极性物质——荧光素。荧光素不能自由地穿越细胞质膜，因而累积在有活力的原生质体中，当用紫外光照射时，便产生绿色荧光。而无活力的原生质体不能将 FDA 分解为荧光素，因此无荧光产生，但由于植物材料中其他成分如叶绿体等的干扰，有些无活力的原生质体可能表现为发红色荧光。

　　获得有活力的原生质体后，在适当的培养条件下，可使原生质体首先再生出新的细胞壁，进而细胞进行持续分裂形成细胞团，再进一步产生肉眼可见的愈伤组织，最后经分化形成完整的植株（图 3-4）。根据目前研究现状，原生质体的分离与培养由于涉及的环节很多，最终成功地由原生质体再生成完整植株仍然是一项难度非常大的工作。其中原生质体的来源、材料的基因型及培养基、培养方法和培养条件等都起着非常重要的作用。

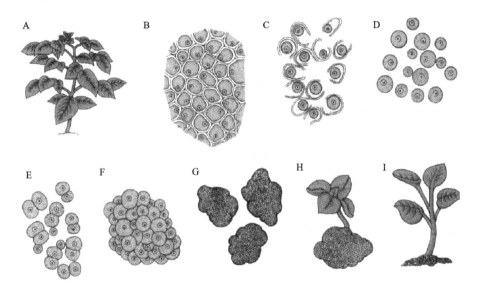

图 3-4　植物原生质体分离及再生植株的示意图

【实验目的】

掌握原生质体的基本特征及分离、纯化与培养方法。

【实验材料】

1. 材料

无菌烟草叶片

2. 试剂

$CaCl_2 \cdot 2H_2O$，$NaH_2PO_4 \cdot 2H_2O$，MES，甘露醇，纤维素酶，果胶酶，原生质体培养基的基本成分，激动素，萘乙酸，蔗糖，木糖，70％乙醇，

2% NaClO

3. 仪器

高压灭菌锅，超净工作台，离心机，倒置显微镜，振荡培养箱，细菌过滤器，滤膜，小滴管，小烧杯，大、小培养皿，刻度离心管，小漏斗注射器 10 mL，小三角瓶 50 mL，不锈钢网 300 目，透气膜等

【实验步骤】

1. 酶混合液及其他试剂的配制

1）酶混合液

按 1 g 材料加入 10 mL 酶混合液的比例配制。配制分以下两步进行。

(1) CaCl$_2$ · 2H$_2$O　　　　　7 mmol/L

　　NaH$_2$PO$_4$ · 2H$_2$O　　　0.7 mmol/L

　　MES　　　　　　　　　3 mmol/L

　　甘露醇　　　　　　　　0.5 mol/L

将以上溶液用重蒸馏水溶解，调 pH5.6，定容至 10 mL，作为酶储备液，灭菌备用。

(2) 使用时，再加入 1% 纤维素酶 R-10、0.8% 果胶酶 R-10。

因酶制剂经过高压灭菌处理后会失活，用时将酶制剂按比例加入到第一步已灭菌的溶液内。一般酶制剂都不太纯，配好后经 3500 r/min 离心 5 min，弃去其中杂质，吸取上清液用细菌过滤灭菌器抽滤灭菌。

2）洗液的配制（用于酶解产物的洗涤）

　　CaCl$_2$ · 2H$_2$O　　　　8 mmol/L

　　NaH$_2$PO$_4$ · 2H$_2$O　　2 mmol/L

　　甘露醇　　　　　　　0.5 mol/L

3）原生质体培养基配制

大量元素：		微量元素：	
KNO$_3$	2500 mg/L	MnSO$_4$ · 4H$_2$O	10 mg/L
NH$_4$NO$_3$	250 mg/L	ZnSO$_4$ · 7H$_2$O	2 mg/L
(NH$_4$)$_2$SO$_4$	134 mg/L	H$_3$BO$_4$	3 mg/L
MgSO$_4$ · 7H$_2$O	250 mg/L	KI	0.75 mg/L
CaCl$_2$ · 2H$_2$O	900 mg/L	Na$_2$MoO$_4$ · 5H$_2$O	0.025 mg/L
CaHPO$_4$ · H$_2$O	50 mg/L	CoCl$_2$ · 6H$_2$O	0.025 mg/L

铁盐溶液：	Na$_2$EDTA · 2H$_2$O	37.2 mg/L
	FeSO$_4$ · 7H$_2$O	27.8 mg/L

有机附加物：肌醇	100 mg/L
盐酸吡哆素	1 mg/L

盐酸硫胺素	10 mg/L
烟酸	1 mg/L
激动素	0.2 mg/L
萘乙酸	0.1 mg/L
蔗糖	13 700 mg/L
木糖	250 mg/L

通常我们将大量元素、微量元素、有机附加物和铁盐分别配成 10 倍或 100 倍的母液,低温保存,在配制培养基时,按比例吸取。

2. 原生质体的分离

(1) 将按上述配方配制好的培养基、洗液、需要灭菌的酶混合液及一般实验用品,用纸——包好,0.1MPa 大气压灭菌 20 min。

(2) 在超净台内将无菌烟草叶片从培养瓶内取出,放在培养皿内萎蔫 1 h。如直接取室外培养的植物叶片,需进行表面灭菌,70% 乙醇浸泡 5 s,无菌水冲洗 2~3 次,再以 2% 次氯酸钠浸泡 10 min,无菌水冲洗 3~4 遍。

(3) 在灭过菌的酶混合液中加入纤维素酶、果胶酶,待溶解后放入离心管内,3500 r/min 离心 10 min,弃沉淀留上清液为酶混合液。

(4) 在超净台内,用带 0.45 μm 滤膜的细菌过滤器抽滤后收集于小三角瓶中,封透气膜待用。

(5) 把萎蔫(或灭菌)的烟草叶片放至培养皿中,用镊子撕下表皮并去掉叶脉,将叶片剪成 0.5 cm² 的小块(不易太小,否则会得到过多地破碎细胞),浸在酶混合液中,封透气膜。黑暗振荡培养,保持 27℃,酶解 12~24 h,振速为 50~60 r/min。

3. 原生质体的收集与纯化

(1) 取出装有酶解好材料的三角瓶,重新置于超净台内,将酶解物用小漏斗(加入 300 目不锈钢网)过滤,不锈钢网目的大小视分离的原生质体大小而异。过滤液收集于 10 mL 刻度离心管中,500 r/min 离心 2 min,未消化完的细胞团或组织留在不锈钢网上面。去掉酶液,留沉淀即收集的原生质体。

(2) 用注射器(装上长针头)向离心管底部缓缓注入 20% 蔗糖 6 mL,在 600 g 离心 5 min。这时,在两相溶液的界面之间出现一层纯净的完整原生质体,杂质和碎片都沉到管底。

(3) 用洗液和培养基将酶混合液洗干净,以免残留的酶液影响原生质体壁的再生。用 1 mL 洗液加到沉淀中,轻轻摇动,用力不可太大,以免原生质体破裂,500 r/min 离心 2 min,弃上清液,留沉淀,并重复一次。再用 1 mL 培养液将沉淀轻轻打起，500 r/min 离心 2 min，弃上清液留沉淀。以上几步离心均在超净台内操作。

4. 原生质体的培养

(1) 用 2 mL 培养液将沉淀轻轻悬起倒入 2 个小培养皿内，只需一薄层即可。用封口膜封口，以防污染和培养基中水分散失造成渗透压提高，对原生质体是一种冲击，以至对其完整性的破坏。

(2) 将小培养皿放在一装有湿滤纸的塑料袋中，要求在散射的暗淡光（强光刺激会使原生物质体致死）和湿润环境培养，温度 25℃。第二天用倒置显微镜观察原生质体生长情况，视野内呈现出很多且圆的原生质体。2～3 天后细胞壁再生，可照相记录每天观察的结果。

(3) 原生质体密度：培养基中培养原生质体必须有一定密度，不然难以分裂。密度参数值是 $10^4 \sim 10^5$ 个/mL，确切的密度应该随材料、培养时间等具体条件的不同而异。

(4) 原生质体活力的鉴定：取原生质体提取液一滴于载玻片上，加入相同体积的 0.02%FDA 稀释液，静置 5 min 后，于荧光显微镜下观察，发出绿色荧光的为有活力的原生质体，没有产生绿色荧光或发出红色荧光的原生质体无活力。

(5) 原生质体再生：具有活力的原生质体在合适的培养条件下，3～6 天就可以看见原生质体的第一次分裂，2 周左右可见到小细胞团。要不断加入新鲜细胞培养基，加入的时间和容量按实验的情况而异，原则上要在原生质体一次或几次分裂后逐步再加入。细胞团继续长大成愈伤组织到植株分化的过程与其他组织培养的情况相同。

【注意事项】

(1) 目前已经从高等植物的根、茎、叶、果实、种子等各种组织和器官分离得到原生质体，叶片、愈伤组织和悬浮细胞是容易取材的常用材料，若利用无菌苗可免去表面灭菌的操作步骤避免因条件不适而产生的材料生长的不良影响。

(2) 酶液的种类和浓度是获得大量原生质体的关键，根据试验材料的不同可能不同，因此针对具体的试验要进行摸索，确定最终的酶种类和浓度。

(3) 酶液及洗液中的渗透调节剂对于获得完整稳定的原生质体非常重要，否则如果渗透压不合适，容易造成原生质体的破裂。

(4) 如果进行原生质体的培养，则所有的操作均需在无菌条件下进行。

【结果与分析】

植物细胞壁去掉后获得的原生质体均为球形（图 3-5），可根据球形原生质体的比例确定酶解时间或酶液的浓度。如果原生质体分离体系中出现大量破碎的细胞,则表明渗透压浓度不合适。

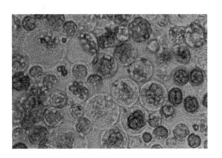

图 3-5　烟草完整原生质体分离

【思考题】

（1）原生质体培养时,纤维素酶和果胶酶的作用分别是什么?

（2）影响原生质体游离效果的因素有哪些?

（3）你认为要获得数量多、生活力强的原生质体,在实验中应注意哪些问题?

3.2.3　植物体细胞杂交

不同种植物的原生质体可在人工诱导条件下融合,所产生的杂种细胞,即异核体经过培养可再生新壁,分裂形成愈伤组织,进而分化产生杂种植株。由于进行融合的原生质体来自体细胞,故该项技术也叫体细胞杂交。原生质体融合能使有性杂交不亲合的植物种间进行广泛的遗传重组,因而在农业育种上具有巨大的潜力。在植物遗传操作研究中也是关键技术之一。

自 1972 年 Carlson 首次获得粉蓝烟草和郎氏烟草的体细胞杂种以来,体细胞杂交已在许多植物的种内、种间、属间甚至科间成功实现。植物体细胞杂交一般包括以下几个步骤（图 3-6）:①双亲原生质体的制备;②原生质体的融合;③杂种细胞的筛选;④植株的再生;⑤体细胞杂种或胞质杂种的鉴定。下面主要针对原生质体的融合进行实验介绍。

人工诱导原生质体融合可使用物理学方法。例如,运用细胞融合仪在电场诱

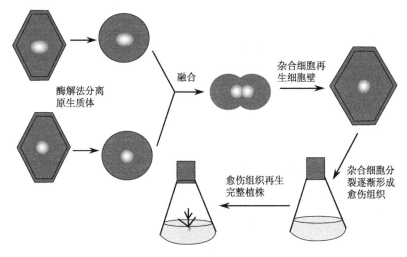

图 3-6　植物体细胞杂交流程示意图

导下实现融合；另外目前还有利用聚乙二醇（PEG）溶液引起原生质体的聚集和粘连，然后用高 pH 钙溶液相处理的化学方法（Kao et al.，1974）。下面分别介绍这两种方法。

实验 5　电激法诱导植物原生质体融合

电融合技术主要是根据原生质膜带有电荷的特性，首先施加一定强度的交变电场，使原生质膜表面极化，形成偶极子，由于原生质体间的电荷相互吸引作用，原生质体在交变电场作用下沿着电场方向形成很多平行的紧密排列的原生质体串珠；接着施加若干个一定强度的脉冲电压，使相互接触的原生质膜发生可逆性电穿孔，由于表面张力的作用，原生质体间相互融合，静置一段时间之后，融合子很快形成一个个球体。相邻两个细胞紧密排列部位的微孔就会有物质交流，形成所谓的膜桥和质桥，进而产生细胞融合（图 3-7）。针对不同来源的原生质体，通过电融合参数的优化选择和双亲原生质体融合时密度的调整，可以避免过多地形成多核体，获得满意的融合效果。该技术对细胞的毒害小、融合效率高、融合技术操作简便。下面我们以国产电融合仪为例介绍细胞融合的过程。

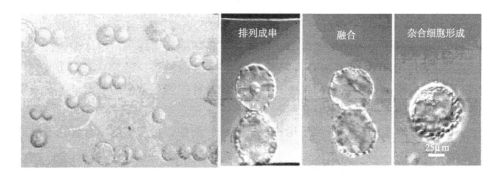

图 3-7　原生质体在电融合仪作用下排列成串及融合图示

【实验目的】

了解利用电融合仪进行植物体细胞杂交的过程。

【实验材料】

1. 材料

烟草叶肉原生质体，洋葱表皮细胞原生质体

2. 试剂

$CaCl_2 \cdot 2H_2O$　无菌水

3. 仪器

CRY-3 型细胞融合仪，倒置显微镜，样品室，镊子等

【实验步骤】

(1) 将收集的两种不同材料的原生质体分别悬浮在 0.16 mol/L 的 $CaCl_2 \cdot 2H_2O$（pH5.8~6.2）中，原生质体密度调整为 2×10^5 个/mL 左右（用血球计数板统计原生质体密度）。

(2) 将两种原生质体悬液等量混合，取 100 μL 悬液放到融合小室间。

(3) 开机调节好融合仪的各项参数。将融合小室接好电极后置于倒置显微镜下静置约 3 min，使悬浮的原生质体沉降到平板底部。同时打开成串脉冲输出开关及融合脉冲输出开关，使高压脉冲发生电路与融合小室接通。成串交流电压调至 40~50 V，成串电流频率为 0.5 MHz，成串时间保持 1 min，然后轻触脉冲触发开关，施加 3 次融合脉冲，每次间隔 1 s。融合脉冲后成串脉冲再保持 1 min。静置融合小室 20~30 min，在显微镜下观察融合过程。

【注意事项】

(1) 进行电融合的时间应该尽量快速，以防止时间长细胞失水变干。

(2) 整个操作都要在无菌条件下进行，以便能够对杂合细胞成功培养。

【结果与分析】

(1) 在显微镜下观察细胞融合时，会发现不仅异种细胞的原生质体能排列成串，发生融合的现象，而且还可看到同种细胞的原生质体的融合。因此将来需要根据杂合细胞的特性去筛选融合体。

(2) 原生质体的融合通常分为 5 个阶段：①两细胞膜接触，粘连；②细胞膜形成穿孔；③两细胞的细胞质连通；④通道扩大，两细胞连成一体；⑤细胞完全合并，形成一个含有两个或多个核的圆形细胞。

【思考题】

(1) 观察原生质体融合的基本过程。

(2) 简述细胞融合的原理。

(3) 要想提高融合频率，应注意哪些因素？

实验 6　聚乙二醇诱导植物原生质体融合

由于聚乙二醇（PEG）分子具有轻微的负极性，故可以与具有正极性基团的水、蛋白质和碳水化合物等形成氢键，在原生质体之间形成分子桥，从而使原生质体发生粘连进而促进原生质体的融合；另外 PEG 能增加类脂膜的流动性，也使原生质体的核、细胞器发生融合成为可能。该方法的优点是融合成本低，不需要特殊设备，并且融合子产生的异核率较高。

利用 PEG 介导细胞融合，其融合效果主要受以下几种因素的影响。细胞融合效果与 PEG 的分子质量及其浓度成正比，但 PEG 的分子质量越大，浓度越高，对细胞的毒性也就越大。为了兼顾二者，在实验时常常采用的 PEG 分子质量一般为 1000～4000，浓度一般为 40%～60%；另外其 pH 为 8.0～8.2 融合效果最好。PEG 的处理时间一般限制在 1 min 之内，处理时间越长融合效果越好，但对细胞的毒害也越大。

【实验目的】

了解利用 PEG 法诱导植物原生质体融合的技术，并能根据亲本原生质体的形态来鉴别杂种细胞。

【实验材料】

1. 材料

烟草或其他植物无菌苗的叶片

胡萝卜肉质根诱导的松软愈伤组织或悬浮培养细胞

2. 试剂

0.16 mol/L CaCl$_2$ · 2H$_2$O（pH5.8～6.2），PEG 4000

3. 仪器

超净工作台，血球计数板，倒置显微镜

【实验步骤】

所有操作均在超净工作台上进行。

(1) 原生质体的分离和收集。参见 3.2.2 节"植物原生质体分离实验"。

(2) 将收集的两种不同材料的原生质体分别悬浮在 0.16 mol/L 的 CaCl$_2$ · 2H$_2$O（pH5.8～6.2）溶液中，原生质体密度调整为 2×10^5 个/mL 左右（用血球计数板统计原生质体密度）。

(3) 将两种原生质体悬液等量混合。

(4) 用刻度吸管将混合的原生质体悬液滴在直径为 60 mm 的平皿中，每皿 7 或 8 滴，每滴约 0.1 mL。然后静置 10 min，使原生质体铺在皿底上，形成一薄层（应有 3～5 个平皿的重复）。

(5) 用吸管将等量的 PEG 溶液缓慢地加在原生质体液滴上，再静置 10～15 min。此时，可取一个平皿在倒置显微镜下观察原生质体间的粘连。

(6) 用刻度吸管向原生质体液滴慢慢地加入高 pH、高钙稀释液。第一次加 0.5 mL，第 2 次 1 mL，第 3、4 次各 2 mL，每次之间间隔 5 min。

(7) 将平皿稍微倾斜，吸去上清液，再缓缓加入 4 mL 稀释液。5 min 后，再倾斜平皿，吸去上清液，注意吸去上清液时勿使原生质体漂浮起来。

(8) 用培养基如上法换洗 2 次。

(9) 每平皿中加培养基 2 mL，轻轻摇动平皿。

(10) 用蜡膜密封平皿。置 26℃下进行 24 h 暗培养，然后转到弱光条件下培养。

【注意事项】

(1) 选取亲本原生质体时，尽量保证两种亲本的原生质体各自具有明显的外观特征，这样容易进行杂合细胞和亲本细胞的区分。

(2) 在整个过程中都要保证原生质体处于适当的渗透压下，以保证原生质体的活力。

【结果与分析】

(1) 在倒置显微镜下观察异源融合。在培养 3 天以内，可根据双亲原生质体的形态特征来鉴别异核体。因为来自叶肉组织的原生质体由于含有大量叶绿体表现为明显的绿色，而来自胡萝卜根愈伤组织或悬浮细胞的原生质体基本无明显的颜色，因此可根据原生质体的颜色来判断异核体。

(2) 统计异源融合的频率。

【思考题】

(1) 与电融合方法相比，二者各有什么优缺点？

(2) 实验过程中应如何尽量减少 PEG 对细胞造成的毒害作用？

3.2.4　植物转基因技术

转基因植物（transgenic plant 或 genetically modified plant，GMP）是把某种植物或其他生物的基因提取出来或人工合成基因，经体外酶切、连接后，组成重组 DNA 分子，然后转移到受体植物细胞中去，使重组基因在受体细胞内整合、表达，并能通过无性或有性增殖的过程将外源基因遗传给后代，由此获得的基因改良植物称为转基因植物。转基因植物技术（transgenic plant technique）是指将外源基因转移到植物体内实现整合和表达的技术。转基因植物技术的程序应包括：目的基因的分离和克隆、载体系统的构建、基因的转移及基因的检测。由于前两部分内容在基因工程环节中已有系统介绍，本环节中主要介绍基因的转移方法及检测方法。

世界上首例转基因植物，即转基因烟草于 1983 年问世。之后人们逐步取得了多种目标基因多种植物材料的转化株，有些转基因植物进行了田间实验，甚至投放到市场进行应用。目前来讲，创造转基因植物的方法主要有土壤农杆菌介导法和基因枪法等。

当前常用的土壤农杆菌根癌农杆菌（*Agrobacterium tumefaciens*）和发根农杆菌（*A. rhizogenes*），均被广泛用于植物转基因。早期的双子叶植物的转基因工作主要是采用这一方法进行的。1994 年以后，由于乙酰丁香酮及其类似物的发现，农杆菌介导法又在单子叶植物中获得了突破性的进展，使这一方法得到更为广泛的应用。

早在 20 世纪初 Smith 等就发现作为自然存在的遗传工程，土壤中生存的根癌农杆菌可以将外源基因转入植物而导致根肿瘤的生成。农杆菌的致病基因在酸性条件和酚类诱导物（如乙酰丁香酮）的存在下，微生物 DNA 分子的一部分可以转入植物细胞并插入到植物基因组中。这类酚类诱导物是大多数双子叶植物在受到伤害时产生的。在植物转基因早期阶段，由于农杆菌转化系统既简单又不需要很多仪器设备，就成为很多科学工作者首先研究的热点。1977 年 Chilton 等证明根癌农杆菌的 Ti 质粒的一部分转入植物细胞，整合进植物基因组使植物产生肿瘤。农杆菌转入植物的 DNA 片段称为转移 DNA（T-DNA）。Ti 质粒可以将外源基因转入植物的能力引起人们的广泛兴趣，早期的植物转基因工作主要用它作为植物转基因的载体，进行大量转基因研究。

　　Ti 质粒是农杆菌细胞核外的双链环状 DNA 分子，长度约 200 kb，其中致病区（virulence gene）和 T-DNA 边界序列是 Ti 质粒将外源 DNA 片段转移到植物细胞所必需的两个序列。T-DNA 边界序列是在 T-DNA 的两端边界各有一个 25 bp 的正反重复序列，在不同的 T-DNA 中，此片段是高度保守序列。插入这两个边界序列之间的外源 DNA 序列，就有可能被转移到植物基因组中；目前已经鉴定出几个农杆菌的致病区（VirA、VirB、VirC、VirD、VirE、VirF 和 VirG）。它们需要在植物细胞释放的信号因子激活下才能表达。目前已经发现 9 种信号因子，均为水溶性酚类化合物。其中乙酰丁香酮（acetosyringone，AS）和羟基乙酰丁香酮（OH-AS）的作用较强，儿茶酚、原儿茶酚、没食子酸、焦性没食子酸、二羟基苯甲酸、香草酚和对羟基苯酚处理农杆菌时也对 Vir 区的基因表达起促进作用。目前人们为了使用的方便，多采用将 T-DNA 区和 Vir 区分别放到两个载体上进行转移的双元表达载体系统（图 3-8）。双子叶植物在农杆菌侵染时可以形成大量的信号因子，而使 T-DNA 可以成功转入；而单子叶植物需要加入外源酚类物质，才能激活 Vir 区的基因，达到转基因的目的。农杆菌介导法目前以根癌农杆菌使用的较多，尤其在早期的双子叶植物的遗传转化研究中发挥了重要作用。近年来人们对农杆菌介导法机制做了深入研究，发现了酚类化合物在外源基因导入植物细胞的作用。尤其是日本烟草公司的 Hiei 等在水稻遗传转化上应用农杆菌介导法获得了明显的进展，使这一转化方法在单子叶植物中也有了成功的应用。农杆菌介导法与其他方法相比，具有转入的基因经常是单拷贝，因而表达水平高并可以转入大的 DNA 片段（可达 150 kb），且不需要贵重仪器等优点。

　　目前土壤农杆菌介导的遗传转化是大多数双子叶植物转基因的最主要的方法，常用的外植体为植物的叶片、幼茎、悬浮培养物及发芽的种子等。下面分别介绍以植株幼嫩叶片和花序为外植体的叶盘法转化和真空渗入法转化。

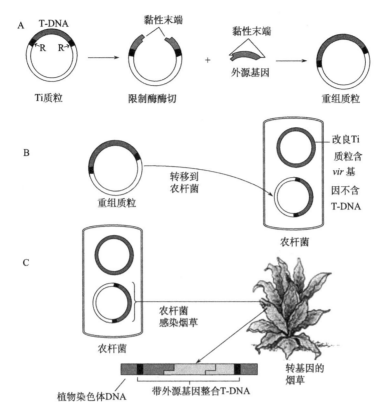

图 3-8　土壤农杆菌介导的侵染及外源基因的整合过程示意图

（引自 http://www.suhf.cn/smkx/jpkc/article.asp?id=93）

A 重组质粒的构建；B 将重组质粒转化到土壤农杆菌中；C 土壤农杆菌介导转化烟草

实验 7　叶盘法转化烟草

土壤农杆菌转化植物的常用方法是叶盘法。这种转基因方法十分简单，一般是将植物的叶片切成小圆片和叶块，用农杆菌感染后共培养 2～4 天，而后转移到加有选择压的分化培养基上分化出芽（图 3-9），在 MS 培养基上生根后，再生出完整的植株。该方法适合能利用叶片作为外植体进行植株再生的物种的遗传转化，具有操作简便、效率高、重复性好等优点。

【实验目的】

学习并了解叶盘法转基因烟草的技术流程。

【实验材料】

1. 材料

农杆菌（带目标），无菌烟草植株基因

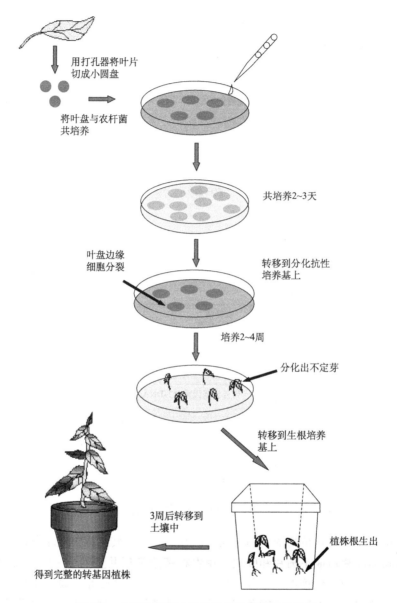

用打孔器将叶片
切成小圆盘

将叶盘与农杆菌
共培养

共培养2~3天

叶盘边缘
细胞分裂

转移到分化抗性
培养基上

培养2~4周

分化出不定芽

转移到生根培养
基上

3周后转移到
土壤中

植株根生出

得到完整的转基因植株

图 3-9　土壤农杆菌介导的叶盘法基因转化流程

2. 试剂

链霉素，利福平，卡那霉素，羧苄青霉素，YEB 液体培养基，Y_2MS 液体培养基

3. 仪器

光照培养箱，恒温摇床，超净工作台，接种器械，Parafilm封口膜等

【实验步骤】

1. 农杆菌培养

(1) 从平板上挑取含有目的基因的单菌落，接种到3 mL YEB液体培养基中（Str 25 μg/mL、Rif 50 μg/mL、Kan 80 μg/mL）于恒温摇床上27℃，180 r/min摇培过夜至OD_{600}为0.6～0.8。

(2) 摇培过夜的菌液按1：2～1：5的比例，转入新配制的无抗生素的YEB培养基中，在与上述相同的条件下培养3 h左右，OD_{600}为0.5～0.6时即可用于转化。

(3) 将按上述方法培养的OD_{600}为0.5～0.6的菌液，转入无菌离心管中，于室温条件下，5000 r/min离心10 min，去掉上清液，菌体用1/2 MS液体（pH5.4～5.8）培养基重悬，稀释至OD_{600}为0.2左右，用于转化。

2. 侵染

于超净工作台上，将菌液倒入无菌的小培养皿中。取不具Kan抗性的烟草无菌苗的幼嫩、健壮叶片，去主脉，将叶片剪成0.5 cm^{2}的小块，放入菌液中，浸泡适当时间（一般5～10 min）。取出叶片置于无菌滤纸上吸去附着的菌液。

3. 共培养

将侵染后的烟草叶片接种在不含任何激素和抗生素的MS基本培养基上，用封口膜封好培养皿，28℃黑暗中培养2～4天。

4. 选择培养

将黑暗中共培养2～4天的烟草叶片转移到筛选培养基（内含抑制农杆菌生长的羧苄青霉素500 mg/mL和筛选抗性基因所需的卡那霉素100 μg/mL）中，用封口膜封好培养皿，在光照为2000～10 000 lx、25～28℃、光照/黑暗交替时间为16 h/8 h条件下选择培养。

5. 生根培养

2～3周后，待不定芽长到1 cm左右时，切下不定芽并转移到生根培养基（T3）上进行生根培养，5～10天后长出不定根。

【注意事项】

(1) 做转化时需要设置正负对照。取未经农杆菌侵染的叶盘放到不加抗生素的分化培养基上作为正对照，取未侵染的叶盘放到加抗生素的分化培养基上作为负对照。

(2) 不管是共培养时期还是筛选培养阶段，都要将叶盘边缘轻压入培养基中，以增加选择压力。

（3）筛选培养基中需要同时添加卡那霉素和羧苄青霉素，一方面进行抗性筛选，另一方面需要抑制农杆菌的生长。

【结果与分析】

一般来讲，侵染 2～3 周后会看到如图 3-10 M 至图 3-10 O 的情况。未转基因的负对照在筛选培养基上出现白化，甚至死亡现象；经侵染的叶盘在筛选培养基上出现了少量不定芽，这些不定芽可视为假定的转化体；未转基因的叶盘在不加抗生素的分化培养基上可再生出大量不定芽，表明再生体系良好。下一步再继续在培养基中添加抗生素进行进一步的筛选，或分子水平的鉴定。

【思考题】

（1）如何确定合适的抗生素浓度？

（2）侵染前为什么用 1/2 MS 液体培养基悬浮？

实验 8　真空渗入法转化拟南芥

拟南芥因为染色体组小、生活周期短等特点被很多实验室用来作分子生物学和转基因实验的模式植物。拟南芥的遗传转化方法非常简便，别具特色。在拟南芥的开花盛期，将花序倒浸于含有目的基因的农杆菌液中，真空条件下处理数秒钟，然后将处理过的植株移到正常生长条件下，让植株结实。其中有一部分种子被转化。将收获的种子用适当的筛选剂，如抗生素、杀草剂等进行筛选，即可获得阳性转化植株。用此方法一般可以得到千分之几的转化频率。尽管转化效率不高，但操作容易，重复性好，已经在很多实验室广为采用。最近几年，也有人将拟南芥的转化方法发展为用农杆菌液直接喷在开花期的花序上，同样可以获得转化植株。该方法非常适合在拟南芥及其他植株矮小的植物上使用。

【实验目的】

掌握适合拟南芥等矮小多种子植物的转化方法。

【实验材料】

1. 材料

拟南芥花序

2. 试剂

卡那霉素，利福平，YEB 液体培养基，MS 固体培养基

【实验步骤】

1. 拟南芥的培养

将经过低温预处理（4℃，3 天）的拟南芥种子播种到装有蛭石＋草炭＋土的育苗钵中，每钵 9 粒（每行 3 粒 3 行排好），每个苗钵上蒙上一层尼龙网纱并将其固定在苗钵上，以免倒置浸染农杆菌时营养土洒落进浸染液中，育苗钵放在装有水的长方形塑料盆中，用薄膜覆盖后置于 21～22℃恒温温室中，光照时间

图 3-10　利用农杆菌进行叶盘法转化的操作流程

A. 划线培养，目的是产生农杆菌单菌落；B. 用牙签挑单菌落；C. 将挑取的单菌落置于液体培养基中；D. 农杆菌在 28℃ 摇床中振摇 3 h 左右；E. 利用分光光度计测定 OD；F. 1000～5000 r/min 离心 8～10 min 收集农杆菌；G. 将农杆菌重悬于 MS 液体培养基中；H. 切取无菌苗的叶盘，置于含有农杆菌的悬液中；I. 侵染 10～30 min，并不断轻轻摇动；J. 将侵染一定时间的叶盘取出，放在无菌滤纸上吸干；K. 将吸干菌液的叶盘放在共培养基上黑暗条件下共培养；L. 共培养 2～4 天后将叶盘置于筛选培养基上光下培养可能分化出抗性苗；M. 未转基因的负对照在筛选培养基上不会出现分化现象；N. 经侵染的叶盘在筛选培养基上出现了少量不定芽，这些不定芽可视为假定的转化体；O. 未转基因的叶盘在不加抗生素的分化培养基上可再生出大量不定芽，表明再生体系良好每天 16 h。2～3 天即可出苗，出苗后揭开薄膜，让其生长至开花（大约需要 5 周）。剪掉主花薹使其顶端优势受到抑制而促使其抽出更多的侧花薹。转化的前一天给植物浇足水分，并罩一个塑料袋以保持高湿环境，转化的当天剪掉抽出的花薹（长 5～10 cm）上已经完全开放的花。

2. 农杆菌的培养

将储存的工程农杆菌液在含卡那霉素（100 mg/L）和利福平（50 mg/L）的 YEP 固体培养基上划板活化，并进行 PCR 检测。挑取单菌落于 20 mL YEP 液体培养基中（Kan 100 mg/L，Rif 50 mg/L）28℃，220 r/min 摇 1～2 天后转到两个 500 mL 的三角瓶中（250 mL/瓶，Kan 100 mg/L，Rif 50 mg/L）28℃，220 r/min 摇菌过夜，使其菌液 OD_{600} 值大约为 1.0。4℃ 下 6000 r/min 离心 10 min 弃上清后用浸染培养基（1/2 MS_0 培养基＋5％ 的蔗糖，用时在每升中加入 200 μL 的表面活性剂 Silwet L-77）重新悬浮，最终菌体适宜浓度 OD_{600} 值大约为 1。

3. floral dip 法转化拟南芥植株

拟南芥的转化参照 Clough 等（1998）方法略做改进。将上述浸染液倒在一圆形保鲜盒或烧杯中，将待转化的植物迅速倒扣在浸染液中（图 3-11A），使植株花序浸没 30 s 后取出；在已浸染的植株上扣一塑料袋密封，水平放置一晚后打开塑料袋，让其在长日照条件下继续生长，开花（图 3-11B）；可以在一周以后重复一次浸染过程；最后收获成熟种子（图 3-11C）。

图 3-11　拟南芥转化及筛选图示

4. 抗性筛选

将种子放到含卡那霉素（100 mg/L）的 MS 培养基上（图 3-11D），能在抗性培养基上萌发的绿色种子苗视为初步的转化体（图 3-11E），用于下一步的鉴定工作。

【注意事项】

（1）给予合适的条件进行拟南芥的培养，使拟南芥种子发育良好。

（2）选用合适的抗生素浓度筛选侵染后的种子。

【结果与分析】

如果在含有抗生素的培养基上能得到萌发的拟南芥种苗，则初步判断为可能的转化体。再将该拟转化体种植到营养土中，等其开花结实后进一步进行鉴定。

【思考题】

（1）如何判断转化苗中可能含有插入的外源基因？

（2）如何确定外源基因是否真正的整合在植物的基因组中？

实验 9　基因枪转化水稻愈伤组织

基因枪法（particle gun）又称微弹轰击法（particle bombardment），此项技术是 1987 年由 Klein 首先使用于玉米的转基因工作，此后迅速广泛地应用在转基因研究工作中。它的基本原理是将外源基因附在重金属如钨或金颗粒上，然后在一个真空的小室中采用高压将带有外源基因的金属颗粒轰击进入植物组织或细胞，少数基因将整合到基因组中，获得表达并可能传递给后代。在真空的小室中，依靠火药爆发、氦气、二氧化碳或放电，使金属颗粒获得高速。目前以美国伯乐公司（Bio-Rad）的 PDS-1000 型基因枪（图 3-12）应用地最为广泛。经过一些技术环节的优化，可以大大提高转化效率，如对外植体予以培养、在植物组织被轰击前加挡网、采用小颗粒子弹及渗透压处理等。轰击后的植物组织经过 3～4 次选择，得到的抗性培养物然后再生为转基因的新植株，进入分子生物学和生物功能的鉴定，从中选出优良转化株进入育种程序。

该方法具有以下优点：①无宿主限制；②靶受体类型广泛，不受组织类型限制，几乎所有具有潜在分生能力的组织或细胞都可以用基因枪进行轰击转化；③可控度高，采用高压放

图 3-12　PDS-1000/He 型基因枪结构示意图

电或高压气体驱动的基因枪，可根据实验需要，将载有外源 DNA 的金属颗粒射入特定层次的细胞（如再生区的细胞），使转化细胞能再生植株，从而提高转化频率；④操作简便、快速，只要在无菌的条件下将载有外源基因的金属颗粒轰击受体材料，就可以进行筛选培养，因此它操作简便、快速。

该方法的缺点：由于基因枪轰击的随机性，外源基因进入宿主基因组的整合位点相对不固定，拷贝数往往较多，这样转基因后代容易出现突变、外源基因容易丢失，容易引起基因沉默等现象的发生，不利于外源基因在宿主植物的稳定表达。而且基因枪价格昂贵、运转费用高。

对于很多单子叶植物，由于不是土壤农杆菌的宿主，很难采用土壤农杆菌介导的转化方法进行遗传转化，因此该方法仍然是很多单子叶植物尤其禾本科植物进行转化的首选方法。

利用火药爆炸、高压放电或高压气体做驱动力，将载有外源 DNA 的金粉或钨粉颗粒加速，射击真空室中的靶细胞或组织，从而达到将外源 DNA 导入活细胞的目的。PDS-1000/He 型基因枪是利用不同厚度的聚酰亚胺薄膜作成可裂圆片，来调节氦气压力。当压力达到可裂圆片的临界压力时，可裂圆片爆裂并释放出一阵强烈的冲击波，使微粒子弹载体携带微粒子弹高速运动至钢硬的阻挡网，微粒子弹载体变形并被阻遏，而微粒子弹继续向下高速运动，轰击靶细胞和组织（图 3-13）。

【实验目的】

掌握基因枪转化的原理和方法。

【实验材料】

1. 材料

水稻愈伤组织

2. 试剂

金粉，无水乙醇，$CaCl_2 \cdot 2H_2O$，亚精胺，待转移 DNA 溶液

3. 仪器

PDS-1000/He 型基因枪，超净工作台

【实验步骤】

1. 金粉的预处理

(1) 称取金粉 10 mg（20 枪用），放入一支无菌的 1.5 mL 离心管中，加入 1 mL 无水乙醇，充分振荡 10 min，静置 5 min，10 000 r/min 离心 1 min,去掉上清。重复此步骤 3 次。

(2) 加入 1.0 mL 灭菌重蒸水，高强度振荡重新悬浮，静置 1 min，短暂离心（3 s），去掉上清。重复此步骤 3 次。

(3) 加入 0.25 mL 灭菌的重蒸水，重新悬浮后，平均分配至 5 支 0.5 mL 离

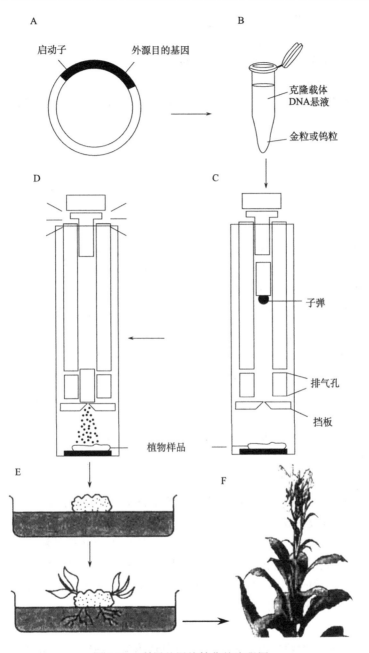

图 3-13　利用基因枪转化的流程图

(引自 ubn. ricethailand. go. th/. . . /warapong/gep/gep. HTM)

A. 构建质粒载体；B. 制备微弹；C. 将微弹放入枪体；D. 将微弹轰击植物材料；
E. 转基因植物的分化及抗性筛选；F. 得到转基因植株

心管中，室温保存待用。

2. 基因枪微弹的制备

(1) 向装有处理好的金粉的离心管中加入 4 μL DNA（1 mg/mL），在高强度下振荡 5 min；降低振荡速度后加入 4 μL 2.5 mol/L CaCl₂，再继续振荡 5 min。

(2) 继续加入 16 μL 0.1 mol/L 亚精胺，静置 10 min，短暂离心，小心去掉上清。

(3) 加入 50 μL 无水乙醇，低速振荡，保持悬浮状态。

3. 水稻愈伤组织的转化

(1) 打开超净台，并进行超净台内部和基因枪的消毒，同时将阻挡网、微弹载体及易裂片和固定帽等灭菌。

(2) 把灭菌过的微弹载体装入固定帽，取 10 mL 微弹，均匀涂在微弹载体的内圈上，动作一定要迅速，以防止金粉沉淀，并让乙醇挥发完毕。

(3) 打开气瓶，调节压力至 2000 psi，（1psi＝6.89476×10³Pa）将易裂片、阻挡网和微弹载体安装进固定装置中。

(4) 把培养皿放在托盘上，使愈伤都集中在托盘中间的圆圈内，将托盘插入倒数第二档。

(5) 依次打开基因枪的电源、真空泵。

(6) 关闭基因枪的门，按下抽真空键，当真空表读数达到 25 in Hg（1 in＝2.54 cm）时，使键置于保持档。按下射击键，直到射击结束。

(7) 按下放气键，使真空表读数归零。

(8) 打开基因枪门，取出培养皿，盖好盖子并用封口膜封好。

【注意事项】

(1) 基因枪轰击的所有操作均在无菌条件下完成。

(2) 金粉在水溶液中容易结块，微弹的制备最好现用现配。

(3) DNA 纯度和浓度是影响转化效率的主要因素之一，DNA 用量过多会导致微弹结块；用量过少则导致被轰击的靶细胞获得外源 DNA 的概率减少，均会影响转化效率。一般采用 0.5～0.75 μg/枪为宜。

(4) 选用合适的基因型和外植体类型，保证它们有较高的再生频率，一般以幼穗和幼胚为受体材料。

【思考题】

(1) 利用基因枪转化方法所得转化体中外源基因的整合情况如何？

(2) 如何有效地提高基因的转化频率？

3.2.5　转基因植物的鉴定

外植体经过农杆菌、基因枪等方法介导或 DNA 直接转化后，外植体的大部分细胞是没有被转化的，只有少数细胞中有外源基因的插入。利用抗生素标记基因的抗性筛选或报告基因的表达所得到的植株并不能确定为真正的转基因植株，因此还需要进一步的分子生物学的鉴定方法来确定外源基因是否真正插入并整合到植物细胞的基因组中。常用的分子生物学的鉴定方法包括 DNA、RNA 和蛋白质 3 个水平的鉴定（蛋白质水平鉴定内容参见第 2 章和第 4 章）。

3.2.5.1　DNA 水平的鉴定

创造转基因植物的过程中，由于转入的外源基因序列特征已知，因此对转基因植物 DNA 水平的检测主要通过分析转化体 DNA 中是否含有插入的外源基因序列。转化体 DNA 的提取可采用传统的 CTAB（hexadecyltrimethylammonium bromide，十六烷基三甲基溴化铵）法来完成，目前也有很多公司开发了试剂盒用于植物基因组 DNA 的提取；对转化体 DNA 中是否有插入的外源基因的分析，目前多采用 PCR 法、斑点杂交法和 Southern 杂交法。其中关于 DNA 的提取及 PCR 分析实验见第 1 章，下面主要介绍利用斑点杂交法鉴定外源基因是否整合到植物细胞的染色体上。

实验 10　外源基因整合的鉴定——斑点杂交

斑点杂交（dot blotting）主要是不用限制酶消化或用凝胶电泳分离核酸样品，而是直接将样品变性后点到膜上，再与相应的探针进行杂交的方法。该方法操作简便、灵敏度高，一个点样品只含 0.25~1 pg 的 DNA 也能检测到，但不能确定杂交片段的大小及拷贝数等。

目前杂交过程中探针的制备有放射性同位素法和非放射性两种方法。前者对人体及环境危害性较大，因此多数学者致力于开展利用非放射性的方法标记探针。而非放射性的标记方法主要有地高辛法和生物素法。生物素法是由 Ambion 公司推出的一套灵敏度很高的标记、检测系统，^{32}P 压片 2 天内能检测到的信号都能够用这一方法检出，适用于 Southern 杂交、Northern 杂交、斑点杂交、狭缝杂交等实验。

制备生物素标记的探针，主要依靠生物素偶联的化学试剂（Psoralen-Biotin）与核酸混合后在长波紫外光照下 45 min 即可将生物素交联在单链或双链的核酸上（利用专用手提紫外灯），生物素交联效率高且不会影响杂交效率。标记产物可用于各类杂交，包括原位杂交；标记量、标记次数可以根据需要调整，便于大量制备；标记探针可稳定存放一年以上，保证实验之间的稳定性。

杂交和检测环节主要有：待测样品电泳后固定在带正电的尼龙膜上再与探针杂交；生物素与酶联（碱性磷酸酶）的高亲和特异性配体（Streptavidin）结合；碱性磷酸酶与加入的化学发光底物反应；压片曝光。

BrightStar® Psoralen-Biotin Nonisotopic Labeling Kit 简单、快速，只需一种试剂，灵敏度高达<100 fg，与同位素灵敏度相当。

【实验目的】

掌握利用生物素标记制备探针的原理和方法；掌握斑点杂交技术。

【实验材料】

1. 材料

烟草转化体及未转化对照材料的基因组 DNA

2. 试剂

Ambion 公司 BrightStar® Psoralen-Biotin（AM1480）非放射性标记试剂盒

杂交信号检测试剂盒（AM1930）

ULTRAhyb® Ultrasensitive Hybridization Buffer 等

20×SSC：3 mol/L NaCl，0.3 mol/L 柠檬酸钠，pH7.0

2×洗液：2×SSC，0.1%SDS

0.5×洗液：0.5×SSC，0.1%SDS，NBT/BCIP，Tris·HCl（pH8.0），$MgCl_2$

二甲基甲酰胺（DMF）

1×TE 缓冲液（pH8.0）

3. 仪器

杂交炉，365 nm 的紫外灯照射仪

【实验步骤】

1. 探针的制备

(1) 将 96 孔板的待用孔做上标记，置于冰上。

(2) 将潮霉素的 PCR 纯化产物 10 μL 进行变性（100℃ 10 min，0℃ 10 min）。

(3) 在 BrightStar-Biotin 管中加入 33 μL DMF，并充分溶解（黑暗中进行）。

(4) 用手融化样品，立刻加入 1 μL 溶解的 BrightStar-Biotin，在黑暗中混匀（黑暗中进行）。

(5) 365 nm 的紫外灯照射仪照射 45 min（黑暗中进行）。

(6) 加入 89 μL TE 缓冲液。

(7) 加入 200 μL 正丁醇，7000 g 离心 1 min。

(8) 去上清，再加入 200 μL 正丁醇，7000 g 再次离心 1 min。

(9) 尽可能多的去上清，−80℃ 冻存。

2. 点膜

(1) 戴上干净手套，取出尼龙膜，按需要剪成一定大小，量好各样点间距离，用软铅笔标记。

(2) 将样品 DNA 变性：将 DNA 溶液于 1×TE (pH8.0) 缓冲液中或蒸馏水中，取一定量 DNA 样品加于小塑料管中，在 100℃沸水中煮 10 min，迅速入冰水中。

(3) 点样：用微量加样器取 1~5 μL 变性 DNA，将滴管放在尼龙膜上，使DNA 慢慢吸在滤膜上，点样后晾干（注意同时点变性探针、未转基因对照、阳性质粒对照和转基因样品等）。

(4) 固定：将晾干的滤膜夹在滤纸中，于 80℃下 2~3 h，然后进行杂交。

3. 斑点杂交及信号检测（利用改良的杂交信号检测试剂盒 AM1930）

(1) 将烘好的膜放入杂交管中，加入适量杂交液，预杂交（于杂交炉中42℃，30~60 min)

(2) 加入探针后继续杂交（42℃过夜）。

(3) 把膜取出，采用 0.5 ％SDS、2×SSC 室温或 42℃洗 2 次，每次 30 min。

(4) 1×Wash 缓冲液洗 2 次，每次 5 min。

(5) Blocking 缓冲液洗 2 次，每次 5 min。

(6) 于 Blocking 缓冲液中温育 30 min。

(7) 取 0.8 μL Strep-AP 于 8 mL Blocking 缓冲液中，将膜置于其中 30~60 min。

(8) Blocking 缓冲液中温育 10~15 min。

(9) 1×Wash 缓冲液中洗膜，3 次，每次 5~15 min。

(10) 10 mmol/L Tris-HCl，20 mmol/L MgCl$_2$ 洗 2 次，每次 2 min。

(11) 加 1 mL NBT/BCIP 于膜上，黑暗条件下显色。

【注意事项】

(1) 膜的选择：最适合 BrightStar 系统的是带正电的尼龙膜，因为在同样条件下这种膜的背景最低，信噪比最高。首选是 Ambion 公司的 Bright-Star-Plus 膜。注意任何破损、折叠、尘染的膜都可能导致背景增高。如果用前用 1×TBE 洗一下有助于除去膜上附带的灰尘。任何时候都应戴手套操作，避免污染。

(2) BioDetect 检测用的容器应是非常干净的，略大于膜，既可保证膜充分的浸于溶液中又节约试剂，用 0.4 mol/L NaOH 或 RNaseZap 预处理除RNase，用后彻底洗净以备下次使用。我们不建议用杂交管因为膜往往会贴在管上导致洗涤效率降低，背景增高。

(3) 由于试剂颗粒会导致斑点背景，BrightStar BioDetect 试剂盒的试剂均为严格过滤的溶液，可避免溶解不充分产生的颗粒所造成的斑点背景。所有试剂均已优化条件，最适温度为 22~25℃。注意采取适当的温育方法避免由于小体积、大面积、长时间温育引起的试剂挥发。

（4）取出适量的酶联复合物，用足够的封闭缓冲液稀释混匀后再加入膜，温育时间不超过 30 min，温育时间短，背景低，但灵敏度也可能下降。

（5）信号的最后检测没有使用试剂盒原定的方法，而是为了操作方便，采用了利用 NBT/BCIP 为底物的改良方法，该方法对于检测点杂交信号已经足够。

【结果与分析】

理论上，如果点探针的位置，质粒的位置能够显色，未转基因的样品处不能显色。这时如果转基因样品处能显色，则表明样品中含有该基因片段，转基因成功。当然最精确的方法是 Southern 杂交。结果如图 3-14 所示。

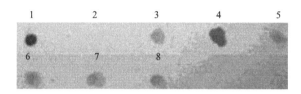

图 3-14　斑点杂交显色反应结果图
1. 探针；2. 负对照；3, 5～8. 转基因植物；4. 质粒

【思考题】

（1）利用斑点杂交是否会出现非特异的杂交结果，为什么？

（2）应该如何尽量避免和排除杂交结果中出现假阳性？

实验 11　利用 Southern 杂交检测外源基因的整合

Southern 于 1975 年首先建立从琼脂糖凝胶电泳中分离的 DNA 转至纤维膜上，再与特定的带有放射性同位素标记的 DNA（或 RNA）片段杂交，最后经过放射自显影等方法从 X 线底片上显现一条或多条杂交分子区带，从而达到检测特定 DNA 片段的方法，后来把这种方法称 Southern 杂交（Southern 印迹）。

Southern 杂交是将待检测的 DNA 分子用或不用限制酶消化后，通过琼脂糖凝胶电泳进行分离，继而将其变性并按其在凝胶中的位置转移到硝酸纤维素薄膜或尼龙膜上，固定后再与同位素或其他标记物标记的 DNA 或 RNA 探针进行反应。如果待检物中含有与探针互补的序列，则二者通过碱基互补的原理进行结合，游离探针洗涤后用自显影或其他合适的技术（化学发光法或显色法）进行检测，从而判断待检的片段是否已经存在于植物的基因组中（图 3-15）。该方法过程相对繁琐、需要材料量较大、对目标信号的检测难度相对较大。因此，尽管利用放射性同位素标记探针有一定的危险性，但由于该方法具有高灵敏度的特点，至今仍被广泛采用。为尽量减少对人体的危害，本实验利用 Ambion 公司的 Biotin 标记的试剂盒。

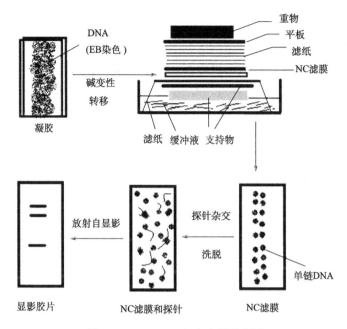

图 3-15 Southern 杂交流程示意图

（引自 http：//210.31.96.52/czxyweb/jxxt/shx/jpkc/genetics/jiaoan/jiaoan.htm）

利用 Southern 杂交技术可检测重组 DNA，也用于基因诊断、验证检测片段的分子质量大小及拷贝数。它是比较准确的一种鉴定外源 DNA 是否整合到宿主细胞基因组上的方法。

【实验目的】

掌握 Southern 杂交技术的原理和方法。

【实验材料】

1. 材料

待测的转基因抗性烟草植株

2. 试剂

*Eco*RI，DNA 加样缓冲液，DNA Marker，HCl，NaOH，NaCl，Tris-HCl（pH7.5），2×SSC，0.1% SDS，0.5×SSC，Ambion 公司 Bright-Star® Psoralen-Biotin（AM1480）非放射性标记试剂盒、杂交信号检测试剂盒（AM1930）、ULTRAhyb® Ultrasensitive Hybridization Buffer 等

3. 仪器

台式离心机，恒温水浴锅，电泳仪，水平电泳槽，杂交炉，杂交袋，尼

龙膜或硝酸纤维素膜，转印迹装置，滤纸，吸水纸，紫外交联仪或 80℃ 烤箱，摇床，X 线片

【实验步骤】

1. 试剂准备与配制

限制酶，DNA 加样缓冲液，DNA Ladder Marker，0.25 mol/L HCl，变性液（0.5 mol/L NaOH，1.5 mol/L NaCl），中和液（0.5 mol/L Tris-HCl pH7.5，3 mol/L NaCl），转印迹液 20×SSC（3 mol/L NaCl，0.3 mol/L 柠檬酸钠，pH7.0）；2×洗液（2×SSC，0.1%SDS），0.5×洗液（0.5×SSC，0.1%SDS）。

2. 酶切基因组 DNA

在 200 μL 微量离心管中加入：25 μL DNA 样品（约 10 μg），3 μL 限制酶（EcoRI，10 U/μL），5 μL 相应的 10×缓冲液，补水到 50 μL。混匀后于 37℃ 水浴 12～16 h。

3. 电泳

将消化好的样品点样于 0.8%琼脂糖凝胶进行电泳，在 25～30 V 稳压电泳 12～16 h。

4. 转膜

取一磁盘架上一洗净玻璃板，在磁盘中倒入适量的转膜缓冲液，在玻璃板上架两层长滤纸（30 cm 左右）（注意不要产生气泡）搭成盐桥。（滤纸比胶弱宽）依胶大小裁好尼龙膜，写好标记，正面向下，紧贴于胶上，防止有气泡产生，接着压两张同样大小的滤纸，不可过大以免短路，胶周围用 X 线片压条。胶应反面朝上因为 DNA 多在胶的底层。堆积吸水纸。上面放一小玻板，板上加一 500 g 左右的重物（图 3-15）。转膜 16～20 h 后，将尼龙膜取下，胶染色，观察转膜效果。将膜用 2×SSC 浸泡 20 min，滤纸吸干后放在烘箱中烘 2 h（80℃）。待用。

5. 生物素法进行探针标记

具体方法同本章实验 10。

6. 预杂交和杂交

(1) 将杂交膜放入杂交管，并加入适量 42℃ 预热的预杂交液（0.2 mL/cm^2 膜面积），预杂交 1 h 左右，弃去预杂交液。

(2) 双链 DNA 探针提前 100℃ 变性 10 min 后迅速冰浴，将处理后的探针（5～25 ng/mL）加入盛有预热杂交液的杂交管中，至少 3.5 mL/100 cm^2 膜，置入杂交炉滚动，杂交过夜。

7. 杂交后的洗膜处理

过程同本章实验 10。

8. 杂交信号的检测

采用试剂盒原定的 CDPstar 化学发光的方法。将洗好的膜利用反应缓冲液处理 3～5 min 后，加入 CDPstar 覆盖膜，用滤纸吸干洗液，保鲜膜包好，暗室中压 X 线片，根据强度曝光 3～30 min。最后再冲洗 X 线片。

【注意事项】

(1) 若基因组 DNA 过低，要以较大体积进行限制酶消化，消化完毕后，可以通过乙醇沉淀、浓缩 DNA 片段，加少量 DNA 加样缓冲液点样。

(2) 在凝胶碱变性的同时，制备转印迹装置。Southern 杂交转膜技术有三种：① 毛细管转移法；② 电转移法；③ 真空转移法。我们这里只采用了最经典的毛细管转移法，一定要注意转膜装置中各层滤纸和膜之间要将气泡赶净。一旦建立转膜系统后，防止滤膜和凝胶错位。防止吸水纸倒塌和完全湿透，要及时更换吸水纸。

(3) 对探针的标记方法又可以分为放射性标记和非放射性标记。利用放射性标记法危害性大，但其信号灵敏；而非放射性标记目前常用的有地高辛标记法和生物素法，目前采用生物素法标记探针的杂交信号相对较强，甚至可以与放射性同位素标记的信号相比拟，因此近年来用该方法的较多。

(4) 做 Southern 杂交的整个过程比较复杂，涉及的环节也比较多，因此任何一个环节都要非常谨慎。

【结果与分析】

如果基因组中有外源片段的插入，由于植物总 DNA 预先要酶切成不同长度的片段，外源基因插入的位置不同，会导致被酶切成的含外源基因片段的大小不同。如果这些片段能与探针杂交，胶片经放射自显影后会在相应的位置出现杂交信号，图 3-16 显示不同样品均在同一位置出现了目标带，但不同泳道杂交信号的强度不同。最后可根据杂交带的位置或数目分析外源基因是否插入或插入的拷贝数如何。

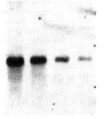

图 3-16　Southern 杂交结果图

【思考题】

(1) 如何根据杂交结果判断外源基因的拷贝数？

(2) 在整个实验过程中应注意哪些环节？

3.2.5.2　RNA 水平的鉴定

外源基因整合进入植物基因组后，其表达的研究对于确定转基因是否获得预期结果非常重要。根据中心法则，由 DNA 转录为 RNA 是基因表达的第一步，因此对于靶基因在 RNA 水平上的表达分析方法是我们首先需要重点掌握的内容。本章对外源基因在 RNA 水平的表达鉴定主要包括植物组织总 RNA 的提取，及以总 RNA 为模板的 RT-PCR 技术、实时荧光定量 RT-PCR 技术和 Northern 杂交技术等。

实验 12　植物组织总 RNA 的提取

从植物组织中提取 RNA 是进行植物分子生物学方面研究的必要前提。要进行 Northern 杂交分析，纯化 mRNA 以用于体外翻译或建立 cDNA 文库，RT-PCR 及差示分析等分子生物学研究都需要高质量的 RNA。因此，从植物组织中提取纯度高、完整性好的 RNA 是顺利进行上述研究的关键所在。

目前人们用于提取总 RNA 的方法很多，许多公司推出了 Trizol 等试剂或试剂盒，这些方法均可用于植物、动物、人类、微生物的组织或培养细菌，样品量从几十毫克至几克。本实验重点介绍利用 Trizol 提取总 RNA 的方法，该方法提取的 RNA 相对较纯，无蛋白质和 DNA 污染，提取的 RNA 可直接用于 Northern 杂交、斑点杂交、poly（A）＋分离、体外翻译等分子生物学研究。

【实验目的】

掌握提取植物组织总 RNA 的提取方法。

【实验材料】

1. 材料

烟草幼嫩叶片

2. 试剂

Trizol（Invitrogen 公司），氯仿，异丙醇，乙醇，去离子水，点样缓冲液，琼脂糖，TAE 电泳缓冲液

3. 仪器

研钵，冷冻台式高速离心机，低温冰箱，冷冻真空干燥器，紫外检测仪，电泳仪，电泳槽。

【实验步骤】

(1) 将组织在液氮中磨成粉末后，再以 50～100 mg 组织加入 1 mL Trizol 液研磨，注意样品总体积不能超过所用 Trizol 体积的 10％。

(2) 研磨液室温放置 5 min，然后每 1 mL Trizol 液加入 0.2 mL 的氯仿，盖紧离心管，用手剧烈摇荡离心管 15 s。

(3) 取上层水相于一新的离心管，1 mL Trizol 液加入 0.5 mL 异丙醇，室温放置 10 min，12 000 g 离心 10 min。

(4) 弃去上清液，每毫升 Trizol 液加入至少 1 mL 的 75％乙醇，涡旋混匀，4℃下 7500 r/min 离心 5 min。

(5) 小心弃去上清液，然后室温或真空干燥 5～10 min，注意不要干燥过分，

否则会降低 RNA 的溶解度。然后将 RNA 溶于水，必要时可 55～60℃
水浴 10 min。提取的 RNA 最终保存于—70℃。

【注意事项】

(1) 由于 RNA 非常容易被降解，因此整个操作过程要进行严格控制，避免
RNA 的降解或被污染，操作时要戴口罩及一次性手套，并尽可能在低
温下操作。

(2) 加氯仿前的匀浆液可在—70℃保存一个月以上，RNA 沉淀在 70％乙醇
中可在 4℃保存一周，—20℃保存一年。

【结果与分析】

利用琼脂糖凝胶电泳检测，一般能分离到 3 条带（图 3-17 1～10 泳道），它
们分别代表 28S、18S 和 5S rRNA（较弱）。由于用于下一步研究的 mRNA 量较
少，因此主要根据 rRNA 带型是否完整来判断 mRNA 提取的质量。如果跑出的
带型弥散、不清楚，则表明 RNA 提取效果不好；反之，则表明 RNA 基本没有
降解，可用于后续的研究。

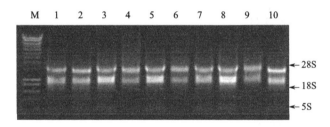

图 3-17 植物总 RNA 提取后的凝胶电泳图

【思考题】

(1) 如何防止提取的 RNA 中有 DNA 的污染？

(2) 如何尽量避免 RNA 的降解，保持它的完整性？

实验 13 利用 RT-PCR 初步检测外源基因在植物体内的表达

RT-PCR 将以 RNA 为模板的 cDNA 合成同 PCR 结合在一起，提供了一种
分析基因表达的快速灵敏的方法。RT-PCR 用于对表达信息进行检测或定量。另
外，这项技术还可以用来检测基因表达差异或不必构建 cDNA 文库克隆 cDNA。
RT-PCR 比其他包括 Northern 印迹、RNase 保护分析、原位杂交及 S1 核酸酶分
析在内的 RNA 分析技术更灵敏，更易于操作。

RT-PCR 的模板可以为总 RNA 或 poly（A）＋选择性 RNA。逆转录反应可
以使用逆转录酶，以随机引物、oligo（dT）或基因特异性的引物（GSP）起始。
RT-PCR 可以一步法或两步法的形式进行。在两步法 RT-PCR 中，每一步都在

最佳条件下进行。cDNA 的合成首先在逆转录缓冲液中进行，然后取出 1/10 的反应产物进行 PCR。在一步法 RT-PCR 中，逆转录和 PCR 在同时为逆转录和 PCR 优化的条件下，在一只管中顺次进行。

【实验目的】

掌握利用 RT-PCR 检测外源基因是否得到表达的技术和方法。

【实验材料】

1. 材料

来自烟草幼嫩叶片的总 RNA

2. 试剂

以 γ-微管蛋白（γ-tubulin）部分片段设计引物 P17（5′-AATACCG-CACTCAATAGAAT-3′）和 P18（5′-CAGGGCCCCAGTCAATA-AAA-3′）

内参引物 P18S1（5′-GCCGGCGACGCATCATTCAAA-3′）和 P18S2（5′-GGCCGGCCCATCCCAAAGTC-3′）

3. 仪器

PCR 仪及各种耗材

【实验步骤】

1. 逆转录

逆转录按逆转录试剂盒（SuperScript™ III First-Strand Synthesis System for RT-PCR，购自 Invitrogen 公司）说明进行。以来自烟草幼嫩叶片的总 RNA 为模板，首先进行逆转录。

混合液 I：

RNA	3 μL
随机引物	0.5 μL
dNTP 混合物	0.5 μL
无核酸酶的水	1 μL

65℃，5 min 后迅速置于冰上骤冷 1 min。

混合液 II：

10×反应缓冲液	1 μL
MgCl$_2$	2 μL
DTT	1 μL
核酸酶抑制剂	0.5 μL
SSIII	0.5 μL

将上述混合液 II 5 μL 加入到混合液 I 中，混匀。25℃ 10 min，50℃ 50 min，85℃ 50 min 后产物置于冰上，加 0.5μL RNase H 于各管中，37℃水浴 20 min，−20℃保存。

2. PCR 扩增

以 γ-微管蛋白部分片段设计引物 P17、P18 以及内参引物 18S1、18S2 进行 PCR 扩增。PCR 反应体系如下：

正向引物（10 pmol/μL）	1 μL
反向引物（10 pmol/μL）	1 μL
dNTP（各 2.5 mmol/L）	0.5 μL
10×缓冲液	2.5 μL
*Taq*E（5 U/μL）	0.25 μL
ddH₂O	17.75 μL
模板（1 μg/μL）	2 μL

总计 25 μL。

反应条件：

95℃	5 min	
94℃	30 s	
55℃	30 s	28 循环
72℃	1 min	
72℃	8 min	

3. 产物检测

扩增完毕后将扩增产物进行 1%琼脂糖凝胶电泳检测。

【注意事项】

（1）用于 RT-PCR 反应的模板总 RNA 要求完整性比较好，不能被降解。

（2）一般利用 RT-PCR 反应进行不同样品间基因表达的比对时都要设置内参。

（3）RT-PCR 反应比较灵敏，反应体系中各成分的用量需要参照不同公司产品的说明；退火温度的设定也要根据引物的退火温度而定，以防止不能出现目标带或非特异条带的出现。

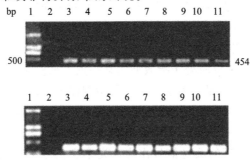

图 3-18　不同转化株 γ-微管蛋白转录水平的表达结果

1. DL2000 Marker；2. 负对照；3. 正对照；4～11. 转化体不同株系的表达结果。其中上图为 γ-微管蛋白的表达检测，下图为内参 18S rRNA 的表达检测

【结果与分析】

电泳结果如图 3-18 所示：由 18S rRNA 的扩增结果可知几种样品 RNA 的 RT-PCR 结果是基本一致的，而目标基因 γ-微管蛋白的扩增结果在不同株系中有一定的区别，尤其泳道 11 的条带信号较其他很弱。

因此，我们初步认为泳道 11 代表的株系中 γ-微管蛋白在 RNA 水平的表达低于对照及其他株系。

【思考题】

(1) RT-PCR 与 PCR 的区别是什么？

(2) 如果不能扩增出目标带，可能有哪几方面的原因？

实验 14　利用实时荧光定量 RT-PCR 定量检测 外源基因在植物体内的表达

实时 RT-PCR 技术是指在 RT-PCR 反应体系中加入荧光基因，利用荧光信号累积实时监测整个 PCR 进程，最后通过 Ct 值和标准曲线对未知模板进行定量分析的方法。在实时技术的发展过程中，两个重要的发现起着关键的作用：①在 20 世纪 90 年代早期，*Taq* DNA 聚合酶的 5'-核酸外切酶活性的发现，它能降解特异性荧光标记探针，因此使得间接的检测 PCR 产物成为可能；②此后荧光双标记探针的运用使在一密闭的反应管中能实时地监测反应全过程。这两个发现的结合以及相应的仪器和试剂的商品化发展导致实时 qRT-PCR 方法在研究工作中的运用。

PCR 反应过程中产生的 DNA 拷贝数是呈指数方式增加的，随着反应循环数的增加，最终 PCR 反应不再以指数方式生成模板，从而进入平台期。在传统的 PCR 中，常用凝胶电泳分离并用荧光染色来检测 PCR 反应的最终扩增产物，因此对 PCR 产物定量存在不可靠之处。在实时 qRT-PCR 中，对整个 PCR 反应扩增过程进行了实时的监测和连续地分析扩增相关的荧光信号，随着反应时间的进行，监测到的荧光信号的变化可以绘制成一条曲线。在 PCR 反应早期，产生荧光的水平不能与背景明显区别，而后荧光的产生进入指数期、线性期和最终的平台期，因此可以在 PCR 反应处于指数期的某一点上来检测 PCR 产物的量，并且由此来推断模板最初的含量。为了便于对所检测样本进行比较，一般通过阈值循环数（Ct 值）和标准曲线实现对起始模板的定量分析。在实时 qRT-PCR 反应的指数期，首先需设定一定荧光信号的阈值，一般这个阈值（threshold）是以 PCR 反应的前 15 个循环的荧光信号作为荧光本底信号（baseline），荧光阈值的缺省设置是 3~15 个循环的荧光信号的标准偏差的 10 倍。如果检测到荧光信号超过阈值被认为是真正的信号，它可用于定义样本的 Ct 值。Ct 值的含义是：每个反应管内的荧光信号达到设定的阈值时所经历的循环数。利用 Ct 值，在指数扩增的开始阶段进行检测，此时样品间的细小误差还未放大，因此具有较好的重复性。研究表明，每个模板的 Ct 值与该模板的起始拷贝数的对数存在线性关系，起始拷贝数越多，Ct 值越小（图 3-19A）。利用已知起始拷贝数的标准品可做出标准曲线（图 3-19B），因此只要获得未知样品的 Ct 值，即可从标准曲线上计算出该样品的起始拷贝数。

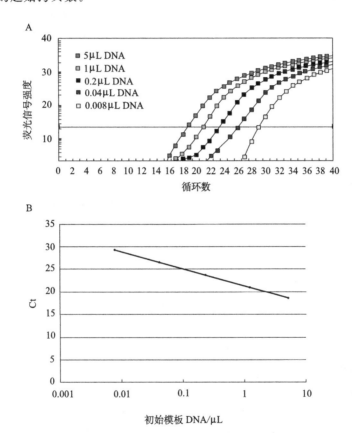

图 3-19　样本的拷贝数与阈值循环数的关系及标准曲线图示

定量 PCR 有绝对定量和相对定量，绝对定量就是先用已知拷贝数的质粒梯度（1.0×10^7、1.0×10^6、1.0×10^5、1.0×10^4、1.0×10^3）制作标准曲线，然后确定未知样品的 Ct 值，再借助标准曲线反推出未知样品的初始量。最后计算未知样品的初始量绝对值。相对定量则需要分别制备管家基因与目的基因 PCR 扩增的两种标准曲线，最后将得到的待测样品的目的基因拷贝数均除以管家基因的拷贝数，即为该样品的目的基因的相对初始量。相对定量是比较管家基因（如 GAPDH）与目的基因的 Ct 值，得出各标本之间目的基因表达量的多少。

目前实时 qRT-PCR 所使用的荧光化学方法主要有 5 种，分别是 DNA 结合染色、水解探针、分子信标、荧光标记引物、杂交探针。它们又可分为扩增序列特异和非特异的检测两大类。其中扩增序列特异性检测方法是在 PCR 反应中利用标记荧光染料的基因特异寡核苷酸探针来检测产物，它又可分为直接法和间接法。下面主要介绍利用水解探针的间接法策略（TaqMan 系统）。TaqMan 系统即 PCR 扩增时在加入一对引物的同时加入一个特异性的荧光探针，该探针为一寡核苷酸，两端分别标记一个报告荧光基团和一个淬灭荧光基团，此时 5′端荧光基团吸收能量后将能量转移给邻近的 3′端荧光淬灭基团［发生荧光共振能量转移（FRET）］，因此探针完整时，检测不到该探针 5′端荧光基团发出的荧光。

相对于 SYBR 荧光染料，TaqMan 探针具有序列特异性，只结合到互补区，而且荧光信号与扩增的拷贝数具有一一对应的关系，因此特异性强灵敏度高，而且条件优化容易；而相对于杂交探针，TaqMan 探针只要设计一条探针，因此探针设计较便宜方便，而且也能完成基本的定量 PCR 要求。因此本实验主要介绍利用 TaqMan 探针法进行实时荧光定量 RT-PCR 的方法。

【实验目的】

掌握利用实时 RT-PCR 定量检测烟草中 γ-微管蛋白基因表达的技术和方法。

【实验材料】

1. 材料

待测样品总 RNA

2. 试剂

引物，探针 cDNA 第一条链合成试剂盒等

3. 仪器

实时定量 RT-PCR 仪＋实时荧光定量试剂＋通用电脑＋自动分析软件，构成 PCR-DNA/RNA 实时荧光定量检测系统

【实验步骤】

(1) 样品总 RNA 的提取及质量检测（见本章实验 12）。

(2) 设计并合成 γ-微管蛋白基因和 18S rRNA 基因（作为内参）实时 RT-PCR 的引物及探针（由上海生物工程有限公司完成）。

(3) 将样品逆转录获得 cDNA 第一条链（见本章实验 13）。

(4) 制备标准曲线：先将样品的目的基因（γ-微管蛋白基因）及管家基因（18S rDNA）进行 PCR 扩增，其产物进行梯度稀释用于做标准曲线。

(5) 将标准曲线样品和待测样品分别加入到反应液中，进行实时 RT-PCR 扩增和检测。

(6) 将检测结果进行标准曲线分析，以对待测样品的目的基因进行定量。相对定量实验需要进一步用样品的目的基因测得值除以管家基因测得值以校正误差，所得结果代表某样品的目的基因相对含量。

【注意事项】

(1) 确保 RNA 及逆转录得到 cDNA 的质量。RNA 质量包含两个方面：样品的纯度和 RNA 的完整性。样品纯度可以在样品稀释时得到改善。通常通过 Nanodrop 测量吸光值来检测纯度，260/280 吸光值的比率应该在 2～2.1，并且是"漂亮"的吸光光谱曲线，230 nm 吸收峰应该低；高质量的 RNA 应该是完整的、不含抑制剂的，电泳结果应该能得到很清晰的 18S 和 28S 峰值。

(2) 操作过程中尽量保证无 RNase 污染，维持无菌条件并加入 RNase 抑制剂。

(3) 确保探针设计的有效性和发光基团和淬灭基团的存在。探针的选择主要注意以下几点。①所选序列应该高度特异，尽量选择具有最小二级结构的扩增片段；②扩增长度应不超过 400 bp，理想的最好能在 100～150 bp，扩增片段越短，有效的扩增反应就越容易获得，较短的扩增片段也容易保证分析的一致性；③保持 GC 含量在 20%～80%，GC 富含区容易产生非特异反应，从而会导致扩增效率的降低，以及出现在荧光染料分析中非特异信号；④为了保证效率和重复性，应避免重复的核苷酸序列，尤其是 G（不能有 4 个连续的 G）；⑤将引物和探针互相进行配对检测，以避免二聚体和发卡结构的形成；⑥探针位置尽可能地靠近上游引物；⑦探针长度应在 15～45 bp（最好是 20～30 bp），以保证结合特异性，为确保引物探针的特异性，最好将设计好的序列在 Blast 程序中核实一次，如果发现有非特异性互补区，建议重新设计引物探针；⑧T_m 值在 65～70℃，通常比引物 T_m 值高 5～10℃（至少要 5℃），GC 含量在 40%～70%；⑨探针的 5′端应避免使用鸟嘌呤（G）——因为 5′G 有淬灭作用，而且即使是被切割下来还会存在淬灭作用；⑩整条探针中，碱基 C 的含量要明显高于 G 的含量，G 含量高会降低反应效率，这时就应选择配对的另一条链作为探针。

【思考题】

(1) 实时 RT-PCR 与 PCR、RT-PCR 主要有什么不同？

(2) 实时 RT-PCR 能定量比较基因表达的原理是什么？

3.2.5.3　转基因植物的瞬时表达鉴定

为了尽快地分析外源基因转入宿主细胞的情况，或检测外源基因的表达，往往在质粒载体上还加上报告基因，或采用目标基因与报告基因相融合的方式。人们最常用的报告基因主要包括 GUS 基因、GFP 基因、YFP 基因、LUX 基因等。其中后几种基因的鉴别主要采用显微观察的方式，相对容易操作。而 *gus* 基因的鉴别需要进行颜色反应，而且该基因的瞬时表达鉴定目前被充分应用到启动子的功能分析中，因此下面给予详细介绍。

实验 15　*gus* 基因检测

gus 基因是编码 β-葡萄糖苷酸酶的基因，该酶是一种水解酶，能催化许多 β-葡萄糖苷酯类物质的水解。它常用的作用底物为 5-溴-4-氯-3-吲哚-β-D-葡萄糖苷酸酯（X-Gluc），在该酶的作用下可将该底物水解生成蓝色的物质。如果创造转基因植物时，质粒载体上有 *gus* 基因的序列，当 *gus* 基因进入宿主细胞后，可根据上述原理，通过添加底物 X-Gluc 的方法依靠颜色的变化，初步判断转入植物的外源基因是否发生了瞬时表达。由于创造转基因个体需要的周期较长，该方法可对转化体组织进行瞬时的、初步的检测，有利于减少工作量，尽快得到正确的转化体。

实际应用中，人们主要利用此方法进行启动子序列的功能鉴定，即将 *gus* 基因序列分别连到序列系列缺失的启动子上，通过转化后 *gus* 基因表达的结果来判断哪部分启动子序列为功能区。

【实验目的】

掌握转化体 *gus* 基因瞬时表达的检测方法。

【实验材料】

1. 材料

转化 36～48 h 的烟草叶盘及未转基因对照叶盘

2. 试剂

磷酸钠缓冲液（pH7.0），铁氰化钾，亚铁氰化钾，EDTA，甲醇，X-Gluc，二甲基甲酰胺（DMF）

3. 仪器

恒温箱，超净工作台，1.5 mL 的塑料管，镊子，解剖刀等

【实验步骤】

（1）试剂配制。

50 mmol/L 的磷酸钠缓冲液（pH7.0）：

A 液：取 $NaH_2PO_4 \cdot 2H_2O$ 3.12 g 溶于蒸馏水，定容至 100 mL

B 液：取 $Na_2HPO_4 \cdot 12H_2O$ 7.17 g 溶于蒸馏水，定容至 100 mL

取 A 液 39 mL 与 B 液 61 mL 混合，定容至 400 mL，调 pH 至 7.0。

50 mmol/L 铁氰化钾母液：称 3.295 g，用蒸馏水定容至 200 mL

50 mmol/L 亚铁氰化钾母液：称 4.224 g，用蒸馏水定容至 200 mL。

0.5 mol/L EDTA 母液（pH8.0）：

(EDTA)Na₂ · 2H₂O	18.6 g
双蒸水	80 mL
用 NaOH 调 pH 至 8.0	用量约 6 g
ddH₂O 定容至	100 mL

GUS 检测液的配制：首先将 100 mg Gluc 溶于 1 mL 的 DMF；再取 80 mL 50 mmol/L 的磷酸钠缓冲液 （pH7.0），加入 1 mL 50 mmol/L 铁氰化钾、1 mL 50 mmol/L 亚铁氰化钾和 2 mL 0.5 mol/L EDTA （pH 8.0），混匀后再加入已溶解的 X-Gluc 1 mL，甲醇 20 mL，再混匀。最后将配好的 GUS 检测液分装于 1.5 mL 的塑料管中 （1 mL/管，1 组 1 管），—20℃保存备用。

(2) 浸染 36～48 h 的叶盘浸泡在含有 GUS 检测液的塑料管中。

(3) 放置在 37℃水浴锅内过夜。

(4) 移去检测液，并用 50％乙醇清洗数次，直至叶盘变白。

(5) 观察叶盘上是否有蓝色斑点，有蓝色斑点处表明该区域细胞内 *gus* 基因得到瞬时表达。

【注意事项】

gus 检测液的配制非常关键，如果配制不当，很难使可能的转化组织染色。

【结果与分析】

一般来讲，对照叶盘不能染色，叶片最终呈白色；而转基因的叶盘上如果有蓝色的斑点或区域出现，则表明该区域部分细胞内 *gus* 基因得到了瞬时表达，初步表明 *gus* 基因进入了宿主细胞中 （图 3-20）。如果转基因的叶盘和对照叶盘都呈现白色，则表明 *gus* 基因未进入宿主细胞内。

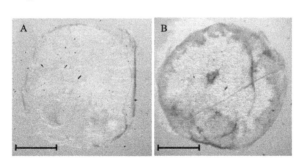

图 3-20　转基因叶盘 GUS 染色结果示意图 （引自 Qi et al.，2007）

A. 对照叶盘；B. 转基因的叶盘 （标尺＝2 mm）

【思考题】

(1) *gus* 基因检测方法适合检测转化多长时间的材料？

(2) 如何利用 *gus* 基因检测方法定量比较不同转化体的转化信号？

主要参考文献

曹孜义，刘国民 . 1996. 实用植物组织培养教程 . 兰州：甘肃科学技术出版社

邓秀新，章文才 . 1995. 柑橘原生质体培养与融合技术 . 自然科学进展-国家重点实验室通讯，5（1）：35～41

顾红雅等 . 1995. 植物基因与分子操作 . 北京：北京大学出版社

郭尧君 . 1999. 蛋白质电泳实验技术 . 第二版 . 北京：科学出版社

何玉池，孙蒙祥，杨弘远 . 2004. 烟草合子离体培养再生可育植株 . 科学通报，49：457～461

李浚明 . 1991. 植物组织培养教程 . 北京：北京农业大学出版社

卢圣栋 . 1993. 现代分子生物学实验技术 . 北京：高等教育出版社

孙敬三，朱至清 . 2006. 植物细胞工程实验技术 . 北京：化学工业出版社

王关林，方宏筠 . 2002. 植物基因工程 . 第二版 . 北京：科学出版社

王海波 . 1991. 组织培养中细胞状态的调控 . 作物杂志，3：3～6

谢从华，柳俊 . 2004. 植物细胞工程 . 北京：高等教育出版社

印莉萍，祁晓廷 . 2001. 细胞分子生物学技术教程 . 北京：科学出版社

印莉萍，刘祥林 . 2001. 分子细胞生物学实验技术 . 北京：首都师范大学出版社

印莉萍，祁晓廷 . 2005. 细胞分子生物学技术教程 . 北京：科学出版社

朱至清 . 2003. 植物细胞工程 . 北京：化学工业出版社 . 175～176

Murray M G，Thompson W F. 1980. Rapid isolation of high molecular weight plant DNA. Nucleic Acids Res，8：4321～4325

Qi X T，Zhang Y X，Chai T Y. 2007. The bean PvSR2 gene produces two transcripts by alternative promoter usage. Biochemical and Biophysical Research Communications，356：273～278

Sambrook J，Frisch E F，Maniatis T. 1993. 分子克隆实验指南 . 第二版 . 金冬雁，黎孟枫译 . 北京：科学出版社

第4章　动物细胞工程技术

4.1　动物细胞工程技术原理

　　动物细胞工程常用的技术手段有动物细胞培养、动物细胞融合、单克隆抗体、胚胎移植、核移植等。其中动物细胞培养技术是其他动物细胞工程技术的基础。由于动物细胞能够分泌蛋白质，如抗体等，应用动物细胞培养技术进行大规模的动物细胞培养可生产许多有重要价值的生物制品，如病毒疫苗、干扰素、单克隆抗体等。

　　动物细胞培养技术是动物细胞工程中重要的组成部分，是在人工条件下高密度、大规模培养动物细胞，并将它们用来生产生物产品的技术。如今这一技术已广泛应用于现代生物制药的研究和生产中。它的应用大大减少了用于疾病预防、治疗和诊断的实验动物，为生产疫苗、细胞因子、生物产品乃至人造组织等产品提供了强有力的工具。动物细胞就其生长特性可分为贴壁细胞和悬浮细胞；就其培养方法而言可概括为悬浮培养和固定化培养；就操作方式而言，可分为分批式、补料–分批或流加式、半连续式、连续和灌流式4种操作方式。大规模培养技术的建立使生产各种生物制品得到了很大的发展，如单克隆抗体、红细胞生成素、疫苗和病毒杀虫剂等。

　　细胞融合（cell fusion）又称细胞杂交（cell hybridization），它是指用人工方法使2个或2个以上的体细胞合并形成一个细胞，不经过有性生殖过程而得到杂种细胞的方法。在自然情况下，体内或体外培养细胞间所发生的融合，称为自然融合。而在体外用人工方法，如使用融合诱导因子，促使相同或不同的细胞间发生融合，称为人工诱导融合。通过细胞融合技术，可以培育出新物种，打破了传统的只有同种生物杂交的限制，实现种间的杂交。这项技术不仅可以把不同种类或者不同来源的植物细胞或者动物细胞进行融合，还可以把动物细胞与植物细胞融合在一起。这对创造新的动、植物和微生物品种具有前所未有的重大意义。

　　动物细胞融合技术最重要的用途是制备单克隆抗体。1975年 Milstein 和 Konler 将小鼠骨髓瘤细胞与用羊红细胞免疫过的小鼠淋巴细胞融合形成的杂种细胞能分泌抗羊红细胞抗体，该技术被广泛用于制备单克隆抗体。由于这一创新性工作，他们获得了1984年诺贝尔生理学或医学奖。单克隆抗体由于其化学性质单一、特异性强，在临床诊断和治疗及其他生物领域中有很高的应用价值，如运用单克隆抗体可以检测出多种细菌病毒中非常细微的株间差异，鉴定细菌病毒的种型和亚种；运用单克隆抗体的特异性制造"生物导弹"，将药物定向带到癌细胞所在部位，消灭癌细胞但不伤害健康细胞；可以检查出某些还尚无临床表现的极小肿瘤病灶，检测心肌梗死的部位和面积，还可以精确地检测排卵期，为有效的治疗提供方便。

动物细胞培养技术作为一个基本工具已被广泛应用在当今的分子生物学研究中，是动物细胞工程技术的基础。随着越来越多的动物细胞系从不同的物种和不同的组织中被建立和鉴定，借助于转染技术的发展，动物细胞培养技术不仅仅可以用来生产从 cDNA 或其他形式的遗传物质所表达的蛋白质，如单克隆抗体，还被广泛用来研究蛋白质的功能。转染是将具生物功能的核酸（DNA、RNA 或 siRNA）转移或运送到细胞内，并使核酸在细胞内维持其生物功能的核酸转移技术。转染的目的主要是研究真核基因的表达和调控。在动物细胞中表达外源基因有两个关键问题：一个是选择构建合适的表达载体和表达细胞株，另一个就是选择合适的方法将克隆的基因导入培养的细胞中进行表达。

在以下的章节里，我们将介绍动物细胞培养的基础、不同组织细胞的培养技术、动物细胞的转染技术，以及转染后基因表达的检测及功能分析。

4.2　动物细胞工程技术

4.2.1　细胞培养的准备工作及基本操作

动物细胞工程的基础是动物组织细胞的培养。动物组织和细胞的培养是从动物体内取出组织或者细胞，模拟体内的生理环境，在无菌、适温和丰富的营养条件下，在体外使离体组织或者细胞生存、生长繁殖并维持结构和功能的一门技术。根据选取的动物材料，分为组织培养和细胞培养。培养的关键是无菌，所以无菌是组织细胞培养实验不同于其他大多数实验在技术上的主要要求，另外如何在体外模拟出一个合适的环境让组织细胞能够生长繁殖，培养液和培养环境也非常关键，在开始细胞培养的工作之前一定要做好充分的准备工作。

实验 1　细胞培养的前期工作

无菌是培养的关键，建立一个无菌的环境是组织细胞培养的第一步。一般说来，无菌条件并不是要建立一个很大的无菌区域，重要的是培养实验室能够防尘和不设立通道。使用洁净台是创造无菌条件的简便方法，能为局部提供无菌条件，并能使培养实验室使用非专门化设备。在规划一个培养室的时候需要考虑到：①实验室培养组织细胞的种类和使用量，即需要有几台超净工作台、多少台培养箱和一些特殊的培养设备等；②除尘设备的安置，即在什么地方安置出风口和进风口、需要用什么样的滤网、温度和湿度的控制等；③房间要易于清洁，墙面，特别是地面要用什么材料；④培养所需的 CO_2 或混合气瓶等的连接、废液的收集和处理等问题。当一个培养实验室建成并投入使用后，如何保持无菌或少菌是很重要的。一般来讲分为每日维持和定期维持。除了每天要对细胞房进行整理清扫外，如清理垃圾及废液，特别要对超净工作台进行消毒，以避免交叉污染。另外定期地对整个房间进行消毒，更换水浴箱中的水，清理冰箱，培养箱也要定期进行清理和消毒。

　　培养的另一个要求是培养器皿和培养基的无菌，可通过物理消毒和化学消毒的方法除菌。经常使用的物理方法有用高压蒸汽的湿热法、烘烤干热法、紫外线或射线照射法、过滤法、离心沉淀法等方法杀灭或去除微生物。化学方法则用化学消毒剂或抗生素等杀灭微生物。另外在组织细胞培养技术中，通过无菌操作技术防止已经消毒灭菌的用品被污染也是非常重要的。

【实验目的】

　　(1) 掌握细胞培养室设计的要求和需要考虑的问题。

　　(2) 掌握细胞培养室的维护要求。

【实验材料】

1. 材料

　　培养的组织细胞

2. 试剂

　　0.2% 新洁而灭（苯扎溴铵），75% 乙醇，1% 和 5% 稀盐酸溶液，2% NaOH，单蒸水和三蒸水

3. 仪器

　　超净工作台，高压蒸汽灭菌锅，烤箱

【实验步骤】

1. 培养室的清洁

　　每天用 0.2% 新洁而灭拖洗无菌培养室地面一次，拖布要专用，然后用紫外线照射消毒整个房间 30 min。

2. 超净工作台的清洁

　　每次实验前要用 75% 乙醇擦洗超净工作台台面，然后用紫外线消毒 30 min。在工作台面消毒时切勿将培养细胞和培养用液同时照射紫外线。消毒时工作台面上用品不要过多或重叠放置，否则会遮挡射线，降低消毒效果。一些操作用具如移液器、废液缸、污物盒、试管架等用 75% 乙醇擦洗后置于台内同时紫外线照射消毒。

3. 实验用品的前期处理

　　(1) 玻璃器皿：新的玻璃器皿在生产过程中常使玻璃表面呈碱性，并带有一

些如铅和砷等对细胞有毒的物质，使用前必须彻底清洗。首先用自来水初步刷洗，5％稀盐酸溶液中浸泡过夜，以中和其碱性物质。最后用流水彻底冲洗 3～5 遍，单蒸馏水漂洗 3 遍，三蒸水漂洗 2 遍，烘干备用。

(2) 塑料器皿：塑料器皿经冲洗干净后晾干，用 2％NaOH 浸泡过夜，自来水冲洗干净后在 5％稀盐酸中浸泡 30 min，用流水彻底冲洗 3～5 遍，单蒸馏水漂洗 3 遍，三蒸水漂洗 2 遍，烘干备用。

(3) 针头式滤器不能浸泡酸液，用 2％NaOH 泡 6～12 h，或者煮沸 20 min，常规冲洗干净，烘干（60℃以下）备用。使用前要包装，首先要装好滤膜，安装膜时注意光面朝上（凹向上），然后用注射器回抽注入检查膜是否破损，安装好膜后将螺旋稍微拧松一些，放入铝盒内（或用牛皮纸包装）外层用纸包装备用。注意在超净台内取出使用时应该立即将螺旋旋紧。

(4) 胶塞的处理：按常规冲洗干净烘干后，用 2％NaOH 溶液煮沸 30 min，自来水洗净，烘干，再用 1％稀盐酸液浸泡 30 min，用自来水彻底冲洗 3～5 遍，单蒸馏水漂洗 3 遍，三蒸水漂洗 2 遍，烘干备用。

4. 实验用品的包装和消毒

在消毒前必须进行严格包装，以便消毒及储存，防止落入灰尘及消毒后再次被污染。包装纸（盒）表面用油性记号笔标明物品名称、消毒日期等。

(1) 干热消毒：一般在烤箱中进行，需加温到 160℃，保持 90～120 min 方能杀死芽孢。消毒完毕后不可马上将烤箱门打开，以免冷空气突然进入，影响消毒效果和损坏玻璃器皿或发生意外事故。

(2) 湿热消毒：一般使用高压蒸汽灭菌器进行消毒。消毒时物品不能装太满，要保持消毒器内气体流通。在加热升压之前，打开排气阀门，使加热后消毒器内的残留冷空气排出。关闭排气阀门，开始升压，待达到所需要的压力时，开始记录时间，并控制压力恒定。一般物品如布类、金属器械、玻璃器皿等消毒的要求是 15 lb（1 lb＝0.453592 kg）、20 min；常规使用液体需灭菌 15 lb 15 min；橡胶和塑料用品如滤器、离心管等需高压灭菌 10 lb 15 min。

(3) 过滤除菌消毒：适用于组织细胞培养使用的液体如血清、合成培养液、酶及含有蛋白质具有生物活性的液体等。

【注意事项】

(1) 在开始实验前要制订好实验计划和操作程序，有关数据的计算要事先做好。根据实验要求，准备各种所需器材和物品，清点无误后将其放置操作场所（培养室、超净台）内，然后开始消毒。这样可以避免开始实验后，因物品不全往返拿取而增加污染机会。

　　（2）使用化学试剂时要注意戴手套和穿工作服，做好自我防护。同时要注意
　　　　空气的流通。
　　（3）使用高压蒸汽灭菌锅和烤箱时一定要注意安全，避免烫伤。

【思考题】

　　（1）消毒灭菌的方法有哪些？
　　（2）消毒灭菌方法的原理是什么？

实验 2　细胞培养基的配制

　　细胞培养的关键在于培养液的选择和配制。一个合适的细胞培养液不仅仅给
细胞提供了合适的体外生长环境，还为目的基因转染、蛋白质功能分析和大规模
生产表达蛋白质提供可能。一般常用的基础细胞培养基有以下几种：RPMI1640
培养基、DMEM 培养基、F12 培养基和 Ham 培养基（无血清培养中常用的基础
培养基）等。一般的基础培养基包括 4 大类物质：无机盐、氨基酸、维生素、碳
水化合物。

　　培养液中无机盐的主要功能是帮助细胞维持渗透压平衡。此外，通过提供
钠、钾和钙离子，帮助细胞调节细胞膜功能。培养液的渗透压是一个非常重要
的因素，细胞通常可耐受 260～320 mOsm。标准培养液的渗透压在此范围内
波动。特别注意的是，向培养液中加入其他物质有可能会明显改变培养液的渗
透压，特别是溶于强酸或强碱中的物质。向培养液中添加 HEPES 时需调节钠
离子浓度。大多数细胞所需 pH 为 7.2～7.4。但是，细胞培养的最适 pH 是随
着培养的细胞种类不同而不同。成纤维细胞喜欢较高 pH（7.4～7.7），而传
代转化细胞系则需要偏酸 pH（7.0～7.4）。由于多数培养液靠碳酸氢钠
（$NaHCO_3$）与 CO_2 体系进行缓冲，因此，气相中的 CO_2 浓度应与培养液中碳酸
氢钠浓度相平衡。如果气相或培养箱空气中 CO_2 浓度设定在 5%，培养液中
$NaHCO_3$ 的加入量为 1.97 g/L；如果 CO_2 浓度维持在 10%，培养液中 $NaHCO_3$
的加入量为 3.95 g/L。细胞培养瓶盖不应拧得太紧，以保证气体交换。HEPES
是一种非离子缓冲液，在 pH 7.2～7.4 范围内具有较好的缓冲能力，但是非常
昂贵，在高浓度时对一些细胞可能有毒性。HEPES 缓冲液可与低水平的
$NaHCO_3$（0.34 g/L）共用，以抵消因额外加入 HEPES 引起的渗透压增加。在
这种培养条件下，细胞培养瓶的盖子应拧紧，以防止培养液中所需的少量碳酸盐
散入空气中。

　　缬氨酸、亮氨酸、异亮氨酸、苏氨酸、赖氨酸、色氨酸、苯丙氨酸、蛋氨
酸、组氨酸、酪氨酸、精氨酸、胱氨酸（L 型）都是细胞用以合成蛋白质的必需
氨基酸，不能由其他氨基酸或糖类转化合成。除此之外，还需要谷氨酰胺（glu-
tamine）。谷氨酰胺具有特殊的作用，对细胞的培养特别重要，能促进各种氨基

酸进入细胞膜；它所含的氮是核酸中嘌呤和嘧啶的来源，还是合成磷酸腺苷、二磷酸腺苷和三磷酸腺苷的原料。细胞需要谷氨酰胺合成核酸和蛋白质，谷氨酰胺缺乏可导致细胞生长不良甚至死亡。在配制各种培养液中都应补加一定量的谷氨酰胺。值得注意的是：谷氨酰胺在溶液中很不稳定，4℃下放置 1 周可分解50%，使用中最好单独配制，置−20℃冰箱中保存，用前加入培养液中。已含谷氨酰胺的培养液在 4℃冰箱中储存 2 周以上时，还应重新加入原来量的谷氨酰胺。

维生素是维持细胞生长的一种生物活性物质，在细胞中是各种酶构成的辅基或辅酶，对细胞代谢有重大影响。

碳水化合物是细胞生命的能量来源，有的是合成蛋白质和核酸的成分。体外培养动物细胞时，几乎所有培养基或培养液都以葡萄糖作为必须含有的能源物质。体外培养条件下，葡萄糖主要经糖酵解降解，产生过量的乳酸。减少乳酸生产最常用的方法是限制培养基中葡萄糖的含量，但葡萄糖含量过低可造成细胞营养供应不足，抑制细胞生长。在目前常用的培养基中，葡萄糖和谷氨酰胺是体外培养动物细胞的主要能源，其能量代谢通路与体内完全不同，表现为葡萄糖主要经糖酵解途径为细胞提供能量，谷氨酰胺大部分通过不完全氧化途径，另一小部分通过完全氧化为细胞供能。

在一些较为复杂的培养液中还包括一些其他成分，如杂交瘤技术中常用的DMEM 培养基，使用时还需要补加丙酮酸钠和 2-巯基乙醇（2-mercaptoethanol，2-ME）。2-ME 对细胞生长有很重要的作用，有人认为它相当于胎牛血清，有直接刺激细胞增殖的作用，已广泛应用于杂交瘤技术，另外，也开始用于一些难以培养的细胞。2-ME 是一种小分子还原剂，极易氧化，相对分子质量为 78.13，纯的 2-ME 是一种无色有刺激味的液体，比重为 1.110～1.120，其活性部分是硫氢基。它的一个重要作用是使血清中含硫的化合物还原成谷胱甘肽，诱导细胞的增殖，为非特异性的激活作用，同时避免过氧化物对培养细胞的损害；另一个重要作用是促进分裂原的反应和 DNA 合成，增加植物凝集素（PHA）对淋巴细胞的转化作用。常用的 2-ME 终浓度为 5×10^{-5} mol/L，通常配制成 0.1 mol/L的储存液，用时每升培养液加 0.5 mL。

除了以上与细胞生长有关的物质以外，培养基中一般还要加入 pH 示剂酚红，当溶液酸性时 pH<6.8 呈黄色，当溶液碱性时 pH>8.4 呈红色。

表 4-1 是 DMEM（高糖型）细胞培养基（粉末型）的成分，我们将以高糖型DMEM 培养基为例，学习细胞培养基的配制过程。

表 4-1 DMEM（高糖型）细胞培养基（粉末型）的成分

序号	化合物名称	含量/（mg/L）	序号	化合物名称	含量/（mg/L）
1	无水氯化钙	200.00	17	L-丝氨酸	42.00
2	硝酸铁·9H$_2$O	0.10	18	L-苏氨酸	95.00
3	氯化钾	400.00	19	L-色氨酸	16.00
4	无水硫酸镁	97.67	20	L-酪氨酸钠盐	104.00
5	氯化钠	6400.00	21	L-缬氨酸	94.00
6	无水磷酸二氢钠	125.00	22	D-泛酸钙	4.00
7	L-盐酸精氨酸	84.00	23	氯化胆碱	4.00
8	L-盐酸胱氨酸	63.00	24	叶酸	4.00
9	L-谷氨酰胺	584.00	25	肌醇	7.20
10	甘氨酸	30.00	26	烟酰胺	4.00
11	L-盐酸组氨酸	42.00	27	核黄素	0.40
12	L-异亮氨酸	105.00	28	盐酸硫胺	4.00
13	L-亮氨酸	105.00	29	盐酸吡哆辛	4.00
14	L-盐酸赖氨酸	146.00	30	葡萄糖	4500.00
15	L-甲硫氨酸	30.00	31	丙酮酸钠	110.00
16	L-苯丙氨酸	66.00	32	酚红	15.00

【实验目的】

（1）掌握动物细胞培养的基本原理。

（2）掌握细胞培养基的成分和配制方法。

【实验材料】

1. 材料

DMEM（高糖型）细胞培养基粉末

2. 试剂

三蒸水或超纯水，NaHCO$_3$，1 mol/L NaOH，1 mol/L HCl

3. 仪器

配制培养基的容器，搅拌器和搅拌子，过滤器和过滤装置，用以分装培养基的、已消过毒的小试剂瓶

【实验步骤】

1. 基础培养基的配制

（1）在一个尽可能接近总体积的容器中加入比预期培养基总体积少5%的三蒸水或新鲜配制的超纯水。

（2）在室温（20～30℃）的水中加入干粉培养基，轻轻搅拌，不要加热。

（3）水洗包装袋的内部，转移全部的痕量干粉到容器内。

（4）加适量的 NaHCO$_3$ 到培养基中。

（5）用双蒸水稀释到想要的体积，搅拌溶解。注意不要过分搅拌。

(6) 通过缓慢搅拌加入 1 mol/L NaOH 或 1 mol/L HCl 调节 pH，由于 pH 在过滤时会上升 0.1～0.3，所以需调节 pH 使其比最终想要的 pH 低 0.2～0.3。培养基在过滤前要保持密封。

(7) 准备高压灭菌并烘干了的小试剂瓶，一般以不大于 500 mL 的体积为佳，最好是专门用于装培养液，瓶上有体积刻度。大约准备 25 个，放入超净工作台里，松开瓶口。

(8) 在超净工作台里将过滤器和过滤装置安装好，用一根专用的管子连着配制好的培养液。

(9) 边过滤边将培养液分装到每个小试剂瓶中。标注第一瓶和最后一瓶。

(10) 等全部培养液都过滤完了，将第一瓶、最后一瓶和中间的一瓶培养液放入细胞培养箱中孵育过夜以做无菌测试。将其余的培养液放入 4℃ 冰箱保存，注意避光。

(11) 无菌测试通过后，这批培养液就可以使用了。

2. 其他溶液的配制

(1) 水：细胞培养用水必须非常纯净，不含有离子和其他的杂质。需要用新鲜的双蒸水、三蒸水或纯净水，高压除菌后室温保存。

(2) 平衡盐溶液（PBS）：pH 为 7.2～7.4，不含钙、镁离子，将药品（NaCl 8.0 g，KCl 0.2 g，$Na_2HPO_4 \cdot H_2O$ 1.56 g，KH_2PO_4 0.2 g）倒入盛有三蒸水的烧杯中，搅动使充分溶解，然后把溶液倒入容量瓶中准确定容至 1000 mL，摇匀即成新配制的 PBS 溶液，分装到试剂瓶后高压除菌，室温保存。

(3) 胰蛋白酶液（trypsin）：常用胰蛋白酶的浓度为 0.25%，pH 7.2 左右。需过滤除菌。

(4) EDTA 液：常用浓度为 0.02%，配制时采用无钙、镁离子的平衡盐溶液溶解，高压灭菌后即可使用。

(5) 胰蛋白酶（EDTA）$Na_2 \cdot 2H_2O$：胰蛋白酶和（EDTA）$Na_2 \cdot 2H_2O$ 联合使用可提高消化率，但需注意 EDTA 不能被血清中和，消化后要彻底清洗，否则细胞易脱壁。

(6) 胶原酶溶液：胶原酶在上皮类细胞原代培养时经常使用，胶原酶作用的对象是胶原组织，因此不容易对细胞产生损伤。胶原酶的使用浓度为 0.1～0.3 mg/L 或 200 000 U/L，作用的最佳 pH 为 6.5。胶原酶不受钙、镁离子及血清的抑制，可用 PBS 配制。

(7) 血清：细胞培养常用的是胎牛血清，新买来的血清要在 56℃ 水浴中灭活 30 min 后，再经过抽滤方可加入培养基中使用。

(8) HEPES：HEPES 的化学名称为 4-羟乙基哌嗪乙磺酸 [4-(2-hydroxy-

ethyl)-1-piperazineethanesulfonic acid〕或 *N*-（2 羟乙基）哌嗪-*N'*-2-乙烷磺酸（*N*-2-hydroxyethylpiperazine-*N'*-2-ethanesulfonic acid），分子式为 $C_8H_{18}N_2O_4S$，相对分子质量为 238.31。它是一种氢离子缓冲剂，能较长时间控制恒定的 pH 范围，对细胞无毒性作用。使用终浓度一般为 10~50 mmol/L，一般培养液常用 10 mmol/L 的浓度。HEPES 可按所需的浓度直接加入到配制的培养液中，再过滤除菌，每 1000 mL 培养液中加入 2.38 g HEPES，待溶解后用 1 mol/L NaOH 调 pH 至 7.2，过滤除菌后使用。也可配成 100× 贮存液（1 mol/L），取 23.8 g HEPES 溶于 90 mL 三蒸水中，用 1 mol/L NaOH 调 pH 至 7.5~8.0，然后用水定容至 100 mL，过滤除菌后分装，4℃或−20℃保存。使用前向 100 mL 培养液中加入 1 mL HEPES 贮存液，最终应用浓度为 10 mmol/L。

(9) 谷氨酰胺：由于谷氨酰胺在溶液中很不稳定，故应单独配制，置于−20℃冰箱中保存，用前加入培养液。一般培养液中谷氨酰胺的含量为 1~4 mmol/L，所以可以先配制成 200 mmol/L（即 100×）的谷氨酰胺贮存液。配制方法为：称取谷氨酰胺 2.922 g，溶于 100 mL 的三蒸水，充分搅拌溶解后，过滤除菌分装后保存。使用时可向 100 mL 培养液中加入 1 mL 谷氨酰胺贮存液。

(10) 抗生素：细胞培养用青霉素-链霉素（penicillin-streptomycin for cell culture）通常为粉剂，是最常用的细胞培养用抗生素（即通常所谓的双抗）。青霉素主要是对革兰氏阳性菌有效，链霉素主要对革兰氏阴性菌有效，加入这两种抗生素可预防绝大多数细菌污染。通常使用青霉素终浓度为 100 U/mL，链霉素终浓度为 100 U/mL，一般可用 PBS 或培养基配制成 100 倍浓缩液，过滤除菌分装后，在−20℃保存。

【注意事项】

(1) 认真阅读说明书。说明书都注明干粉不包含的成分，常见的有 $NaHCO_3$、谷氨酰胺、丙酮酸钠、HEPES 等。这些成分中有一些（如 $NaHCO_3$、谷氨酰胺）是必须添加的，有些根据实验需要决定。

(2) 配制时要保证充分溶解，$NaHCO_3$、谷氨酰胺等物质都要等培养基完全溶解之后才能添加。

(3) 配制所用的水应是三蒸水或超纯水，离子浓度很低。

(4) 所用器皿应严格消毒。

(5) 配制好的培养基应马上过滤，无菌保存于 4℃，有些需要避光。

【结果与分析】

培养基配制好后应立即过滤以免被污染，因配制的体积较大，不能用小型的针筒式过滤器过滤除菌，可以用图 4-1 所示的专门为过滤大体积液体而设计的过滤器。将图 4-1 的装置安装在超净工作台中，如果因空间的限制，则保证过滤器、支持滤器的架子和接过滤后的培养基的试剂瓶在超净工作台内。

其他的试剂则可以用针筒式过滤器除菌（图 4-2）或用高压蒸汽灭菌。

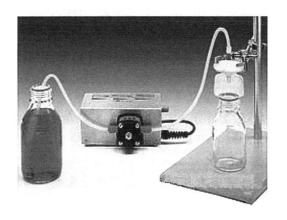

图 4-1　用于过滤培养液的过滤装置

图 4-2　针筒式过滤器

【思考题】

（1）配制好的培养基为什么应马上过滤？

（2）$NaHCO_3$ 在培养中起什么作用？

（3）配制平衡盐溶液（PBS）、胰蛋白酶液和 EDTA 溶液时为什么不能含钙、镁离子？

实验 3　细胞计数及活力测定

培养的细胞在一般条件下要求有一定的密度才能保证生长良好，所以在进行实际实验时，如 DNA 或 siRNA 的转染等，要进行细胞计数以确保实验的一致性，如转染的效率和每次转染之间的统一性。细胞计数的原理和方法与血细胞计数相同，可以用血球计数板或细胞计数仪测定。计数的结果以每毫升有多少细胞数表示。

在细胞群体中总有一些因各种原因而死亡的细胞，总细胞中活细胞所占的百分比叫做细胞活力（viability），从组织中分离细胞时一般也要检查细胞活力，用以了解分离的过程对细胞是否有损伤作用；复苏后的细胞也要检查细胞活力，可以了解冻存和复苏的效果；在大量培养杂交瘤细胞以生产单克隆抗体时，也要检查细胞活力以随时监测细胞生长的状况。台盼蓝（trypan blue）是用来检测细胞膜完整性最常用的生物染色试剂，分子式为 $C_{34}H_{24}N_6O_{14}S_4Na_4$，相对分子质量为 960.8，外观为黑褐色结晶粉末，溶于水，又名锥虫蓝。当细胞损伤或死亡时，膜的完整性丧失，通透性增加，台盼蓝可穿透变性的细胞膜，与解体的 DNA 结合，使其着色成蓝色，而健康的正常细胞能够排斥台盼蓝，阻止染料进入细胞内，镜下呈无色透明状，故可以用来鉴别死细胞与活细胞。依据此原理，细胞经台盼蓝染色后，可通过显微镜直接镜下计数或拍照后计数，实现对细胞存活率比较精确的定量分析。但应当注意，用台盼蓝染细胞的时间不能太长，否则活细胞也会被染上颜色。

【实验目的】

(1) 掌握动物细胞计数的基本原理和操作。

(2) 掌握动物细胞活力测定的基本原理和操作。

【实验材料】

1. 材料

悬浮的 HeLa 细胞

2. 试剂

0.4% 台盼蓝

3. 仪器

普通倒置显微镜，血球计数板，离心管，微量移液枪

【实验步骤】

1. 细胞计数（图 4-3）

(1) 将血球计数板及盖玻片用软纱布或无尘纸擦拭干净，并将盖片盖在计数板上。

(2) 将装有细胞悬浮液的离心管上下颠倒或用量程为 $100\sim1000\ \mu L$ 的微量移液枪轻轻吹打，使细胞悬浮液充分混匀，注意不要有气泡。

(3) 用量程为 $2\sim20\ \mu L$ 的微量移液枪吸取 $10\ \mu L$ 的细胞悬浮液，滴加在上面计数池的盖片边缘，使悬液充满盖片和计数板之间。

(4) 再吸取 $10\ \mu L$ 的细胞悬浮液，滴加在下面计数池的盖片边缘，使悬液充满计数池内。

(5) 室温静置 3 min。

(6) 照以下的方法在显微镜下计数：先数上面 4 格细胞，再数下面 4 格，压线细胞只计左侧和上方的。记下每个格的数量，将 8 个格的细胞加在一起，得到 a 个细胞。

(7) 计算细胞浓度：因为 8 个格的细胞数为 a 个，因此每格细胞数为 $a \div 8$ 个；由于计数池中每个格的体积为 $0.1\ \mu L$，故细胞的浓度为 $a \div 8 \times 10$ 个/$\mu L = a \div 8 \times 10^4$ 个/mL。

2. 细胞活力测定

(1) 用量程为 $20\sim200\ \mu L$ 的微量移液枪吸取 0.1 mL 的细胞悬液加入离心

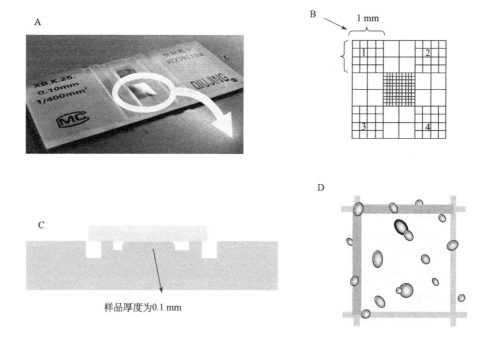

图 4-3　细胞计数板实意图和示意图

A. 细胞计数板；B. 一个计数池的示意图；C. 计数池的深度示意图；D. 一格中细胞示意图

管中。

(2) 加入 0.1 mL 的 0.4％台盼蓝染液，在室温中染色 3～10 min。

(3) 按照以上方法吸取 10 μL 染过色的细胞悬液加入计数池中，室温静置 3 min，然后计数细胞总数和活细胞数。

(4) 或者将染过色的细胞悬液滴在载玻片上，加上盖片，镜下取 10 个任意视野分别计数死细胞数和活细胞数。

(5) 用以上公式计算细胞活力，细胞活力＝总活细胞数÷细胞总数×100％。

【注意事项】

(1) 台盼蓝对人体有毒，要小心操作。

(2) 台盼蓝染色不能太久，时间过长，活细胞也会被染色。

(3) 镜下偶见由 2 个以上细胞组成的细胞团，应按单个细胞计算，若细胞团占 10％ 以上，说明分散不好，需重新制备细胞悬液。

(4) 如果悬浮的细胞浓度太高或太低，会影响计数的准确性，增加误差。所以当浓度太大，要稀释悬浮细胞；当浓度太小，要离心后重新悬浮细胞在较小体积的培养液中，重新计数并计算。

(5) 活力测定可以和细胞计数合起来进行，在计算时要考虑到染液对原细胞悬液的稀释倍数。

【思考题】

(1) 细胞计数时要注意什么？

(2) 细胞的活力测定在培养中有什么重要意义？

实验 4 细胞传代培养（胰蛋白酶消化法）

当培养的动物细胞生长繁殖到一定的密度，其生长趋势就会有所抑制，有些会死亡，有些会产生分化，或是突变产生肿瘤特性，尤其是原代细胞的培养。当细胞培养到一定的密度时，就需要对细胞进行传代，降低细胞密度，使细胞保持良好的生长趋势。

胰蛋白酶的作用是使细胞间的蛋白质水解从而使细胞离散，再根据细胞的密度，将其分成几份再进行培养。不同的组织或者细胞对胰蛋白酶的作用反应不一样。胰蛋白酶的活性与其浓度、温度和作用时间有关，在 pH 为 8.0、温度为 37℃时，胰蛋白酶溶液的作用能力最强。使用胰蛋白酶时，应把握好胰蛋白酶的浓度、作用的温度和时间，以免消化过度造成细胞损伤。因 Ca^{2+}、Mg^{2+}、血清和蛋白质可降低胰蛋白酶的活性，所以配制胰蛋白酶溶液时应选用不含 Ca^{2+}、Mg^{2+} 的平衡盐缓冲液，如 D-Hanks 液。终止消化时，可用含有血清的培养液或胰蛋白酶抑制剂终止胰蛋白酶对细胞的作用。

【实验目的】

(1) 掌握动物细胞传代培养的原理。

(2) 掌握胰蛋白酶消化法的基本原理和操作。

【实验材料】

1. 材料

培养的细胞

2. 试剂

细胞培养液：

高糖 DMEM 培养基	500 mL
灭活的小牛血清	50 mL
L-谷氨酰胺储备液	5 mL
青链霉素储备液	5 mL

无钙、镁离子的 PBS

0.25% 胰蛋白酶-EDTA

3. 仪器

倒置显微镜，细胞培养箱，离心机，35 cm 的培养皿，微量移液枪，离心管，细胞计数板

【实验步骤】

1. 传代前准备

(1) 配制细胞培养液：在 500 mL DMEM 基础培养基中加入 50 mL 的胎牛血清、5 mL 的谷氨酰胺和 5 mL 的双抗生素，摇匀。

(2) 预热细胞培养液：把已经配制好的装有培养液、PBS 液和胰蛋白酶的瓶子放入 37℃ 水浴锅内预热 10～30 min。

注：过长的预热会使酶活力降低，培养液 pH 会变碱性，颜色会成紫红色。

(3) 用 75% 乙醇擦拭超净工作台并正确摆放使用的器械，紫外线照射 20 min。

(4) 关闭紫外灯，打开鼓风机，打开照明灯。

(5) 双手用肥皂洗净，再用 75% 乙醇擦拭一遍。

(6) 取出已经预热好的培养用液，用酒精棉球擦拭好后方能放入超净台内。

(7) 用酒精棉球擦拭显微镜的台面，从培养箱内取出细胞培养皿，在镜下观察细胞的生长状况，然后放入超净台。

2. 胰蛋白酶消化

(1) 将培养有细胞的培养皿从 37℃，5% CO_2 培养箱中取出，放入超净工作台，用接着真空泵的 Pasteur 吸管吸去旧培养基。

(2) 加入 2 mL（35 mm 小盘）左右的 PBS 冲洗，轻轻前后左右摇晃，洗一遍细胞后，吸去 PBS。

(3) 加入 0.5 mL 胰蛋白酶-EDTA 溶液，轻轻前后左右摇晃，使底部细胞全部接触到胰蛋白酶-EDTA 溶液后，吸去溶液。

(4) 将培养皿移入 CO_2 培养箱，孵育 3～5 min。也可以放在超净工作台里，在室温条件下孵育 5～10 min。

注：最佳消化温度是 37℃，时间因不同的细胞系和不同的消化液浓度而不同，可以为 1～15 min。如 37℃ 时，HeLa 细胞在 0.25% 的胰蛋白酶-EDTA 液中消化需 3～5 min。

(5) 将细胞从培养箱取出，显微镜下观察细胞是否变圆并随着培养皿的晃动而漂移。

(6) 吸取预热过的培养基 1 mL 加入培养皿中以停止消化，在室温放置 1～2 min 使细胞稍作休整。用量程为 200～1000 μL 的微量移液枪反复吹打 5～10 次，制成细胞悬液。

3. 分装稀释细胞

(1) 根据实验的需要（如继代培养、大量培养、生长曲线测定或转染质粒等），通过细胞计数，取一定量的细胞悬液分装至新的培养皿中，加入适量培养基（如 35 cm 的培养皿需要 2 mL 培养基）。

(2) 在倒置显微镜下观察细胞的状况，如细胞的密度，是否有许多成簇的细胞团，是否有许多细胞碎片等。注意密度过小会影响细胞的生长，传代后细胞的密度应该不低于 5×10^4 个/mL。

(3) 在培养皿的盖上做好标记，如日期、传的代数、稀释的比例或传入的细胞数及操作人的简称。

4. 继续培养

(1) 将培养皿放入 CO_2 培养箱中继续培养。传代细胞一般 2 h 后开始贴附，12～16 h 完全铺展。

(2) 第二天在倒置显微镜下观察细胞的生长状况。

【注意事项】

(1) 严格的无菌操作。

(2) 要注意适度消化。消化的时间受消化液的种类、配制时间、加入培养瓶中的量等诸多因素的影响，消化过程中应该注意培养细胞形态的变化，一旦胞质回缩，连接变松散，或有成片浮起的迹象就要立即终止消化。

【结果与分析】

表 4-2 列举了一些细胞培养传代中常见的问题、可能原因及解决方法。

表 4-2　细胞培养传代中常见的问题、可能原因及解决方法

常见的问题	可能原因	解决方法
培养液的 pH 异常	① 培养瓶盖拧得太紧 ② $NaHCO_3$ 缓冲系统缓冲力不足 ③ 细菌、酵母或真菌污染	① 松开瓶盖 1/4 圈 ② 改用不依赖 CO_2 培养液，如用 10～25 mmol/L 终浓度的 HEPES 缓冲液 ③ 丢弃培养物，或用抗生素除菌
培养液出现沉淀	① 洗涤剂清洗后残留有磷酸盐，将培养基成分沉淀下来 ② 冰冻保存培养液 ③ 细菌、酵母或真菌污染	① 用去离子水反复冲洗玻璃器皿，然后灭菌 ② 将培养液加热到 37℃，摇动使其溶解。如沉淀仍然存在，丢弃培养液 ③ 丢弃培养物，或用抗生素除菌
培养细胞不贴壁	① 胰蛋白酶消化过度 ② 培养瓶瓶底不干净或用错培养皿 ③ 培养液 pH 偏碱 ④ 消化液或培养液配制错误、过期储存或储存不当 ⑤ 细胞老化（如传代前细胞已汇合导致失去贴附性）	① 缩短胰蛋白酶消化时间或降低胰蛋白酶浓度 ② 注意刷洗，或换用一次性塑料培养瓶。注意使用细胞培养专用培养皿 ③ 使用无菌乙酸溶液调整 pH 或充入无菌 CO_2（将培养液敞口放入培养箱也可） ④ 重新配制消化液或培养液 ⑤ 启用新的保种细胞
悬浮细胞成簇	① 胰蛋白酶消化不够，未使细胞完全离散 ② 胰蛋白酶过度消化，使得细胞裂解造成 DNA 污染 ③ 微生物污染	① 离心后收集细胞，用无钙镁离子的平衡盐溶液洗涤细胞，用胰蛋白酶重新消化，获得单细胞悬液 ② 用 DNase I 处理细胞 ③ 丢弃培养物

续表

常见的问题	可能原因	解决方法
培养细胞生长减慢	① 由于更换不同培养液或血清 ② 培养液中一些细胞生长必需成分如谷氨酰胺或生长因子耗尽或缺乏或已被破坏 ③ 培养物中有少量细菌或真菌污染 ④ 试剂保存不当 ⑤ 接种细胞起始浓度太低 ⑥ 细胞已老化 ⑦ 支原体污染	① 比较新培养液与原培养液成分，比较新血清与旧血清支持细胞生长实验，让细胞逐渐适应新培养液 ② 换入新鲜配制培养液，或补加谷氨酰胺及生长因子 ③ 丢弃培养物，或用抗生素除菌 ④ 注意血清需保存在 $-20℃$，培养液需在 $2\sim8℃$ 避光保存，含血清完全培养液在 $2\sim8℃$ 保存，并在 2 周内用完 ⑤ 增加接种细胞起始浓度 ⑥ 换用新的保种细胞 ⑦ 丢弃培养物
培养细胞死亡	① 培养箱内无 CO_2 ② 培养箱内温度波动太大 ③ 细胞已老化，或在细胞冻存或复苏过程中损伤 ④ 培养液中有毒代谢产物堆积	① 检测培养箱内 CO_2 的浓度 ② 检查培养箱内温度 ③ 取新的保存细胞种 ④ 换入新鲜培养液

【思考题】

(1) 细胞为什么要进行传代培养？

(2) 胰蛋白酶的作用原理是什么？操作中要注意什么？

实验 5　细胞的冻存和复苏

细胞培养技术自开创以来，已成为自然科学领域中不可缺少的研究方法之一。在细胞培养技术广泛用于科学研究领域的今天，细胞株的冷冻保存和解冻复苏这一基础技术日益得到重视。众所周知，低温保存是活体组织保存最常用的方法之一，常指在 $-196\sim0℃$ 保存，一般先将体外培养物悬浮在加有或不加有冷冻保护剂的培养液中，以一定的冷冻速率降至零下某一温度，并在此低温情况下使组织能长期保存的过程，主要有 $-40\sim-20℃$ 冰箱保存、$-80\sim-60℃$ 深低温冰箱保存和液氮（$-196℃$）超低温保存三种情况。

细胞冻存技术是生物学中保存物种的重要手段，目前最常用的技术是液氮冷冻保存法，主要采用加适量保护剂的缓慢冷冻法来冻存细胞。由于细胞在不加任何保护剂的情况下直接冷冻时，细胞内外的水分都会很快形成冰晶，冰晶的形成将引起一系列的不良反应。首先细胞脱水使局部电解质浓度增高 pH 改变；部分蛋白质由于上述因素而变性，引起细胞内部空间结构紊乱；细胞内冰晶的形成和细胞膜系统上蛋白质、酶的变性，引起溶酶体膜的损伤使溶解酶释放造成细胞内结构成分的破坏，线粒体肿胀、功能丧失并造成细胞能量代谢的障碍；细胞膜上的类脂蛋白复合体在冷冻中易发生破坏引起胞膜通透性的改变则使细胞内容物丧失。细胞核内 DNA 也是冷冻时细胞易受损伤部分。如细胞内冰晶形成较多，随冷冻温度的降低，冰晶体积膨胀造成 DNA 的空间构型发生不可逆的损伤性变化，而引起细胞的死亡。所以细胞冷冻技术的关键是尽可能地减少细胞内水分，减少细胞内冰晶的形成。目前多采用甘油或二甲基亚砜（dimethyl sulfoxide，DMSO）作为保护剂，这两种物质分子质量小，溶解度大，易穿透细胞，可以使冰点下降，提高细胞膜对水的通透性，且对细胞无明显毒性。慢速冷冻方法又可使细胞内的水分渗出细胞外，减少细胞内形成冰晶的机会，从而减少冰晶对细胞的损伤，最大限度地保存细胞活力。与之相反的是在细胞复苏时速度的升高则要快，使冷冻的细胞迅速通过细胞最易受损的 $-5\sim0℃$ 阶段，使细胞尽量少受损，提高存活率。

【实验目的】

掌握动物细胞冻存和复苏的基本原理和操作。

【实验材料】

1. 材料

培养的细胞

2. 试剂

细胞培养液：

高糖 DMEM 培养基	500 mL
灭活的小牛血清	50 mL
L-谷氨酰胺储备液	5 mL
青链霉素储备液	5 mL

无钙、镁离子的 PBS

0.25% 胰蛋白酶-EDTA

高压灭菌的分析纯甘油或过滤除菌的分析纯 DMSO

3. 仪器

倒置显微镜，细胞培养箱，离心机，100 cm 的培养皿，微量移液枪，离心管，细胞计数板，2 mL 细胞冷冻管

【实验步骤】

1. 细胞的冻存

(1) 取 1 mL 的 DMSO 加入 9 mL 的细胞培养液中混匀，配制成 10%DMSO 冻存液。

(2) 取生长状态好的细胞消化制成细胞悬液，从增殖期到刚形成致密的单层细胞都可以用于冻存，但最好选择对数生长期细胞冻存。

(3) 用胰蛋白酶把单层贴附生长的细胞消化下来，悬浮生长的细胞则不需处理。依据传代方法把消化好的细胞收集于离心管并计数，细胞的活力最好在 90% 以上，用 1000 g 离心 5 min 后去除胰蛋白酶及旧的培养液。

(4) 按照细胞数加入配制好的 10%DMSO 冻存液，使冻存液中细胞的最终密度为 $5 \times 10^6 \sim 1 \times 10^7$ 个/mL。用吸管轻轻吹打混匀细胞，然后分装入无菌冻存管中，每只冻存管加 $1 \sim 1.5$ mL。

(5) 旋紧冻存管以确保密封。在冻存管上写明细胞的名称、细胞数、冻存时间及保存人等信息。

(6) 封好的冻存管即可直接冻存。先将冻存管放入装有异丙醇的冷冻盒（每分钟温度降低约 1℃），放入 −20℃ 冰箱中 $2 \sim 8$ h，然后转至 −80℃ 冰箱，这样可保存数月。如需长期保存，应在 −80℃ 冰箱中放过夜后转至液氮中保存。

2. 细胞的复苏

(1) 将准备好的培养皿和离心管等放于超净工作台内，将 5 mL 的培养液加入离心管中预热。

(2) 从液氮或低温冰箱中取出冻存管直接投入 37℃ 温水中，并轻轻摇动使其尽快融化。

(3) 从 37℃ 水浴锅中取出冻存管，用酒精消毒后在超净工作台内开启，用滴管轻柔吸出细胞悬液，注入加有培养液的离心管中，轻柔吹打使细胞悬液充分混匀后低速离心，除去上清液，必要时再重复用培养液洗一次。

(4) 用培养液适当稀释后，接种到培养皿中，放入 CO_2 培养箱静置培养。

(5) 次日在显微镜下注意观察细胞生长状况及是否有污染，更换一次培养液。

(6) 继续培养，注意细胞密度较高时要及时传代。

【注意事项】

(1) 要适当掌握降温速度。

(2) 存取冻存管时都要佩戴防护眼镜和手套。

(3) 离心后上清液一定要吸干净，以免因 DSMO 的毒性造成细胞活力下降而难以复活。

【结果与分析】

细胞在冻存的时候降温的速度是非常关键的，降温速度过快会影响细胞内水分透出，太慢则促进冰晶形成。同时各种细胞对冷冻的耐受性不同，一般来讲上皮细胞和成纤维细胞耐受性大，骨髓细胞差一些，而胚胎细胞耐受性最小，所以也需要根据细胞的性质对冻存时温度下降的速度加以调节。对大多数动物细胞来说，可以用标准降温速率 1℃/min 从室温开始降温，当温度达到了－80℃时，则可迅速转入液氮中保存。

　　要精确控制冷冻速度需要细胞冻存器，如美国 Nalgene 公司的 Mr. Frosty 就是专门为冻存细胞而设计的（图 4-4）。先将异丙醇先放入细胞冻存器底部，将冻存管放入细胞冻存器中的架子上，盖上盖子，在－80℃冰箱中放置过夜。

图 4-4　美国 Nalgene 公司的 Mr. Frosty 示意图

　　如果没有此设备一般可以采用以下冻存方法来控制冷冻速率。首先将冻存管直立放置于塑料盒或小纸盒中，周围固定，以免倾倒。将安置好的小盒放入小型泡沫包装盒内，先放入 4℃冰箱 1～2 h，然后再放入－20℃冰箱 2～4 h，最后放入－70℃冰箱中过夜后移入液氮容器内，以此尽可能减缓降温速率。在放入液氮时，要注意戴手套操作以免冻伤。细胞的长期保存需要在很低温的情况下才有可能，如液氮罐。但将细胞冻存管直接浸入液氮却有许多的风险，因液氮可通过微小的管孔缓慢渗入管内，由此可引起细菌病毒的污染；在复苏时因液氮的挥发需要更多的时间，使细胞的复苏率下降；还有因液氮的快速气化引起可能的爆炸等。动物细胞的保存一般在不高于－150℃的温度即可，可以如图 4-5 所示进行保存。

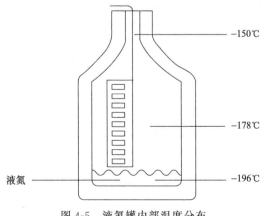

图 4-5　液氮罐内部温度分布

【思考题】

(1) 如何保存细胞？其原理是什么？

(2) 在细胞保存操作中要注意什么？

4.2.2 原代细胞的培养

细胞培养 (cell culture) 是模拟机体内生理条件，将细胞从机体中取出，在人工条件下培养使细胞可以生存、生长、繁殖和传代，从而可以进行细胞生命过程、细胞癌变等问题的研究。细胞培养被广泛地应用于分子生物学、遗传学、免疫学、肿瘤学、细胞工程等领域。由体内直接取出组织或细胞进行细胞培养叫做原代细胞培养 (primary culture cell)，也有人把第 1 代细胞与传 10 代以内的细胞培养统称为原代细胞培养。因原代培养细胞离体时间短，性状与体内相似，较能如实地模仿体内表型，更适用于一些特别的研究。但是原代细胞在大多情况下只能在体外存活很短一段时间，相对于肿瘤细胞在培养上有一定的困难。一般来说，用幼稚状态的组织和细胞，如动物的胚胎、幼仔的脏器等更容易进行原代培养。

实验 6　从小鼠胚胎中分离鼠胚胎成纤维细胞

原代鼠胚胎成纤维 (MEF) 细胞目前最大的用途是用来支持干细胞的培养。在培养鼠胚胎干细胞时，常常需要用分裂能力被抑制的原代鼠胚胎成纤维细胞作为辅助细胞来支持干细胞的生长并防止干细胞的分化。这些原代鼠胚胎成纤维细胞常常分裂两代后就停止分裂，所以需要经常制备新鲜的原代鼠胚胎成纤维细胞。

除此以外，MEF 细胞还常常用来做一些生化及细胞水平的研究。如运用基因敲除技术来研究特定基因功能的时候，经常会发现当这个基因被敲除时，就会导致小鼠在胚胎期的死亡，或者基因的敲除并没有导致小鼠有任何表观的改变。这时，原代鼠胚胎成纤维细胞的分离培养就可以作为一个替代的模型，将突变型与野生型的原代鼠胚胎成纤维细胞进行比较，通过一系列的免疫、生化等技术对此基因进行功能分析。

【实验目的】

(1) 掌握原代鼠胚胎成纤维细胞的特点和使用。

(2) 掌握分离和培养原代鼠胚胎成纤维细胞的原理及操作。

【实验材料】

1. 材料

怀孕 13 天的雌性小鼠

2. 试剂

MEF 培养基：

高糖 DMEM 培养基	500 mL
灭活的小牛血清	50 mL
L-谷氨酰胺储备液	5 mL
青链霉素储备液	5 mL

无钙、镁离子的 PBS

0.25% 胰蛋白酶

3. 仪器

倒置显微镜，水浴锅，无菌消毒过的解剖用剪刀、镊子和刀片，10 cm 培养皿，微量移液枪，离心管

【实验步骤】

(1) 将解剖用剪刀、镊子和刀片进行无菌消毒。

(2) 将怀孕 13 天的雌性小鼠用颈椎脱位法处死，将其固定在解剖板上。

(3) 用 70% 的乙醇喷洒在小鼠的腹部进行消毒，用剪刀打开腹腔，取出子宫，将其放在一个培养皿中，用无菌 PBS 冲洗以去除血迹。

(4) 用剪刀和镊子仔细地将小鼠胚胎一个一个地与胎盘和周围组织分离，切除头部并去除内脏，再用无菌 PBS 冲洗尽可能去除血迹。

(5) 在一个新的培养皿上加入最小体积的 PBS，用刀片小心地将清理干净的小鼠胚胎切成小碎片，以至于可以用微量移液枪头吸取。

(6) 按照一个胚胎 1 mL 的体积，用胰蛋白酶将小鼠胚胎碎片悬浮，并在 37℃ 摇晃的条件下孵育消化 15 min。

(7) 将细胞悬浮液转入一个 50 mL 的离心管中，加入 2 倍体积新鲜的 MEF 培养基，混匀。

(8) 让混匀的细胞悬液稍稍静置几分钟，大块的组织碎片就会沉到管底。

(9) 小心地吸取上面的细胞悬液转入一个新的离心管，用低速（80 g）离心 5 min 收集分离好的 MEF 细胞。

(10) 用预热的 MEF 培养基将细胞重新悬浮，以一个胚胎一个 10 cm 的培养皿的比例将细胞悬液分装到 10 cm 培养皿中，用预热的 MEF 培养基将体积补足到 9 mL。

(11) 第二天，更换新鲜的 MEF 培养基，观察细胞培养情况。成纤维细胞应该是唯一能贴壁的细胞，此细胞为 P0 代。

(12) 当细胞长满时，用胰蛋白酶消化法将细胞进行传代培养或冻存，标为 P1 代。

【注意事项】

(1) 解剖小鼠时要注意无菌操作。

（2）在将胚胎组织切碎时要小心，避免过度的机械损伤。

（3）当细胞悬液显得黏稠时，常带有基因组 DNA 的污染，会妨碍胰蛋白酶的消化作用，应在胰蛋白酶消化的同时加入一些 DNA 酶处理。

（4）用胰蛋白酶将小鼠胚胎碎片消化时，要随时观察，避免过度消化。

（5）原代鼠胚胎成纤维细胞的复制能力有限，一般只能传 10 代左右。

【思考题】

（1）原代鼠胚胎成纤维细胞有什么特点和用途？

（2）原代鼠胚胎成纤维细胞在分离和培养上有什么需要注意的地方？

实验 7　从鸡胚胎中分离背根神经节细胞

在神经系统发育过程中，神经纤维的正常投射受到其生长环境中很多因子的调控，如起营养作用的信号因子神经生长因子（neuron growth factor，NGF）和抑制性信号因子神经生长抑制因子（neuron growth inhibitor，NGI）的共同调控，还有许多其他的蛋白质也对神经纤维的生长和信号的传导有影响。鸡胚背根神经节（dorsal root ganglion，DRG）细胞的体外培养方法是目前用来做此类研究的一种较为成熟的细胞模型。

【实验目的】

（1）掌握原代鸡胚背根神经节细胞的特点和使用。

（2）掌握分离和培养原代鸡胚背根神经节细胞的原理及操作。

【实验材料】

1. 材料

孵育了 7～13 天的受精鸡胚

2. 试剂

DRG 培养基：

高糖 DMEM 培养基或 F12 培养基	500 mL
灭活的小牛血清	50 mL
L-谷氨酰胺储备液	5 mL
青链霉素储备液	5 mL

无钙、镁离子的 PBS

0.25% 胰蛋白酶

1 mg/mL 多聚-L-赖氨酸（poly-L-lysine）

层粘连蛋白（laminin）

3. 仪器

倒置显微镜，水浴锅，无菌消毒过的解剖用剪刀、镊子和刀片，培养皿，微量移液枪，离心管

【实验步骤】

(1) 准备 24 孔或 96 孔培养盘。

(2) 根据实验的不同需要计算需要多少个孔，将 1 mg/mL 的多聚-L-赖氨酸溶液加入到培养盘每个孔中，培育过夜。

(3) 用 PBS 清洗一遍，然后加入层粘连蛋白（用前先按 1∶100 的比例用 PBS 稀释），在室温培育 1~2 h。

(4) 将解剖用剪刀、镊子和刀片用 70% 的乙醇进行无菌消毒。

(5) 轻轻地敲破一侧的鸡蛋壳，用镊子将孵育了 7~13 天的受精鸡胚取出，切除头部，将身体部分置于盛有 PBS 的平皿中晃动，尽量将血液冲洗干净，然后转入另一个装有少量 PBS 的平皿中。

(6) 将平皿放在解剖显微镜下，用剪刀沿腹中线剖开，清除体腔内脏器，完全暴露脊柱和沿脊柱两侧排列的 DRG。

(7) 在 DRG 的上方切开脊柱，将脊髓尾侧端向头侧端掀起，清除脊髓组织。

(8) 用镊子夹住 DRG 外周侧神经纤维根部摘取 DRG，立即置于放置在冰上的 DRG 培养液中。

(9) 用镊子仔细剥去 DRG 外膜和背根神经残根。

(10) 将 DRG 用预冷的 PBS 洗 2~3 遍以尽量去除血液，80 g 离心 5 min 收集 DRG。

(11) 加入 300~500 μL 的胰蛋白酶，37℃ 消化 10~12 min，其间上下颠倒混匀一次，使 DRG 能尽量被充分消化分离出来。

(12) 加入 1 mL 的 DRG 培养液终止胰蛋白酶消化，80 g 离心 5 min 收集 DRG。

(13) 用 0.5 mL 的 DRG 培养液重现悬浮 DRG，然后将量程为 100~1000 μL 的微量移液枪设置在 1 mL，上下轻柔吹打 20~30 次，使 DRG 悬液呈现均匀状态。

(14) 80 g 离心 5 min 收集分散的 DRG 细胞，去除上清。

(15) 用 DRG 培养液重新悬浮细胞，转移细胞到培养皿中，在细胞培养箱中培养 90 min，以除去非神经细胞。其中大部分是成纤维细胞，它们较易黏附在培养皿上。

(16) 小心地将培养液和悬浮的细胞转移到早先准备的用层粘连蛋白包被的培养盘中，在细胞培养箱中培养过夜。

【注意事项】

(1) 解剖鸡胚时要注意无菌操作。

(2) 用胰蛋白酶将 DRG 消化时，要随时观察，避免过度消化。

(3) 原代 DRG 细胞已没有复制能力，需要现用现做。

【思考题】

(1) 原代鸡胚背根神经节细胞有什么特点和用途？

(2) 原代鸡胚背根神经节细胞在分离和培养上有什么需要注意的地方？

4.2.3　细胞系的建立和培养

细胞培养 (cell culture) 是动物细胞工程的基础，它是模拟体内的生理条件，在人工条件下使动物细胞在体外可以生长和繁殖。由体内直接取出细胞进行培养的原代细胞 (primary cell)，因其离体时间短，性状与体内相似，较能如实地模仿体内表型。但是原代细胞在大多情况下只能在体外存活很短一段时间，需要经常制备，所以需要大量的新鲜动物组织，费用昂贵；而具有永生性的转化细胞或肿瘤细胞在取材和培养上就有了一定的优势，并且容易保存。

实验 8　原代鼠胚胎成纤维细胞的永生化

原代鼠胚胎成纤维 (MEF) 细胞在动物细胞工程中有很大的用途，如作为干细胞培养的伺养细胞，或通过比较基因敲除或转基因小鼠与野生型小鼠的 MEF 细胞来研究某个目的基因的生物学功能等。与所有的原代细胞一样，MEF 细胞在体外仅能复制传代几次便趋近死亡，所以许多的实验室都在想办法使 MEF 细胞永生化。一般来说，有两种主要的方法可以使 MEF 细胞永生化。一种方法是通过一系列的连续传代，使细胞经过生长的危机期，继而诱发某个或多个肿瘤基因的过度表达，从而使 MEF 细胞成为永生。值得注意的是，危机诱导而产生的永生性 MEF 细胞，因每个细胞可能通过不同的调节体系而生存下来，个体之间有些差异，所以在实验设计时要考虑到这个情况。另一种方法是用病毒性癌基因 SV40 来转化 MEF 细胞使之永生化，可以快速转化细胞，但要注意的是，转化生成的 MEF 细胞会具有许多肿瘤细胞的特征。我们可以根据不同的实验需要对不同方法产生的 MEF 细胞系进行选择。我们在这里介绍通过危机诱导法使 MEF 细胞永生化，基因转染的方法将在后面的实验中介绍。

【实验目的】

(1) 掌握 MEF 细胞的特点和使用。

(2) 掌握使 MEF 细胞永生化的方法、原理及操作。

【实验材料】

1. 材料

培养的 MEF 细胞

2. 试剂

MEF 培养基：

高糖 DMEM 培养基	500 mL
灭活的小牛血清	50 mL
2-巯基乙醇（2-ME）	0.5 mL
L-谷氨酰胺储备液	5 mL
青链霉素储备液	5 mL

无钙、镁离子的 PBS

0.25% 胰蛋白酶

3. 仪器

倒置显微镜，细胞培养箱，离心机，25 mL 的培养瓶，微量移液枪，离心管，细胞计数板

【实验步骤】

(1) 用胰蛋白酶消化法将原代的 MEF 细胞收集起来，进行计数。

(2) 在一个 25 mL 的培养瓶中，加入 3.8×10^5 个细胞，并用 MEF 细胞培养液将总体积稀释至 5 mL。

注：培养前 3 代时，只需培养 1 或 2 个培养瓶，但培养 3 代以后，则需要培养至少培养 5 个培养瓶来得到足够的细胞。

(3) 将培养瓶放入细胞培养箱中培养 3 天。

(4) 将培养瓶取出，在倒置显微镜下稍作观察，看细胞生长的情况及是否有污染等。

(5) 在超净工作台里，用真空负压将培养基吸除，用 PBS 轻轻地将细胞洗 2 遍，用胰蛋白酶消化法将培养的 MEF 细胞收集起来，并进行计数。

(6) 将步骤 (2)～(5) 重复 20～25 次。

(7) 当 MEF 细胞成为永生化以后，扩大培养量，并准备冻存筛选的 MEF 细胞系。

【注意事项】

(1) 要注意无菌操作。

(2) 在培养前 3 代时，只需培养 1 或 2 个培养瓶，但培养 3 代以后，因有大量的细胞死亡，则需要培养至少 5 个培养瓶才能得到足够的细胞继续培养。

【结果与分析】

如图 4-6 所示，MEF 细胞在前 3 代会快速的繁殖，但繁殖速率已开始在降低，到了第 5 代，生长率会有大幅度的降低，并持续到 14 代左右。大约到 20 代左右，细胞生长率会有所回升，在 3 天的培养中会有 2～3 倍的细胞数的增长。

培养的 MEF 细胞具有很高的可能性成为永生，可能是因为它们比较容易接受因环境胁迫而产生的染色体结构稳定性的改变。值得注意的是，MEF 细胞在

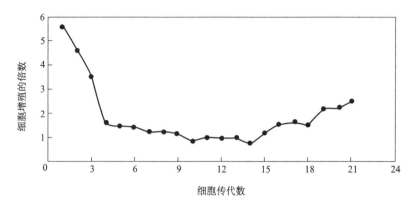

图 4-6　原代细胞在不同的传代培养中增殖的情况

培养过程中如果长得太满，会停止生长而产生分化，并且长时间高密度的培养，会导致 MEF 细胞自主性地产生癌化，所以原代和永生化的 MEF 细胞在培养时要注意不要超过一定的细胞密度。

【思考题】

（1）原代鼠胚胎成纤维细胞有什么特点和用途？

（2）原代鼠胚胎成纤维细胞永生化的方法和原理是什么？

实验 9　细胞系的培养

肿瘤细胞培养是研究癌变机制、抗癌药的敏感性、肿瘤细胞分子生物学特性的重要手段。培养的肿瘤细胞大多是从癌组织中分离建成，多呈类上皮型细胞，通常传几十代或几百代以上成细胞系，并具有永生性和异体接种致癌性，因此类细胞比较容易培养，当前所建立的细胞系中肿瘤细胞系是最多的。应用体外细胞培养技术进行肿瘤研究具有许多优点：①不受机体内环境因素的影响，避免了个体差异性，便于探索各种物理、化学和生物因素对肿瘤细胞生命活动的影响；②既便于从细胞水平上研究肿瘤细胞的结构与功能，又便于从基因及分子水平上研究癌变的发生机制；③可长期传代、保存；④研究周期短，可用于快速筛选抗癌药物和研究耐药机制。它的缺点则是：①如长期培养可使细胞生物学特性发生改变；②体外实验所得的结果不能完全代表体内的情况，应与体内实验相结合等。

对已建成的各种细胞系习惯上都给以名称。细胞系的命名无严格统一规定，大多采用有一定意义的缩写字母或代号表示，如 HeLa 细胞是以供体患者的姓名来命名的，细胞来源于宫颈癌组织；CHO 细胞是中国地鼠卵巢（chinese hamster ovary）细胞；宫-743 细胞是一种于 1974 年 3 月建立的宫颈癌上皮细胞；

NIH3T3 细胞是由美国国家卫生研究所（National Institute of Health）建立的，每 3 天传一次代，每次接种 3×10^5 个细胞/mL 等。为了将建立的细胞系很好地保存下来，国际上美国、英国和日本等国已建有细胞库，如美国标准细胞库或细胞银行（American Type Culture Collection，ATCC）、人类遗传突变细胞库（HGMR）和细胞衰老细胞库（CAR）等，其中 ATCC 是世界最大的细胞库。ATCC 下属有一组协作实验室和一个由众多专家组成的咨询委员会。ATCC 现有从超过 80 个不同物种来的 3400 个以上已经通过鉴定的细胞系，包括 950 个肿瘤细胞系，1000 个杂交瘤细胞株和好几种不同物种的干细胞系。ATCC 接纳来自世界各国已经鉴定的细胞予以储存，同时也向世界各国的研究者或实验室提供研究用细胞，相对做一些盈利性研究收费。

ATCC 接纳入库细胞时，要求细胞具有的检测项目如下。

（1）细胞系的名称和建立日期。

（2）培养简历：如物种、性别、年龄、供体正常或异常健康状态、组织来源、细胞已传的代数等。

（3）细胞形态：细胞的生长特性及类型等，如为上皮细胞、成纤维细胞或是淋巴细胞。

（4）培养液：推荐用培养基种类和名称（一般要求不含抗生素）、血清来源和含量。

（5）冻存液：推荐用培养基和防冻液名称。

（6）细胞活力：冻融前后细胞接种存活率和生长特性。

（7）核型：二倍体或多倍体，标记染色体的有无及缺失等。

（8）无污染检测：包括细菌、真菌、支原体、原虫和病毒等。

（9）免疫检测：一两种血清学检测。

（10）细胞建立者：建立者姓名及检测者姓名。

HeLa 细胞系是目前生物学与医学研究中使用最广泛的一种细胞系，其源自一位 1951 年死于宫颈癌的名叫 Henrietta Lacks 的美国妇女。HeLa 细胞系因被人类乳突状瘤病毒第 18 型（human papillomavirus 18）转化，而被视为不死的，跟其他肿瘤细胞相比，其增殖异常迅速，至今被不间断培养，并广泛应用在癌症细胞模型（model cancer cell）的研究及其他如细胞信号转导（cellular signal transduction）的研究中。HeLa 细胞比较容易培养，对环境的少许变化不大敏感，对血清的要求也不高，较容易进行转染等细胞水平的操作和大规模的培养。

【实验目的】

（1）掌握细胞系的特点和使用。

（2）掌握 HeLa 细胞系的培养方法、原理及操作。

【实验材料】

1. 材料

培养的 HeLa 细胞

2. 试剂

完全培养基：

高糖 DMEM 培养基	500 mL
灭活的小牛血清	50 mL
L-谷氨酰胺储备液	5 mL
青链霉素储备液	5 mL

无钙、镁离子的 PBS

0.25% 胰蛋白酶

3. 仪器

倒置显微镜，细胞培养箱，离心机，培养瓶或培养皿，微量移液枪，离心管，细胞计数板

【实验步骤】

(1) 根据常规的细胞复苏法将储存在液氮里的 HeLa 细胞复苏培养。

(2) 第二天在显微镜下观察细胞的生长状况，是否分布均匀，是否有污染等，换新鲜的培养基。

(3) 培养 3 天左右，观察 HeLa 细胞长到一定的密度，即 90%～95% 的满度时，用胰蛋白酶消化法将 HeLa 细胞收集起来，进行传代培养。一般为 1：5～1：8 的稀释度，必要时进行计数，一般在 100 mm 的培养皿中传 $0.5 \times 10^6 \sim 1 \times 10^6$ 个细胞。

(4) 将培养皿放入细胞培养箱中培养 3 天左右，观察细胞生长的状况，可以传代培养或进行冻存。

【注意事项】

(1) 要注意无菌操作。

(2) 在复苏培养时，HeLa 细胞的生长速度相对较慢，一般传 3 代后，细胞的生长速度就会加快，需要经常观察细胞的密度以及时传代。

(3) HeLa 细胞因其快速增殖，很容易会污染同一实验室的其他细胞培养物，所以一定要避免交叉污染。

【思考题】

(1) 细胞系有什么特点和用途？

(2) HeLa 细胞在培养上有什么特点？要注意些什么？

4.2.4　DNA 导入哺乳动物细胞

运用转染技术将核酸导入培养的真核细胞中已经成为研究和调控真核细胞基

因表达的重要手段，如特异性表达及纯化某一蛋白质；鉴定某基因的生物学特性、突变分析；研究某基因的表达水平对细胞生长的影响及调控机制等。根据不同的实验目的，用以导入的核酸有 DNA、寡核苷酸、RNA。外源 DNA 导入哺乳动物细胞有两种方式：瞬时转染和稳定转染。瞬时转染是指外源基因进入受体细胞后，存在于游离的载体上，不整合到细胞的染色体上，在外源基因导入细胞 1～4 天后收获细胞进行分析；稳定转染需要外源基因整合到细胞的染色体上，从而得到稳定的转染细胞株。一般来说 DNA 转染进入细胞后，转入基因表达的蛋白质可以在 24 h 后检测到，在 48～72 h 达到高峰，并由此渐渐降低，大约可维持 7～10 天。因为大部分外源 DNA 会被核酸酶降解或随细胞分裂而稀释，只有一小部分 DNA 被转运到细胞核内，所以需要用外界压力如加入一定的抗生素来胁迫细胞接受转入的外源基因并将其整合到染色体上，形成稳定转染的细胞系。由于不同细胞系的生长速度有所不同，需要的筛选时间也会有所差异，一般的筛选需 1 个月左右的时间。这样构建的细胞系有时并不稳定，细胞会自动将外源基因删除，所以在培养时需要用低剂量的抗生素维持，有时还需要再次筛选。

目前的基因转染方法包括磷酸钙共沉淀法、同 DEAE-dextran 或阳离子脂质体形成复合物法、电穿孔法、显微注射和基因枪法及由病毒介导的感染等。在这些方法中，DNA 转导的效率、转导的机制、可重复性及使用的方便性都存在差异，而且有效的 DNA 转导会伴随某些毒性或细胞生长的抑制，其程度根据不同的试剂、步骤和目的细胞而有所不同。因此建议根据实际条件和实验目的选择最佳的转染方法。

实验 10　与磷酸钙形成共沉淀的 DNA 转染技术

磷酸钙沉淀法是先将 DNA 与磷酸钙形成非常细小的复合沉淀物颗粒，黏附在细胞表面，通过细胞膜的内吞作用而将 DNA 导入真核细胞的一种转染方法。这种方法最早在 1973 年开始采用，后经过不断的修改而日渐完善，可广泛用于许多不同类型细胞的转染，不但适用于瞬时转染的短暂表达，也可筛选生成稳定的细胞系，使被转染的 DNA 可以整合到靶细胞的染色体中从而产生有不同基因型和表现型的稳定克隆。

磷酸钙沉淀法是通过氯化钙、DNA 和磷酸缓冲液按一定的比例混合，形成极小的磷酸钙-DNA 复合物沉淀，黏附在细胞膜表面，借助内吞作用进入细胞质。沉淀颗粒的大小和质量对于转染的成功至关重要，所以磷酸缓冲液的 pH、钙离子浓度、DNA 浓度、沉淀反应时间、细胞孵育时间乃至各组分加入顺序和混合的方式都可能对结果产生影响，重复性不佳。但该方法所需试剂价格便宜，可用以大规模转染生产病毒等，而且较易得到稳定转染的细胞系，只是转染原代细胞比较困难。

【实验目的】

(1) 掌握细胞转染技术原理和基本方法。

(2) 掌握磷酸钙沉淀法的基本技术要点。

【实验材料】

1. 材料

培养的指数生长的 HeLa 细胞

2. 试剂

完全培养基：

高糖 DMEM 培养基	500 mL
灭活的小牛血清	50 mL
L-谷氨酰胺储备液	5 mL
青链霉素储备液	5 mL

无钙、镁离子的 PBS

高纯度的质粒 DNA

$2 \times$ HEPES 缓冲盐水（$2 \times$ HeBS）（pH 7.05）：

50 mmol/L HEPES

280 mmol/L NaCl

1.5 mmol/L $Na_2 HPO_4$

用 0.5 mmol/L NaOH 调 pH 至 7.05，过滤除菌后，$-20℃$ 保存备用

2.5 mol/L $CaCl_2$，过滤除菌，$-20℃$ 保存备用

3. 仪器

倒置显微镜，$37℃$、$5\%CO_2$ 的加湿细胞培养箱，离心机，10 cm 的培养皿，微量移液枪，15 mL 锥形离心管，细胞计数板

【实验步骤】

(1) 在转染前一天，做细胞传代和计数，一般在 10 cm 培养皿中加入 1×10^6 个细胞，使细胞密度在第二天转染时达到 $50\% \sim 60\%$ 的满度。用 PBS 洗一遍细胞，加入新鲜的 9 mL 完全培养液。

(2) 准备磷酸钙-DNA 复合沉淀物。首先用乙醇沉淀质粒 DNA（$10 \sim 50$ μg/10 cm 平板），DNA 沉淀在空气中晾干 5 min 后，重悬于 450 μL 无菌水中，加 50 μL 2.5 mol/L $CaCl_2$。

(3) 在一个 15 mL 的锥形离心管中加入 500 μL $2 \times$ HeBS，然后用微量移液枪逐滴加入 DNA-$CaCl_2$ 混合溶液，边加边摇动离心管使溶液及时混匀，或同时用另一吸管吹打溶液，直至 DNA-$CaCl_2$ 溶液滴完，整个过程需缓慢进行，至少需持续 1 min。盖紧离心管盖，在涡旋振荡器上振荡混

匀 10 s，然后稍加离心使所有液体被收集到离心管的底部。

(4) 将离心管在室温中竖直静置 30 min，这时可以看见溶液呈现云雾状，在显微镜下观察可见细小的颗粒沉淀。

(5) 将磷酸钙-DNA 复合沉淀物逐滴均匀地加入培养细胞的 10 cm 培养皿中，轻轻晃动使溶液和培养液混匀。

(6) 将培养皿放回到细胞培养箱中，在标准条件下培养细胞 4～6 h，除去原有的培养液，用 5 mL PBS 清洗细胞 2 次后，加入 10 mL 完全培养液培养细胞。

(7) 根据实验需要，可在 24 h 后收集细胞，分入培养皿中进行选择培养，或在 24～72 h 对细胞进行观察，如细胞的形态改变、荧光蛋白的表达等，或用 Western 印迹等技术研究基因的表达情况。

【注意事项】

(1) 在整个转染过程中都应无菌操作。

(2) DNA 的纯度是获得最佳实验结果的一个关键，应不含蛋白质和酚。乙醇沉淀后的 DNA 应保持无菌，并在无菌水或 Tris-EDTA 中复溶。

(3) 沉淀物的大小和质量对于转染的成功至关重要。在磷酸盐溶液中加入 DNA-CaCl$_2$ 溶液时需用空气吹打，以确保形成尽可能细小的沉淀物，因为成团的 DNA 不能有效地黏附和进入细胞。

(4) pH 的准确性是非常重要的，一般最佳 pH 为 7.05～7.12，所以在实验中使用的每种试剂特别是 2×HeBS 必须准确配制，小心校准，保证质量和 pH 的准确性，在每一次配制后最好先测试一下再大量使用。

【思考题】

(1) 用磷酸钙沉淀法将 DNA 转染到动物细胞中的原理是什么？

(2) 用磷酸钙沉淀法在操作上有什么需要注意的地方？为什么？

实验 11　脂质体介导的 DNA 转染技术

阳离子脂质体在转染技术中的应用大大地提高了外源 DNA 转入真核细胞的效率，从而促进了生物学领域中的基因表达、细胞生长的调控及细胞系谱等的研究，被广泛地应用在生物学的研究中，特别是蛋白质的大量生产及临床基因治疗的研究中。

天然的脂质体大多数是中性的或阴性的，1987 年 Felgner 等第一次在 *PNAS* 杂志上介绍了阳性的脂质体在细胞转染中的应用。带正电的阳离子脂质体通过电荷作用与带负电的 DNA 自动结合形成 DNA-阳离子脂质体复合物，并因其具有的正电荷和脂质体的特性，使结合的 DNA-阳离子脂质体复合物很容易吸附到带负电的细胞膜表面，经过内吞被导入细胞。该方法的出现使得转染效率、转染的稳定性和可重复性大大提高。

目前大多数脂质体转染试剂是阳性脂质体和中性脂质体的混合物，如阳离子脂质体 N-[1-(2,3-dioleyloxy) propyl]-N，N，N-trimethylammonium chloride（DOTMA）和中性脂质体 dioleoylphosphatidylethanolamine（DOPE）的混合物。有些阳性脂质体被配制在水里，也有的配制在乙醇里。现在市场上应用大多数阳性脂质体只带有一价电荷，如 Life Technologies 公司的 Lipofect-Amine 2000 及 LipofectAmine Plus 和 Roche 公司的 FuGENE™ 6。随着将阳性脂质体上的电荷增加，有的甚至多到 5 个电荷，对大多数细胞的转染效率被大大提高了。这一类的脂质体转染试剂有 Promega 公司的 Transfectam 等。也有一些公司是通过添加增强剂来提高细胞的转染效率，如 Qiagen 公司的 Effectene 等。

值得注意的是阳离子脂质体的细胞毒性相对较高，对不同的细胞可能会产生一定的细胞代谢干扰，所以在应用前应进行优化，找出某类细胞的最佳脂质体和 DNA 的用量及它们之间的比例。

脂质体转染试剂适用于悬浮或贴壁的培养细胞转染，是目前条件下最方便的转染方法之一。其转染率高，不仅能把 DNA 转染到各种细胞中，也能把寡核苷酸、RNA 甚至有些蛋白质转入到细胞中去，而且适用于大部分类型的细胞，在生物研究领域中有广泛的应用。

【实验目的】

掌握脂质体介导的 DNA 转染技术的基本原理和操作。

【实验材料】

1. 材料

指数生长期的 HeLa 细胞

2. 试剂

完全培养基：

高糖 DMEM 培养基	500 mL
灭活的小牛血清	50 mL
L-谷氨酰胺储备液	5 mL
青链霉素储备液	5 mL

无钙、镁离子的 PBS

高纯度的质粒 DNA

Roche 公司的 FuGENE™ 6

3. 仪器

倒置显微镜，37℃、5%CO_2 的加湿细胞培养箱，离心机，超净工作台，35 mm 的培养皿，微量移液枪，1.5 mL 离心管，细胞计数板

【实验步骤】

(1) 在转染前一天，做细胞传代和计数，一般在 35 mm 培养皿中加入 2×10^5 个细胞，使细胞密度在第二天转染时达到 50%～60% 的满度。用 PBS 洗一遍细胞，加入新鲜的 1.5 mL 完全培养液。

(2) 准备脂质体-DNA 复合物。在一个 1.5 mL 离心管里，先加入 97.5 μL 无血清无抗生素的完全培养基，然后加入 2.5 μL 的 FuGENE™ 6 转染试剂，注意要将试剂直接加入培养基中，不要碰到管壁。温和吹打混匀，室温放置 5～15 min。

(3) 在另一个 1.5 mL 离心管里，加入 1 μg 质粒 DNA，注意体积不要超过 5 μL。将稀释了的 100 μL 的 FuGENE™ 6 转染试剂加入与 DNA 混匀，室温放置 15 min，使 DNA 和脂质体有足够的时间形成复合物。

(4) 将培养有 HeLa 细胞的培养皿从 CO_2 培养箱中取出，直接将 100 μL 复合物一滴一滴地加入到培养皿中，摇动培养皿，轻轻混匀。

(5) 将培养皿水平放回 CO_2 培养箱里，37℃ 培育 24～72 h。

【注意事项】

(1) 转染不同培养形式的细胞，可根据不同培养表面积改变 FuGENE™ 6、DNA、细胞和培养基的用量。

(2) 为达到更高的转染效率，应优化转染条件。可以通过改变细胞密度、FuGENE™ 6 和 DNA 的浓度或 FuGENE™ 6 和 DNA 的比例来调整。

(3) FuGENE™ 6 是溶解在乙醇中的，要注意不要暴露在空气中太久，并要关紧瓶盖，避免挥发引起浓度的改变。

(4) 当 DNA 的浓度很稀时，要进行浓缩，或将稀释用的 DMEM 培养基的体积进行调整。

【结果与分析】

脂质体转染法是目前应用最广泛的一种转染方法，使用方便，效率高，可选择细胞种类多，重复性强。在使用中也发现有转染效率低及细胞死亡等问题，其原因却是由于加入太多的试剂和（或）DNA，可以通过图 4-7 的方法先将实验条件进行优化。

其他条件如细胞的生长状况、细胞的密度、DNA 的纯度及试剂的保存都会影响转染效率。

【思考题】

(1) 用脂质体法转染的原理是什么？

(2) 脂质体法在操作上有什么需要注意的方面？为什么？

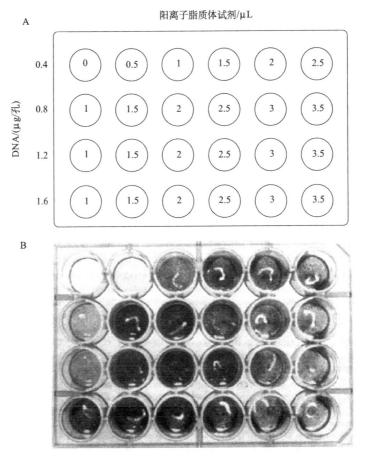

图 4-7　优化脂质体转染法的实验条件方阵图及实验结果

A. DNA 和脂质体的用量；B. 通过 X-gal 染色显示转染效率，可见并不是

DNA 越多、试剂越多，转染效率就越好

实验 12　用电穿孔法导入 DNA

电穿孔法（electroporation）是将外源基因通过电场作用，导入动物目标组织或细胞中。其原理是在直流电场作用的瞬间，细胞膜表面产生疏水或亲水的微小通道（$105 \sim 115~\mu m$），这种通道能维持几毫秒到几秒，然后自行恢复，在此期间生物大分子如 DNA 可通过这种微小的通道进入细胞。所以，电穿孔技术实际上是一种物理学手段，而不是生物化学技术。由于这种方法能有效导入外源基因，可在多种组织器官上应用，并且效率较高，近年来电穿孔法用于转基因研究的报道不断增多，在基因治疗方面的优势也日趋显著，是一种很好的基因导入

方法。

电穿孔法通过短暂的高电场电脉冲处理细胞，沿细胞膜的电压差异使细胞膜产生暂时的穿孔，DNA 则穿过微孔由细胞外扩散到细胞内。电脉冲和场强的优化对于成功的转染非常重要，因为过高的场强和过长的电脉冲时间会不可逆地伤害细胞膜而裂解细胞，反之则微孔形成不佳影响 DNA 的扩散，需要对每种细胞的电转条件都进行多次优化。相对于其他的转染方法来说，电穿孔法可用于各种细胞，且不需要另外采购特殊试剂，但需要昂贵的电转仪和电击杯。另外运用该方法转染，因为细胞的死亡率高，每次需要更多的细胞和 DNA，但转染效率非常高，特别是对于一些很难用其他方法得到转染的原代培养细胞。

【实验目的】

掌握电穿孔法导入 DNA 技术的基本原理和操作。

【实验材料】

1. 材料

指数生长期的 HeLa 细胞

2. 试剂

完全培养基：

高糖 DMEM 培养基	500 mL
灭活的小牛血清	50 mL
L-谷氨酰胺储备液	5 mL
青链霉素储备液	5 mL

0.25% 胰蛋白酶

无钙、镁离子的 PBS

高纯度的质粒 DNA

3. 仪器

倒置显微镜，37℃、5% CO_2 的加湿细胞培养箱，离心机，超净工作台，哺乳细胞转化用的电转仪，100 mm 的培养皿，微量移液枪，15 mL 锥形离心管，细胞计数板

【实验步骤】

(1) 培养细胞到生长对数中期或晚期时，用胰蛋白酶消化释放贴壁细胞，在 4℃ 500 g 离心 5 min 收集细胞。

(2) 用 0.5 倍的初始体积将细胞重悬于培养基中，用血细胞计数器计细胞数目。

(3) 在 4℃ 500 g 离心 5 min 收集细胞，用培养基或磷酸盐缓冲液 PBS 重悬细胞，使细胞的浓度为 2×10^7 个细胞/mL。

(4) 取 500 μL 的细胞悬液（10^7 个细胞）加入标记好的电击杯中，放在冰上

冰浴。

(5) 开启电转仪的电源开关，设置电转化参数。一般电容量为 1000 μF，电压为 250 V，内部阻抗设为无穷大。不同细胞系所需电压有所不同，需进行优化，进行电穿孔前先用一个装有 PBS 的电击杯至少放电 2 次来预热和稳定仪器。

(6) 在装有细胞的电击杯内加入 10～30 μg 质粒 DNA，注意 DNA 体积不要超过 40 μL。

(7) 用吸管将 DNA 与细胞轻轻混匀，在冰上冰浴 5 min。

(8) 将电击杯移至电转仪的两个电极间，按照设置好的程序进行电击一到几次，取出电击杯，在冰上冰浴 10 min。

(9) 用带有高压灭菌吸头的微量移液器将电穿孔的细胞转移至 100 mm 培养皿中。用预热的等体积的培养基洗涤电击杯内部，将洗液加入培养皿，在培养皿中加入预热的培养基使体积达到 9 mL。

(10) 将培养皿置于含 5% CO_2 的 37℃细胞培养箱，根据实验需要培养1～4天后检测基因的表达，或用适当的选择性培养基培养细胞以获得稳定转染的细胞株。

【注意事项】

(1) 转染不同培养形式的细胞，可根据不同培养表面积改变 DNA、细胞和培养基的用量。

(2) 为达到更高的转染效率，应优化转染条件。可以通过改变细胞密度、电转化的参数和 DNA 的浓度来调整。

(3) 当 DNA 的浓度很稀时，要进行浓缩。

【结果与分析】

电穿孔转染法是目前广泛应用的一种转染方法，使用方便，可选择的细胞种类多，重复性强，效率非常高，特别是可用于一些无法用其他方法转染的原代培养的细胞及一些血细胞如淋巴细胞的转染。在整个转染过程中，细胞的健康状态、DNA 的纯度和用量，特别是电压和电脉冲的强度对于转染的成功非常重要。在优化电压和脉冲强度时，可以运用低电压高脉冲或高电压低脉冲两种起始方法进行调整，如 200～300 V 和 500～1000 μF 或 1000～2000 V 和 3～25 μF。每一种细胞对电击产生的反应也有所不同，所以在对每一种细胞系进行转染前都要进行电击参数的优化。随着精确设计的电转仪的开发使用，如市场上被广泛使用的 Bio-Rad 的 Gene Pulser，使得转染条件的优化更加容易，也使这种方法得以更广泛的使用。

转染时所用的 DNA 形态对转染的效率也有影响，如环状的 DNA 更适合于瞬时转染，而线性的 DNA 因容易嵌入染色体 DNA 中更适合于稳定转染。

在实验中我们发现电击前后的冰浴对转染的效率很有帮助，因为冰浴可以消除因电击而产生的热量，减少细胞的死亡，又可以减慢细胞膜微孔的关闭使DNA扩散到细胞内的时间延长，进而提高转染效率。

电穿孔转染法的缺点是需要昂贵的电转仪和电击杯，还有要用到比磷酸钙转染法等其他方法多 5 倍的细胞和 DNA。

【思考题】

(1) 用电穿孔法转染的原理是什么？

(2) 电穿孔法在操作上有什么需要注意的方面？为什么？

实验 13　运用显微注射法导入 DNA

随着光学显微镜设计上和制作上的进展，显微镜光学技术在实用性和多功能方面有了划时代的改进，并在传统的光学显微镜上结合了相位差、荧光、暗视野、DIC、数字摄影装置等功能，从而使得显微操作技术运用更加灵活，使用更加方便。显微操作技术（micromanipulation technique）是指在高倍复式显微镜下，利用显微操作器（micromanipulator）（一套能控制显微注射针在显微镜视野内移动的机械装置）来进行细胞或早期胚胎操作的一种方法。显微注射法（microinjection）是利用管尖极细（$0.1 \sim 0.5 \ \mu m$）的玻璃微量注射针，将外源基因片段直接注射入原核期胚或是培养的细胞中，然后借由宿主基因组序列可能发生的重排（rearrangement）、删除（deletion）、重复（duplication）或易位（translocation）等现象而使外源基因嵌入宿主的染色体内。这种显微注射术的程序，需有相当精密的显微操作设备，如制造长管尖时，需用微量吸管拉长器（micropipette puller）；注射时需有固定管尖位置的微量操纵器。这种技术的优点是任何 DNA 在原则上均可导入任何种类的细胞内。用显微注射法转殖的外源基因无长度上的限制，目前已证明数十万碱基对的 DNA 片段均可成功产制出转基因动物。其缺点是其设备精密昂贵、操作技术需要经过相当长的时间练习，且每次只能注射相当有限的细胞。

【实验目的】

(1) 掌握细胞显微注射的原理。

(2) 掌握细胞显微注射的基本操作。

【实验材料】

1. 材料

指数生长期的 HeLa 细胞

2. 试剂

完全培养基：

高糖 DMEM 培养基	500 mL
灭活的小牛血清	50 mL
L-谷氨酰胺储备液	5 mL
青链霉素储备液	5 mL

0.25% 胰蛋白酶

无钙、镁离子的 PBS

高纯度的质粒 DNA

3. 仪器

倒置显微镜，显微操作仪和用以安放显微镜和显微操作仪的重型基座，显微注射器，拉针仪和玻璃注射针头，37℃、5%CO$_2$ 的加湿细胞培养箱，离心机，超净工作台，100 mm 的培养皿，微量移液枪，15 mL 锥形离心管，细胞计数板

【实验步骤】

1. 准备材料

(1) 拉制注射针头。

(2) 在注射前一天，将细胞铺到盖玻片上，每个盖玻片上有 250～1000 个细胞。

(3) 在注射前，将盖玻片转移到新的培养皿中，并做好标记，加入适量的培养基。

2. 操作过程

(1) 将显微注射针头放入 DNA 样品管中，利用虹吸原理，DNA 液体会自动充入针头中。

(2) 将针头的游离端固定在连接器上，然后旋紧连接器以固定针头，再将其固定到显微注射器的托针管上。

(3) 将细胞培养皿放置在倒置显微镜的载物台上，尽量将有细胞的盖玻片放在光照的中心区。

(4) 用低倍镜对准细胞调整焦距。

(5) 将针头推入视野中，并在显微镜下调整针头，使其对准细胞。

(6) 小心落下针尖，使其穿破细胞膜，进入细胞质中。

(7) 使用注射器加压，使 DNA 进入细胞中。

(8) 轻轻上提针头，使其离开细胞。

(9) 移动显微镜的载物台，寻找下一个细胞进行注射。

3. 注射完后的培养

将注射后的细胞培养皿重新放回到培养箱中进行培养。2～4 天后可对基因表达产物进行检测。

【注意事项】

(1) 注射时速度不能太快。

(2) 注射的 DNA 体积不能太大。

【结果与分析】

显微注射法是将外源 DNA 直接注射入培养的细胞或组织的一个方法，现在越来越被广泛应用，特别是应用在转基因小鼠或基因敲除小鼠的研究中。在操作中因针头的插入导致细胞的损伤，所以针头的大小对细胞注射后的存活率很有影响，并且操作时针头进入细胞的角度、DNA 注射的量和使用的压力、注射器的稳定性都对细胞的转染有影响。但针头若太小又不容易将 DNA 注入，所以 DNA 的纯度和浓度也需要优化。

【思考题】

(1) 显微注射法的原理是什么？

(2) 显微注射法在操作上有什么需要注意的地方？为什么？

4.2.5 检测基因产物的表达

通过转染进入真核细胞的 DNA 一小部分被转运到细胞核内进行转录并生成蛋白质，其表达可以在 1~4 天检测到，或者通过抗性筛选将转入基因整合到染色体上进行稳定表达。基因表达的检测可以分为在 RNA 水平和蛋白质水平上的检测。RNA 水平的检测可以通过原位（*in situ*）杂交技术、RT-PCR、Northern 杂交等技术进行检测。蛋白质水平的检测则可以利用基因表达产物的特点，如产生荧光就可以在荧光倒置显微镜下进行直接检测，或有酶活性，可以检测其底物或产物的变化，或用特异性抗体进行免疫印记检测。

实验 14 利用绿色荧光蛋白观察特定融合蛋白在细胞内的动态分布

绿色荧光蛋白（green fluorescent protein，GFP）是 Shimomura 等于 1962 年在水母（*Aequorea victoria*）中发现的，由 238 个氨基酸组成，分子质量约为 27 kDa。GFP 在包括热、极端 pH 和化学变性剂等苛刻条件下都很稳定，与以往常用的报告基因相比，GFP 具有以下优点：①在荧光显微镜下，用波长约 490 nm 的紫外线激发后，即可观察到绿色荧光，直接、简捷、便于检测；②无须任何的作用底物或共作用物，检测的灵敏度不受反应效率的影响，保证了极高的检出率；③蛋白质本身性质稳定，可在多种异源生物中表达且无细胞毒性；④其基因片段长度较小（约 717 bp），易于构建融合蛋白，且融合蛋白仍能保持荧光激发活性，为研究其他基因表达产物的分布提供了方便。

EGFP 是一种优化的突变型 GFP，其产生的荧光较普通 GFP 强 35 倍，大大增强了其报告基因的敏感度。EGFP 与其他蛋白的融合表达已有很多成功的例子，而且在其 N 端和 C 端均可融合，并且不影响其发光。如图 4-8 谱所示，由美国 BD Biosciences Clontech 公司构建的 pEGFP-C1 载体质粒用 EGFP 蛋白作为表达基因，并在其尾端加有多克隆位点，便于构建与 EGFP 融合的目的基因以进行研究。

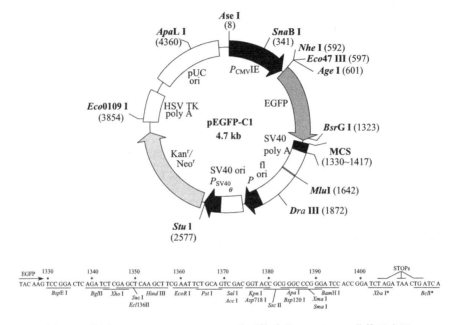

图 4-8　美国 BD Biosciences Clontech 公司构建的 pEGFP-C1 载体示意图

pEGFP-C1 载体具有以下几方面特点。

（1）具有较多的多克隆位点，便于目的基因的插入。

（2）该质粒具有很强的复制能力，是多拷贝质粒，较容易生产大量的质粒 DNA。

（3）含有高效表达功能的 CMV 早期启动子，可以使和 EGFP 融合的目的基因在增殖的细胞中稳定表达。

（4）运用高效表达功能的 SV40 启动子带动 neo 基因，可以采用 G418 来筛选已成功转染了该载体的靶细胞，实现稳定转染。

在这个实验中，我们将组蛋白 H2AX 插入到 EGFP 的 C 端构建成 EGFP-组蛋白 H2AX 融合蛋白，利用其绿色荧光的特性，直接用荧光倒置显微镜观察组蛋白在 HeLa 细胞中的表达和定位，并计算转染效率。

【实验目的】

（1）掌握绿色荧光的检测方法。

（2）掌握荧光倒置显微镜的基本原理和操作。

【实验材料】

1. 材料

培养的 HeLa 细胞

2. 试剂

完全培养基：

高糖 DMEM 培养基	500 mL
灭活的小牛血清	50 mL
L-谷氨酰胺储备液	5 mL
青链霉素储备液	5 mL

无钙、镁离子的 PBS

高纯度的质粒 DNA

转染试剂

3. 仪器

无钙镁倒置显微镜，荧光倒置显微镜，37℃、5％ CO_2 的加湿细胞培养箱，离心机，35 mm 的培养皿，微量移液枪，15 mL 锥形离心管，细胞计数板

【实验步骤】

1. 构建载体

（1）用分子克隆技术将组蛋白 H2AX 基因装入到 pEGFP-C1 载体中。

（2）提取并纯化质粒 DNA。

2. 转染

（1）将带有组蛋白 H2AX 基因的 pEGFP 载体转染合适的培养细胞。

（2）培养细胞 48～72 h 后观察。

3. 荧光倒置显微镜观察及转染效率的计算

用荧光倒置显微镜观察表达蛋白在细胞中的定位及计算转染效率（请先阅读荧光倒置显微镜的操作说明）。

（1）开启荧光倒置显微镜的电源，预热 10 min。

（2）将培养有转染过的 HeLa 细胞的培养皿从 37℃、5％ CO_2 培养箱中取出，放在荧光倒置显微镜的载物台上。

（3）先用明光低倍镜调整视野和焦距，选取细胞分布均匀、生长健康的区域，换用高倍镜，计数视野里的细胞总数。

（4）换成荧光，在绿色滤光镜下计数同一视野里的绿色细胞总数，并观察绿色蛋白在细胞中的定位，尤其是处于不同细胞周期的细胞。

（5）重复 10 个视野，统计总细胞数和总绿色细胞数，计算 24 h 的转染效率。

（6）将培养皿水平放回细胞培养箱里，37℃再培育 24～48 h。

（7）重复前一天的工作，计算 48～72 h 的转染效率。

【注意事项】

荧光显微镜的激光电源需开启 30 min 后才可关闭，关闭后需等 30 min 完全冷却后才可再次开启。

【结果与分析】

绿色荧光蛋白因其表达稳定，被检测的灵敏度高，检测方法直接简便，越来越多地作为一种非常有用的报告基因被用于生物研究中，同时由于它的蛋白质分子质量小，很容易生产融合蛋白，作为标签蛋白大量地应用于蛋白质的活体检测，特别适用于检测在不同细胞周期中某种特定蛋白的细胞内分布和游走动态。

【思考题】

（1）增强绿色荧光蛋白（EGFP）的特点是什么？

（2）组蛋白 H2AX 在细胞的不同周期中在细胞中的分布有什么不同？

实验 15　用免疫荧光技术检测特定蛋白质在细胞中的定位

免疫荧光技术（immunofluorescence technique）又称荧光抗体技术，是标记免疫技术中发展最早的一种，是在免疫学、生物化学和显微镜技术的基础上建立起来的一项技术，利用抗原抗体的特异性反应，将不影响抗原抗体活性的荧光色素标记在抗体（或抗原）上，进行组织或细胞内抗原（或抗体）物质的定位。用荧光抗体示踪或检查相应抗原的方法称荧光抗体法，用已知的荧光抗原标记物示踪或检查相应抗体的方法称荧光抗原法，这两种方法总称免疫荧光技术。因为荧光色素不但能与抗体球蛋白结合，用于检测或定位各种抗原，也可以与其他蛋白质结合，用于检测或定位抗体，但是在实际工作中荧光抗原技术很少应用，所以人们习惯称为荧光抗体技术或免疫荧光技术。该技术的主要优点是特异性强、敏感性高、速度快、无放射性污染、直观，适合于细胞形态及特定蛋白质的表达和定位的研究。主要缺点是非特异性染色背景，结果判定的客观性不足，技术程序也还比较复杂，不大适于定量测定。

在研究某一特定基因的生物功能，如其在细胞内的表达情况，及在不同细胞周期中的细胞内定位等时，最直接的方法是用特异性的抗体直接检测内源的或外源的该蛋白质在细胞内的表达情况。可以先用特异性抗体检测该蛋白质，再用荧光标记的抗抗体反应后在荧光显微镜下观察。在检测蛋白质在细胞内表达和定位时，常常会同时免疫标记 1～2 种其他蛋白质，用以作为细胞定位的指示，如微管蛋白（tubulin）。另外，当需要将该基因抑制后观察其他一些蛋白质的表达时，也可以用免疫荧光技术来检测。如果没有特异性的抗体，就需要将该蛋白质进行标记，如实验 14 中所述，可以标记上 EGFP 标签，或一些已经被研究多次的、比较好的标签蛋白，如 HA、FLAG 标签，然后应用免疫荧光技术检测 HA 标签或 FLAG 标签。现在市场上都有用荧光标记好的抗 HA 或 FLAG 的抗体，使得应用更为方便。本次实验将运用免疫荧光技术来检测某一被 EGFP 标签的蛋白质表达及细胞定位情况。

【实验目的】

掌握免疫荧光技术的原理及其应用。

【实验材料】

1. 材料

培养的 HeLa 细胞

2. 试剂

完全培养基：

高糖 DMEM 培养基	500 mL
灭活的小牛血清	50 mL
L-谷氨酰胺储备液	5 mL
青链霉素储备液	5 mL

0.25% 胰蛋白酶

无钙、镁离子的 PBS

pEGFP-基因 X

转染试剂

洗涤液 PBST（含 0.1%Tween-20 的 PBS）

封闭液（含 2%牛血清白蛋白，0.1%Tween-20 的 PBS）

抗 tubulin 的抗体及相应的用 Texas（Red）标记的二抗

DNA 荧光染料 DAPI（4′,6-二脒基-2-苯基吲哚）

3. 仪器

倒置显微镜，荧光显微镜，37℃、5%CO_2 的加湿细胞培养箱，水浴锅，35 mm 的培养皿，微量移液枪，1.5 mL 离心管，细胞计数板

【实验步骤】

1. 构建载体

(1) 用分子克隆技术将待测基因 X 装入真核表达载体 pEGFP 中。

(2) 提取并纯化 DNA。

2. 转染

(1) 将带有待测基因 X 的 pEGFP 载体转染到培养的 HeLa 细胞中，注意要另用不带有待测基因的 pEGFP 载体一起转染作为阴性对照。

(2) 培养细胞 48~72 h。

3. 固定细胞及染色

(1) 吸出培养皿中的培养基，快速用 PBS 洗一遍，吸出 PBS。

(2) 用储存在－20℃的冰甲醇固定细胞。在每孔细胞中加入 500 μL 冰甲醇，然后放入－20℃冰箱内固定细胞 5 min。

(3) 在室温条件下，用 PBS 洗 3 遍，每次用 2 mL 的 PBS 洗。

(4) 室温条件下，用 PBST 洗 2 遍，每次用 2 mL 的 PBST 洗。

(5) 将 500 μL 封闭液加入每孔中，摇匀，在室温静置 30 min。

(6) 根据抗体的要求，用封闭液按比例稀释抗体。

(7) 吸出封闭液，在每孔中加入已稀释好的一抗 250 μL，室温孵育 60 min。注意孵育期间每隔 10～15 min 摇一下培养皿，使抗体能更好地与蛋白质抗原结合。

(8) 吸出一抗，每孔用 2 mL PBST 快速清洗 2 遍，然后每孔再加入 2 mL PBST，在室温静置 3 min，吸出 PBST，重复慢洗过程 3 遍。

(9) 按 1：250 的比例用封闭液稀释 Texas (Red) 标记的二抗。

(10) 每孔加入已稀释好的二抗 500 μL，室温孵育 60 min，注意避光。

(11) 吸出二抗，每孔加 2 mL PBST 快速清洗 2 遍，然后每孔再加入 2 mL PBST，静置 3 min，吸出 PBST，重复慢洗过程 3 遍。

(12) 每孔加入 200 μL 0.1 μg/μL DAPI，室温孵育 2 min。

(13) 每孔加 2 mL PBS 快速清洗一遍。

(14) 洗净载玻片，在载玻片中心点大概 10 μL anti-fade（抗淬灭剂），将盖玻片有细胞的一面向下，从载玻片的一侧轻轻放在有 anti-fade 的玻片表面，放的过程中注意最好不要有气泡。

(15) 用指甲油将盖玻片四周密封进行封片，将片子放入 4℃冰箱保存，或直接镜检。

4. 荧光显微镜下观察并记录

先用蓝光寻找合适的区域，要求细胞分布均匀、核形完整，染色质 DNA 被 DAPI 染成蓝色且分布均匀。在细胞形式正常的区域，取 2 个能包含各个细胞周期的视野，拍摄照片，然后转入绿光，拍摄照片，最后转入红光，再拍摄照片。将三种颜色的照片重叠在一起看红色信号和绿色信号是否有重叠，且重叠在细胞的哪个部位。重复取几个视野，拍摄并分析照片。

【注意事项】

(1) 每一种抗体的效价都不一样，甚至同一个抗体不同的批次其效价也有所不同，所以需要先进行抗体稀释度的测试。

(2) 封闭液的纯度对显微镜下的观察很有影响，一般建议用 0.22 μm 的过滤器过滤，并保存在 4℃。

(3) 每次洗涤都要充分，以免有残留的溶液，但也要注意不要让细胞干了。

(4) 荧光有一定的淬灭时间，虽可以将片子放入 4℃冰箱保存，但建议尽快显微观察。

(5) GFP 在激光激发下显示为绿色荧光，注意免疫标记其他蛋白质时不要使用 FITC 标记的抗抗体。

【结果与分析】

免疫荧光技术已被大量地应用在生物研究中，特别是细胞形态学的研究中。在具体操作中要根据被检测蛋白质的丰度和所在的细胞部位调节细胞的固定剂和固定时间，有些还需要用 Triton X-100 或其他去垢剂使细胞膜的通透性增加，以便于抗体能有效地进入细胞并与抗原结合。另外，对使用抗体的浓度要进行优化，浓度太高会导致背景太深，不容易区别正确的信号；浓度太低则减低了检测的灵敏度，导致假阴性。抗体的纯度对这一技术的应用也有影响，当显微镜下看到有些颗粒状假信号时可以将抗体加以离心以去除可能的沉淀。配制抗体稀释液用的封闭液纯度也很关键，一般建议用 0.22 μm 的过滤器过滤，并保存在 4℃，随时观察是否有沉淀析出，一旦发现有混浊立即停止使用。

【思考题】

(1) 免疫荧光技术的原理是什么？

(2) 免疫荧光技术在应用上有什么优缺点？为什么？

实验 16　用免疫共沉淀法和免疫印记法检测蛋白质之间的相互作用

免疫共沉淀（co-immunoprecipitation）是以抗体和抗原之间的专一性作用为基础的用于研究蛋白质相互作用的经典方法，是用来确定两种蛋白质在完整细胞内生理性相互作用的有效方法。当细胞在非变性条件下被裂解时，完整细胞内存在的许多蛋白质-蛋白质间的相互作用被保留了下来，如果用蛋白质 X 的抗体免疫沉淀 X，那么与 X 在体内结合的蛋白质 Y 也能沉淀下来。通常先将细胞进行裂解，然后加入特异性抗体使之与特定的蛋白质发生免疫结合，然后加入蛋白质 A 和（或）G 琼脂糖珠，因其与抗体有特异性的偶联作用，能将抗原抗体复合物沉淀下来，再通过免疫印记法或质谱进行检测。这种方法常用于测定两种目标蛋白是否在体内结合，也可用于寻找和确定一种特定蛋白质的新的作用伙伴。免疫共沉淀的优点为：①相互作用的蛋白质都是在细胞内经翻译后修饰的，处于自然状态；②蛋白质的相互作用是在自然状态下进行的，避免了人为的影响；③可以分离得到天然状态的相互作用蛋白质复合物。其缺点为：①可能检测不到低亲和力，特别是瞬间的蛋白质-蛋白质相互作用；②两种蛋白质的结合可能不是直接结合，而可能有第三者在中间起桥梁作用；③必须在实验前预测目的蛋白是什么，以选择最后检测的抗体，所以，若预测不正确，实验就得不到结果，方法本身具有冒险性。

本次实验将运用免疫沉淀技术来检测某一被 EGFP 标签的蛋白质及与其有

相互作用的其他蛋白质。

【实验目的】

(1) 掌握免疫沉淀技术的原理及其应用。

(2) 掌握免疫印记法的应用。

【实验材料】

1. 材料

培养的 HeLa 细胞

2. 试剂

完全培养基：

高糖 DMEM 培养基	500 mL
灭活的小牛血清	50 mL
L-谷氨酰胺储备液	5 mL
青链霉素储备液	5 mL

0.25% 胰蛋白酶

无钙、镁离子的 PBS

pEGFP-基因 X

转染试剂

细胞清洗液（1 L）：

1 mol/L NaCl	250 mL（250 mmol/L）
1 mol/L Tris（pH7.5）	50 mL（50 mmol/L）
0.5 mol/L EDTA	10 mL（5 mmol/L）
10% NP-40	50 mL
ddH$_2$O	640 mL

细胞裂解液，用前在细胞清洗液中加入蛋白酶抑制剂

Protein A 琼脂糖珠

蛋白样品缓冲液（6×，8 mL）：

0.5 mol/L Tris（pH 6.8）	1 mL
甘油	1.6 mL
10% SDS	1.6 mL
0.5% 溴苯酚（bromophenol）	0.8 mL
β-ME	0.4 mL
H$_2$O	2.6 mL

洗涤液 PBST（含 0.05% Tween-20 的 PBS）

封闭液（含 5% 脱脂奶粉，0.05% Tween-20 的 PBS）

抗 EGFP 的抗体及相应的用 HRP 标记的二抗

HRP 的显色底物

3. 仪器

倒置显微镜，37℃、5%CO$_2$ 的加湿细胞培养箱，水浴锅，垂直电泳仪，免疫印迹转移仪，X 线片冲片仪，100 mm 的培养皿，微量移液枪，1.5 mL 离心管，细胞计数板

【实验步骤】

1. 构建载体

(1) 用分子克隆技术将待测基因 X 装入真核表达载体 pEGFP 中。

(2) 提取并纯化 DNA。

2. 转染

(1) 将带有待测基因 X 的 pEGFP 载体转染培养的 HeLa 细胞，注意要另用不带有待测基因的 pEGFP 载体一起转染作为阴性对照。

(2) 培养细胞 48～72 h。

3. 提取细胞裂解液

(1) 用细胞刮片刮细胞，将细胞悬液收集到离心管中。

(2) 500 g 离心 5 min 后丢弃细胞培养液。

(3) 按每 10 mL 细胞液加 5 mL PBS 的比例加入 PBS 重悬沉淀，清洗细胞。

(4) 再 500 g 离心 5 min 后丢弃 PBS。

(5) 按每 10 mL 细胞液加 1 mL 细胞裂解液的比例加入裂解液，用移液管轻柔吹打重悬沉淀。把装有细胞沉淀的离心管放置在冰上，冰浴 30 min。

(6) 用最高离心速度（如 14 000 r/min）将裂解的细胞离心 10 min，收集上清，即为细胞总蛋白质裂解液。

(7) 用常用方法（如考马斯亮蓝法）测定总蛋白质浓度。

4. 免疫沉淀

(1) 吸取适量总蛋白质与蛋白质样品缓冲液配成 1 mg/mL 的蛋白质样品作为对照。

(2) 取 1 mg 蛋白质加入 2 μg 的 EGFP 特异性抗体，同时取 1 mg 蛋白质加入 2 μg 的非特异性抗体（如兔或鼠的 IgG）作为对照。

(3) 在 4℃用慢速旋转晃动孵育至少 4 h 或过夜。

(4) 加入配制好的蛋白质 A 琼脂糖珠 80 μL 后继续慢速旋转晃动孵育 1 h。

(5) 将孵育的样品 500 g 离心 5 min 后去除上清，用细胞清洗液将沉淀重新悬浮，在冰上放置 3 min 后，500 g 离心 5 min，重复洗 3 次。

(6) 将样品 500 g 离心 5 min 后丢弃上清，加入适量的蛋白质样品缓冲液将沉淀重新悬浮。在 100℃加热 10 min 使蛋白质变性后，在冰上放置 2 min 待样品冷却后，用最高离心速度（如 14 000 r/min）离心 2 min。

(7) 直接做免疫印迹分析或置-20℃保存。

(8) 免疫印迹分析。具体步骤见第 2 章实验 13。

【注意事项】

(1) 每一种抗体的效价都不一样，甚至同一个抗体不同的批次其效价也有所不同，所以需要先进行抗体稀释度的测试。

(2) 细胞裂解时要温和，将细胞沉淀重悬在裂解液时吹打要轻柔，避免因机械力破坏蛋白质的相互作用。

(3) 每次洗涤都要充分，以免有残留的溶液，但也要注意不要将琼脂糖珠丢失了。

(4) 蛋白质在加热和冻存时会有些挥发，体积会有些减少。

【结果与分析】

细胞内蛋白质的相互作用是非常严谨的，所以细胞裂解的条件对是否能检测到蛋白质-蛋白质的相互作用是非常关键的。在细胞裂解时一定要采用温和的裂解条件，不能破坏细胞内存在的所有的蛋白质-蛋白质相互作用，一般采用非离子变性剂（如 NP40 或 Triton X-100），在操作中也应避免剧烈的吹打和涡旋振荡。因每种细胞的裂解条件不一样，在实验前要先优化条件。在细胞裂解液中还要加入各种蛋白酶的抑制剂，有许多商品化的 cocktail 可以选用。

虽然抗原抗体的相互作用是特异的，但也会有一些非特异性的结合，所以在实验中一定要使用对照抗体，如可以用正常小鼠的 IgG 对照鼠单克隆抗体，或用正常兔 IgG 对照兔多克隆抗体等。在免疫共沉淀实验中有时还需要进行反向免疫共沉淀来保证实验结果的真实性，也可以通过细胞内共定位进行确认。

【思考题】

(1) 免疫沉淀技术的原理是什么？

(2) 免疫沉淀技术在应用上有什么优、缺点？为什么？

实验 17　用流式细胞仪分析细胞周期的变化

流式细胞技术（flow cytometry）是一种快速、准确、客观，并且可以同时检测单个微粒（通常是细胞）的多项特性的技术。集电子技术、计算机技术、激光技术、流体理论于一体的流式细胞仪是一种目前非常先进的检测仪器，因其可以每秒 10 000 个细胞的速度快速并且同时多参数分析单个细胞，对细胞群体的均值和分布情况提供了统计学分析，并且可以分选感兴趣的细胞以做进一步的分析，自 1934 年发明的第一台细胞计数仪后，通过不断地技术革新，到 1972 年由 Becton-Dickinson 公司发明了第一台具有分选功能的流式细胞仪，流式细胞仪被广泛地应用在临床医学检测和生物研究中，如检测外周血中是否有核细胞的分布、特异性淋巴细胞的比例、特异性基因表达的情况、细胞凋亡的检测及细胞周期的分析等，利用其技术而发表的论文也有巨幅增加。

在分析细胞周期时，流式细胞技术为我们提供了很好的帮助。如图 4-9 所示，DNA 的含量随着细胞周期的变化而变化，在 G_2/M 期的 DNA 含量是 G_1 期的 2 倍，S 期的 DNA 含量则介于 $1\sim 2$ 倍。我们将不同方法处理过的细胞先进行特异性染色，如专门染 DNA 的染料，特异性蛋白质的抗体等，再将细胞送入流式细胞仪进行分析，由此可以分析不同的药物或特异性基因对细胞周期的影响。以下实验中，我们用 PI 染

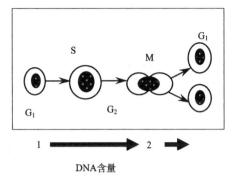

图 4-9　细胞周期中染色体 DNA 含量的变化

DNA 的成分，同时利用 EGFP 的荧光特性筛选转染阳性的细胞，分析某一特定基因对细胞有丝分裂的影响。

【实验目的】

　　(1) 掌握细胞周期检验点及其分析的方法。

　　(2) 掌握流式细胞仪的原理及应用。

【实验材料】

1. 材料

　　培养的 HeLa 细胞

2. 试剂

　　完全培养基：

高糖 DMEM 培养基	500 mL
灭活的小牛血清	50 mL
L-谷氨酰胺储备液	5 mL
青链霉素储备液	5 mL

　　0.25% 胰蛋白酶

　　无钙、镁离子的 PBS

　　pEGFP-基因 X

　　转染试剂

　　洗涤液 PBST（含 0.1% Tween-20 的 PBS）

　　封闭液（含 2% 牛血清白蛋白，0.1% Tween-20 的 PBS）

　　DNA 染料碘化丙啶（propidium iodide，PI）

3. 仪器

　　倒置显微镜，流式细胞仪，37℃、5% CO_2 的加湿细胞培养箱，离心机，

水浴锅，35 mm 的培养皿，微量移液枪，15 mL 锥形离心管，细胞计数板

【实验步骤】

1. 构建载体

（1）用分子克隆技术将待测基因 X 装入真核表达载体 pEGFP 中。

（2）提取并纯化 DNA。

2. 转染

（1）将带有待测基因 X 的 pEGFP 载体转染培养的 HeLa 细胞，注意要另用不带有待测基因的 pEGFP 载体一起转染作为阴性对照。

（2）培养细胞 48～72 h 后收集细胞。

3. 细胞周期检验点的激活及细胞的收集

通过 2～3 天的转染处理之后，根据实验安排，选定时间点，如 0 h、2 h、4 h、6 h、8 h，在最早的时间即 0 h 时，在除 0 h 外的所有其他时间点细胞培养皿（如 2 h、4 h、6 h、8 h）中加入有丝分裂阻滞剂 Nocodazole 或者 Taxol。加药之后，开始收取未加药，即 0 h 时间点的细胞，然后从加药的时间点开始算起，按照实验的安排，每隔一段时间，到一个时间点就收取一次细胞样品并加以固定。固定的样品可在 4℃条件下保存 2 周。

具体步骤如下。

1）准备工作

（1）根据每个时间点的细胞样品数量准备相应的 1.5 mL 离心管。

（2）提前制冰，如果时间点比较长，如 8 h 的时间点，则在 4 h 时最好再制些冰。

（3）预热胰蛋白酶和 PBS。

（4）分装 100% 乙醇，严禁从大瓶中直接取用，以免污染。

2）收集和固定细胞

（1）将细胞培养皿中的培养液吸取到 1.5 mL 离心管中，用 1 mL PBS 轻柔地冲洗细胞一次，将 PBS 丢弃。

（2）加入 0.2 mL 胰蛋白酶消化贴壁细胞，吸去胰蛋白酶，放入 37℃培养箱中 3～5 min 或在室温中 5～10 min。

注：要随时观察细胞被消化的程度，及时停止胰蛋白酶的活性。

（3）拿出培养皿，将第一步吸出的培养液加入培养皿中，吹打几下，保证细胞都不再贴壁并单个地悬浮在培养液中，再将培养液重新吸回 1.5 mL 离心管中。

（4）将离心管放入离心机中，1000 g 离心 2 min 之后，丢弃上清，将离心管放在冰上，加入 1 mL PBS 轻轻吹打使细胞重新悬浮，注意不要吹打过多和过猛，防止细胞受到机械损伤。

（5）将离心管放入离心机中，1000 g 离心 2 min 之后，丢弃上清，将离心管放在冰上，往离心管中加入 0.3 mL PBS 吹打重悬，放置片刻。

（6）加入 0.3 mL 100％乙醇，混匀，在冰上放置 1～2 min。

（7）重复步骤（6）2 次，共加入乙醇 0.9 mL，这样乙醇的终浓度为 75％。

（8）将离心管放置在冰上 0.5～1 h，再放到 4℃冰箱中，最多可保存 2 周。

4. 准备细胞样品做流式细胞仪分析

1）准备工作

（1）准备 37℃水浴锅。

（2）检查离心机的转子并设置合适的转速。

2）样品制备

（1）将离心管从 4℃取出，观察细胞的情况，看上清是否澄清，有没有污染，然后将离心管上下颠倒几下，观察有没有成团的细胞块，细胞是否均匀悬浮等。

（2）用 1000 g 离心 1 min，丢弃上清，将离心管倒扣在桌子上几分钟，让水和乙醇尽量去除干净。

（3）将 PI 以 1∶250 的比例，RNase A 以 1∶100 的比例用 PBS 稀释成应用液，在测定管中各加入 400 μL。

（4）将离心管放置在 37℃水浴箱中，孵育 30 min。期间每 10 min 摇匀一次，使细胞得以完全反应。

（5）取出所有的离心管，用锡箔纸包着避光，以备流式细胞仪检测。

3）样品检测

下面以贝克曼公司的 Cell Lab Quanta™ SC 型流式细胞仪的操作为例，一般会有专门的技术人员提供操作帮助。

（1）打开连接流式细胞仪的电脑的电源开关。

（2）打开 Cell Lab Quanta™ SC 操作软件，这时会出现显示提示打开流式细胞仪的电源开关。

（3）打开流式细胞仪的电源开关，跟随提示进行初始操作步骤，倒空废液筒，检查负压表读数是 −10 mmHg（1 mmHg＝1.333 22×10³ Pa），装满流式液，打开激光电源。

（4）根据提示进行清洗步骤，仪器会自动清洗管道。

（5）根据实验要求选用所用颜色的检测频道，调整仪器的设置，如激光的强度、细胞的流速等。

（6）根据调整好了的设置，一个一个地分析样品，先用绿色通道筛选 EGFP 阳性细胞，再用红色通道分析细胞周期。

（7）保存文件，进行分析。

(8) 当所有的样品都测试完毕后，根据电脑软件提示进行关机操作。

(9) 将 2 mL 的清洗液放入一个样品杯中，然后放入仪器中的样品架上，进行消毒和清洗。

(10) 关闭负压泵，换上一空的样品杯，倒空废液缸。

(11) 关闭仪器电源。

(12) 关闭电脑。

【注意事项】

(1) 在用胰蛋白酶处理细胞的时候一定要掌握好时间，使细胞尽可能分离成单个，不要有结团。

(2) 如果发现细胞有结团，在上机测量之前，要用滤网将细胞过滤，使之成单个细胞。

(3) 当细胞数少，悬液浓度低时，要将细胞离心后悬浮在较小的体积里浓缩，而不要过度加大流式细胞仪负压泵的压力使细胞的流速过快。

【结果与分析】

图 4-10 是根据 DNA 的含量来显示细胞周期的分布图。图 4-10A 是还未用药诱导的细胞周期分布图，可见 G_0/G_1 期的细胞占细胞总数的 51%，G_2/M 期细胞占 17%，S 期细胞占 32%，同时可见 G_2/M 期细胞 DNA 的含量是 G_0/G_1 期细胞的 2 倍（91.27/45.90），因为 G_0/G_1 期细胞的染色体是二倍体，G_2/M 期细胞的染色体是四倍体。图 4-10B 显示的是用药物诱导后 2 h 的细胞周期分布，可见被阻滞在 G_2/M 期的细胞增加，G_0/G_1 期的细胞比例在下降。到诱导后 8 h，可见大部分细胞被阻滞在 G_2/M 期，见图 4-10C。一旦细胞周期检验点的功能发生异常，药物诱导的细胞周期的变化就会随之异常，所以我们可以用这个方法来检测细胞周期检验点的功能。

【思考题】

(1) 流式细胞计数仪的工作原理是什么？有什么可用之处？

(2) 细胞周期的检测可以使用什么方法？为什么？

实验 18　利用双萤光素酶作为报告基因来检测启动子的活性和调控

一个基因是否能表达及表达多少会受到许多因素的影响。基因的启动子、加强子或抑制子，以及许多的转录因子都会影响该基因的表达。启动子（promoter）是 RNA 聚合酶能够识别并与之结合，从而使基因起始转录的一段 DNA 序列，通常位于基因上游。一个典型的启动子包括 CAAT 框和 TATA 框，它们分别是依赖于 DNA 的 RNA 聚合酶的识别和结合位点，一般位于转录起始位点上游几十个碱基处。在核心启动子上游通常还会有一些特殊的 DNA 序列，即顺式作用元件，转录因子与之结合从而激活或抑制基因的转录。一旦 RNA 聚合酶定

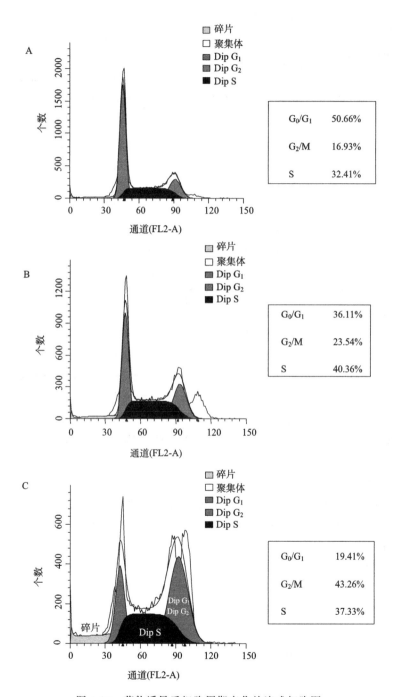

图 4-10　药物诱导后细胞周期变化的流式细胞图

位并结合在启动子上即可启动基因转录。启动子与 RNA 聚合酶及其他蛋白辅助因子等反式作用因子的相互作用是启动子调控基因转录的实质，因此启动子是基因表达调控的重要元件。

用以研究启动子调控及功能的方法有许多，其中报告基因的应用在研究启动子的功能区域和调节的研究中起了很大的帮助。这些报告基因有氯霉素转乙酰酶（CAT）、β-半乳糖苷酶（β-Gal）、GUS、各种颜色的荧光蛋白和萤光素酶等。这些报告基因中的一部分，如 CAT、β-Gal、GUS，因为各自的测试化学、处理要求、检测特点存在差异而使用不够便利。各种颜色的荧光蛋白不需要任何共作用物，很容易在细胞中被观察到，但目前缺乏合适的仪器对其蛋白质的表达进行定量测定。萤光素酶因具备①不需要翻译后加工，一旦翻译立即产生报告活性；②它催化的反应迅速，可在一秒内发光；③它的光产物具有最高的量子效率，因而非常灵敏；④在宿主细胞及检测试剂中均检测不到背景发光等优点，目前被广泛应用在基因表达的定量测定研究中。美国 Promega 公司提供一种先进的双报告基因技术，结合了萤火虫萤光素酶（firefly luciferase）的测试和海洋腔肠萤光素酶（*Renilla* luciferase）的测试。在单管中进行双萤光素酶报告基因测试，快速、灵敏、简便，目前被广泛应用。图 4-11 是 Promega 公司提供的萤火虫萤光素酶报告载体和海洋腔肠萤光素酶报告载体，pGL3-Basic 载体中在 Luc 基因前有许多限制酶酶切位点，我们可以将要分析的启动子 DNA 片段插入在该区域构建报告载体，将 pRL 报告载体作为内部标准参数与之共同转染后提取细胞裂解液进行分析。同时也可将有兴趣的基因与之共同转染后提取细胞裂解液分析启动子活性的变化，来证实这些基因对此启动子是否有调控作用，是增强还是抑制。

【实验目的】

（1）深入掌握双萤光素作为报告基因来检测启动子活性的原理。

（2）掌握双萤光素作为报告基因来检测启动子活性的方法。

【实验材料】

1. 材料

培养的 HeLa 细胞

2. 试剂

完全培养基：

高糖 DMEM 培养基	500 mL
灭活的小牛血清	50 mL
L-谷氨酰胺储备液	5 mL
青链霉素储备液	5 mL

无钙、镁离子的 PBS

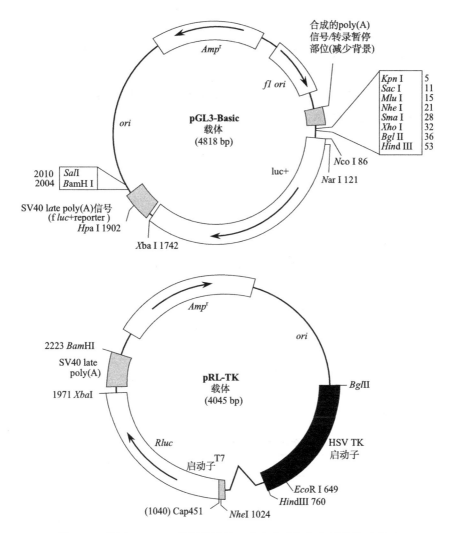

图 4-11　美国 Promega 公司提供的双萤光素酶报告基因载体示意图

高纯度的质粒 DNA

转染试剂

美国 Promega 公司的双萤光素酶报告试剂盒

3. 仪器

倒置显微镜，荧光光度计，37℃、5％ CO_2 的加湿细胞培养箱，离心机，24 孔的培养板，微量移液枪，15 mL 锥形离心管，细胞计数板，黑色或白色不透明的 96 孔板

【实验步骤】

1. 构建载体

(1) 用分子克隆技术将待测定的启动子装入带有萤火虫萤光素酶基因的 pGL3-Basic 载体中。

(2) 用分子克隆技术将待测基因 X 装入真核表达载体 pEGFP 中。

(3) 提取并纯化 DNA。

2. 转染

(1) 将带有待测基因 X 的 pEGFP 载体按照不同的浓度梯度与待测启动子的 pGL3 载体与 pRL 载体 DNA 一起转染合适的培养细胞，同时用不带有待测启动子的 pGL3 载体与 pRL 载体 DNA 一起转染作为阴性对照。

注：在作共转染时，要用 pEGFP 空载体将 pEGFP-X 的量补齐到最大，使转染的 DNA 总量一致。

(2) 培养细胞 48～72 h 后先用荧光倒置显微镜观察转染效率，然后收集细胞。

3. 检测萤光素酶的活性

按照 Promega 提供的萤光素酶分析检测系统的说明进行操作。

(1) 将 4 倍体积的超纯水和 1 倍体积的 5× 被动裂解缓冲液混合，配制成 1× 的应用液。建议现配现用。

(2) 用 PBS 将细胞反复洗后，按表 4-3 的建议加入适量的被动裂解缓冲液应用液以裂解细胞。在室温下轻轻摇晃 15 min，使细胞得以充分裂解。

表 4-3　不同细胞培养盘每孔所需裂解缓冲液的用量表

多孔板	1×PLB/μL
6 孔	500
12 孔	250
24 孔	100
48 孔	65
96 孔	20

(3) 将裂解的细胞收集到小离心管中，振荡几秒钟以加强细胞裂解，然后 14 000 g 离心 15 min，以除去细胞碎片。

(4) 一般萤火虫萤光素酶的底物是以干粉的形式包装的，使用前用配套的 Luciferase Assay Buffer II 完全溶解。底物一旦被溶解后，可以在 −20℃ 保存一个月，或在 −70℃ 保存一年。因反复冻融后会降低活性，建议溶解后按实验需要进行分装。

(5) 淬灭剂与海洋腔肠萤光素酶的底物是以 50× 的浓缩液的形式配制的。使用前用配套提供的 Stop & Glo® Buffer 稀释成 1× 的应用液。

(6) 将 20 μL 的细胞裂解液分别点在 96 孔微孔板的小孔中，按每个样品分别需 100 μL 的 Luciferase Assay Reagent II LAR II 和 100 μL 的 Stop & Glo® Reagent 准备足量的试剂。

(7) 使用双注射头的荧光光度计，如德国的 Berthold Technologies 公司的 TriStarLB941 型荧光光度计，检测荧光信号。

(8) 开启荧光光度计，设置注射头 1 为萤火虫萤光素，注射体积为 100 μL，阅读时间为迟后 1 s 阅读 5～10 s，设置注射头 2 为海洋腔肠萤光素，注射体积为 100 μL，阅读时间为迟后 1 s 阅读 5～10 s。

(9) 冲洗注射头，然后将注射头 1 和注射头 2 分别装满试剂。

(10) 将 96 孔盘放入机器中，开始测试。机器会自动注射 100 μL 的 LAR II 到 20 μL 的细胞裂解液中，阅读荧光信号，然后加入 100 μL 的 Stop & Glo® Reagent 将萤火虫萤光素酶产生的荧光信号淬灭，同时启动海洋腔肠萤光素酶的活性，再读荧光信号。记录数据。反复操作直到所有的样品被检测完。

(11) 退出 96 孔盘，回收多余的试剂。

(12) 清洗注射头，用至少 3 倍量的去离子水冲洗注射头，然后用至少 5 mL 的 70% 乙醇灌满注射头，浸泡 30 min 后，再用至少 3 倍量的去离子水冲洗注射头。

(13) 关闭机器。

(14) 分析数据。

【注意事项】

(1) 细胞裂解要充分，离心后细胞碎片要除净，因为这些细胞碎片有可能干扰荧光信号。

(2) 当培养的细胞长得非常满时，常常会影响细胞的裂解，需多加裂解液或延长裂解时间。

(3) 不同的细胞系裂解的时间不一样，第一次操作时最好在显微镜下观察。

(4) LARII 和 Stop & Glo® Reagent 冻融后会降低活性，建议溶解后分装，避免反复冻融。

(5) LARII 和 Stop & Glo® Reagent 对温度敏感，应在室温下解冻。使用前要充分混合。

(6) 在上机检测前，试剂和样品都要平衡到室温。

(7) Stop & Glo® Reagen 非常容易黏附在管道中，所以要充分冲洗注射头和连接的管道。有些材料的管道需要在 70% 的乙醇中浸泡过夜 12～16 h。

【思考题】

　　（1）萤火虫萤光素酶有什么特点？

　　（2）在使用双萤光素酶系统检测基因表达时，要注意些什么？

主要参考文献

奥斯伯 F M，金斯顿 R E，布伦特等 . 1998. 精编分子生物学实验指南 . 颜子颖，王海林译 . 北京：科学出版社

Bonifacino J S，Angelica E C D，Springer T A. 1999. Current Protocols in Molecular Biology，by John Wiley & Sons，Inc.

Hawley-Nelson，Ciccarone. 1999. Current Protocols in Molecular Biology. by John Wiley & Sons，Inc.

Invitrogen Corporation. 2001. Oligofectamine™ Reagent. 阳离子脂质体转染指南

Jianming Xu. 2005. Current Protocols in Molecular Biology，by John Wiley & Sons，Inc.

Kingston R E，Chen C A，Okayama H，et al. 1996. Current Protocols in Molecular Biology，by John Wiley & Sons，Inc.

Potter H. 1996. Current Protocols in Molecular Biology，by John Wiley & Sons，Inc.

Promega. 2006. Dual-Luciferase® Reporter Assay System. 试剂盒说明书

Roche. 2000. FuGENE 6 Transfection Reagent. 试剂说明书

Sambrook J. Fritsch E F，Maniatis T，et al. 2002. 分子克隆实验指南 . 第三版 . 黄培堂等译 . 北京：科学出版社

第5章 微生物工程技术

5.1 微生物工程技术原理

5.1.1 微生物工程的定义

微生物工程（microbiological engineering）又称发酵工程（fermentation engineering）。微生物工程概念具有 3 个层次的含义。

1. 生物化学角度

发酵机体在无氧条件下获得能量的一种方式。例如，人体在剧烈运动时需要大量的能量，有氧呼吸不能满足需要，因此机体在缺氧条件下将葡萄糖"发酵"为乳酸，同时产生 ATP。

$$C_6H_{12}O_6 + 2\ ADP + 2\ Pi \longrightarrow 2\ C_3H_6O_3 + 2\ ATP$$

在发酵过程中，被氧化的基质是有机物质，氧化还原反应中的最终电子受体也是有机物质，并且这些作为最终电子受体的有机物质通常是被氧化基质不完全氧化的中间产物，也就是说，基质在氧化过程中不彻底，发酵的过程仍积累某些有机酸。

2. 微生物学角度

发酵是厌氧微生物或兼性厌氧微生物在无氧条件下（或缺氧条件下）将代谢基质不彻底氧化，并大量积累某一种或几种代谢产物的过程。如细菌的同型乳酸发酵。

$$C_6H_{12}O_6 + 2\ ADP + 2\ Pi \longrightarrow 2\ C_3H_6O_3 + 2\ ATP$$

从这一定义上可见，它与生物化学角度下的定义基本相同，但强调了两点：①强调了发酵的主体是厌氧微生物或兼性厌氧微生物；②强调了代谢产物的积累，而生物化学角度强调的是能量的产生。

3. 工业生产角度

微生物工程就是利用微生物的特定性状和功能，通过现代工程技术来生产有用物质或将微生物直接用于工业生产的一种技术体系，是建立在微生物发酵工业基础上，与化学工程相结合而发展起来的一门学科。简言之，就是研究发酵过程中微生物生命活动的规律及其相关工程技术的一门学科。

发酵是指利用微生物生产某一有用产品的过程。在厌氧条件下利用酵母将糖类转化成乙醇可称为发酵；有氧条件下将糖类转化为味精或抗生素也称为发酵；有氧条件下制备单细胞蛋白（single cell protein，SCP）获得整个菌体而不是某种代谢产物，可以算作发酵；废水处理的目的只是消耗废水中的营养物质，使水质达到一定的排放标准，并非为了得到某一有用产物，这种旺盛化的代谢活动也可称作发酵。所以从工业角度看，发酵主体除了厌氧微生物和兼性厌氧微生物外，还把好氧微生物包括在内。

5.1.2 微生物工程的研究内容

微生物工程的研究内容包括上游和下游两部分，即发酵（fermentation）和提纯（purification）两部分。

1. 上游工程（发酵部分）

发酵部分包括菌种的特性与选育，培养基的配制、选择及灭菌理论，发酵醪的特性，发酵机制，发酵过程动力学，空气除菌，微生物对氧的吸收与利用，微生物的培养方式及自动化控制等。

2. 下游工程（后处理）

提纯部分包括细胞破碎、分离、醪液输送、过滤除杂、离子交换电渗析、逆渗透、超滤、层析、沉淀分离、溶媒萃取、蒸发、结晶、蒸馏、干燥包装等单元操作及自动化控制。

5.1.3 微生物工程的发展历史

微生物工程的发展大致经历了天然发酵期和发展期阶段，现分别介绍如下。

1. 天然发酵期——传统的微生物发酵技术

人类利用微生物的代谢产物作为食品和医药，已有几千年的历史了。几乎一切原始部族都由含糖的果实储藏时发酵而学会了酒精发酵。公元前 4000～公元前 3000 年，古埃及人已熟悉了酒、醋的酿造方法。据考古证实，我国在距今 4200～4000 年前的龙山文化时期已有酒器出现，公元前 1000 多年前，商朝甲骨文中有"醋、酒、鬯"的记载。"周礼夫官篇"记载了当时能酿造出久陈不坏的黄酒。北魏时期据《齐民要术》记录了我国劳动人民已能用蘖制造饴糖，用散曲中的黄曲霉的蛋白质分解力和淀粉糖化力制造酱和酿醋等。属于传统的微生物发酵技术产品的还有酱油、泡菜、奶酒、干酪等，此外还有面团发酵、粪便和秸秆的沤制、用发霉的豆腐制疡等技术。但那时人们并不知道微生物和发酵的关系，因而很难人为控制发酵过程，生产也只能凭经验，所以被称为天然发酵时期。

2. 第一代微生物发酵技术——纯培养技术的建立

1860 年，荷兰人安东尼·列文虎克（Anthony Leeuwenhoek，1632～1723年）第一个通过显微镜观察到用肉眼看不见的微生物，包括细菌、酵母等。1857年法国著名生物学家巴斯德（Louis Pasteur，1822～1895 年）用巴氏瓶试验，证明了酒精发酵是由活酵母发酵的结果。1897 年德国的毕希纳（Eduard Buchner，1860～1917 年）将酵母细胞磨碎，得到的酵母汁仍能使糖液发酵产生酒精，他将这种具有发酵能力的物质称为酒化酶（zymase）。在这之后，德国人柯赫（Robert Koch，1843～1910 年）首先发明固体培养基，得到了细菌的纯培养物，由此建立了微生物的纯培养技术。这就开创了人为控制发酵过程的时期，再加上简单密封式发酵罐的发明，发酵管理技术的改进，发酵工业逐渐进入了近代化学工业的行列。这时期的产品有酵母、酒精、丙酮、丁醇、有机酸、酶制剂等，主要是一些厌氧发酵和表面固体发酵产生的初级代谢产物。

3. 第二代（近代）微生物发酵技术——深层培养技术

1928 年英国细菌学家弗莱明发现能够抑制葡萄球菌的点青霉（*Penicillium notatum*），其产物被称为青霉素，而当时弗莱明的成果并没有引起人们的重视。20 世纪 40 年代初，第二次世界大战中对于抗细菌感染药物的极大需求，促使人们重新研究了青霉素。经过多年的研究，在 1945 年大规模投入生产。同时由于采用了深层培养技术，即机械搅拌通气技术，从而推动了抗生素工业乃至整个发酵工业的快速发展。随后链霉素、氯霉素、金霉素、土霉素、四环素等好氧发酵的次级代谢产物相继投产。经过半个多世纪的发展，不仅抗生素产品的种类在不断增加，发酵水平也有了大幅度的提高。以青霉素为例，发酵的效价单位从最初的 40 U/ml，提高到目前的 90 000 U/ml，菌种的活力提高了 2000 倍以上。在产品分离纯化上，由最初纯度仅 20% 左右，得率约 35%，提高到现在的纯度 99.9%，得率 90%。

抗生素工业的发展很快促进了其他发酵产品的出现。如 20 世纪 50 年代氨基酸发酵工业，在引进了"代谢控制发酵技术"后，得以快速发展，即将微生物通过人工诱变，获得代谢发生改变的突变株，在控制条件下，选择性地大量生产某种人们所需要的产品。这项技术也被用于核苷酸、有机酸和抗生素的生产中。又如 20 世纪 60 年代，发现许多石油及石油产品可以代替糖质原料进行发酵，而出现了石油发酵。已开始利用醋酸为原料发酵生产谷氨酸、赖氨酸等氨基酸，利用正构石蜡发酵生产柠檬酸等有机酸及单细胞蛋白。同时也有抗生素、酶制剂、辅酶和维生素等的石油发酵研究。可以说，这是一个近代发酵工业的鼎盛时代。新产品、新技术、新工艺、新设备不断出现，应用范围也日益扩大，如广泛应用于能源开发、环境保护、细菌冶金和石油勘探等。

4. 第三代微生物发酵技术——微生物工程

1953 年，美国的 Watson 和 Crick 发现了 DNA 双螺旋结构。1973 年，美国加利福尼亚旧金山分校的 Herber Boyer 和斯坦福大学的 Stanley Cohen 将两个质粒用 *Eco*RI 酶切后，在连接酶存在条件下连接起来，获得了具有两个复制起始位点的杂合质粒，并转化大肠杆菌。尽管他们的实验并没有涉及任何目的基因，但意义却极为重大，为基因工程的理论和实际应用奠定了基础。此后很快全世界各国的研究人员发展出大量的基因分离、鉴定和克隆的方法，不但构建出高产量的基因工程菌，还使微生物产生出它们本身不能产生的外源蛋白质，包括植物、动物和人类的多种生理活性蛋白质。而且很快形成了产品，如胰岛素、生长激素、细胞因子及多种单克隆抗体等基因工程药物和产品已正式上市。

5.1.4　发酵工业的特点

从微生物工业的发展趋向，可以看出近代微生物工业有以下几个特点：由生产糖分解的简单化合物转向复杂物质的生物合成，从自然发酵转向人工控制的突变型发酵、代谢控制发酵和遗传工程菌的发酵。

发酵法生产的工业产品越来越多。微生物发酵与化学合成相结合的工程技术的建立，使发酵产物通过化学修饰及化学结构改造，进一步生产出更多精细有用的物质，从而开拓了一个新的领域。近代微生物工业向大型化、连续化和自动化方向发展。随着微生物工业的发展壮大，能够作为发酵原料的自然资源日益短缺，迫切需要开发新的资源，利用石油、天然气、纤维素及几丁质作为发酵原料是发酵工业发展的一个方向。

5.1.5　微生物工程的应用

微生物工程在基因工程、细胞工程、蛋白质工程等现代技术的支持下，其应用范围进一步扩大，已经涉及各个行业，对人类社会生活产生极大的影响，同时也带来极大的经济效益。

1. 微生物在食品工业中的应用

微生物在食品工业中的应用主要包括以下几方面。

（1）各种原料生产细胞蛋白质，如螺旋蓝细菌属，假丝酵母、毕氏酵母，曲霉、地霉、木霉，螺旋藻等。

（2）含醇饮料，糖类物质（如水果汁、树汁等）和淀粉类物质为主要原料酿造和加工的葡萄酒、果酒、黄酒、白酒、啤酒、白兰地、香槟酒等。

（3）发酵乳制品，如酸奶、乳酪等。

（4）调味品和发酵食品，如味精、酱油、醋、豆豉、腐乳、泡菜等。

（5）甜味剂，如葡萄糖、麦芽糖、果糖、甘露醇、甜味肽等。

（6）食品添加剂，如面包酵母、赖氨酸、柠檬酸、维生素C、乳链菌肽等。

2. 微生物在医药卫生中的应用

微生物在医药卫生中的应用主要包括各种抗生素（青霉素、头孢霉素、抗真菌抗生素等），氨基酸（精氨酸、天门冬氨酸、谷氨酸等），维生素（维生素 B_2、维生素前体、麦角甾醇等），甾体激素（可的松、曲安舒松等），生物制品（各种疫苗如卡介苗等），治疗用酶（胃蛋白酶、脂肪酶等），酶抑制剂（α-淀粉酶抑制剂、胆固醇抑制剂等）等。

3. 微生物工程在轻工业中应用

微生物工程在轻工业中应用主要包括各种轻工业用酶，如各种糖酶、蛋白酶、果胶酶、脂肪酶、氨基酸酶、氨基酰化酶、过氧化氢酶等。

4. 微生物工程在化工能源产品中的应用

微生物工程在化工能源产品中的应用主要包括醇及各种溶剂（乙醇、甲醇、丙酮、二羟丙酮、木糖醇等），有机酸（醋酸、乳酸、苹果酸等），多糖（右旋糖酐、黄胶原等），烃烷（甲烷），清洁能源（氢气、微生物燃料电池），藻类产油。

5. 微生物工程在农业中的应用

微生物工程在农业中的应用主要包括以下几个方面。

（1）生物农药：病毒杀虫剂，如核型多角病毒颗粒体病毒；细菌杀虫剂，如苏云金杆菌；真菌杀虫剂，如白僵菌、绿僵菌；动物杀虫剂，如原生动物微孢子虫。

（2）生物除草剂：主要是利用杂草病原微生物，如锈菌、炭疽病菌、线虫、病毒等。

（3）生物增产剂：固氮菌、联合固氮菌、菌根菌（真菌）。

（4）食用菌和药用真菌：生产各种蘑菇和药用菌，如香菇、灵芝、虫草等。

6. 微生物工程在其他方面的应用

微生物工程在其他方面的应用主要包括环境保护，利用微生物进行废水处理、垃圾处理、江河湖泊治理等；微生物冶金工业，利用微生物探矿、冶金、石油脱硫等。

5.1.6　我国发酵工业发展概况

我国利用自然发酵来生产酱油、醋和白酒等酿造食品已有悠久的历史。但几千年来，墨守成规，改进不大。旧中国前只有几家外国人兴办的发酵工厂、几家旧法酿造作坊及少数酒精工厂。酒精工业以山东黄台酒精厂和上海的中国酒精厂最早建成。酱油生产方面一直沿用自然发酵法，直到 1930 年才由南京中央工业试验所分离出曲霉进行纯种酿造，打破了酱油生产受季节的限制。

新中国成立以后，我国逐步建立了完整的发酵工业体系（酒精、抗生素、酶制剂、有机酸、核苷酸、维生素、微生物农药、食用药用真菌及精细化工等），各种发酵产品相继得到生产，传统的发酵方式也得以改进。酱油酿造方面采用低盐固态发酵方式，缩短了发酵时间，设备也相继实现机械化。食醋酿造方面，改用酶法液化回流及深层液体通风法，使食醋生产进入了近代发酵工业的行列。在氨基酸发酵方面，20 世纪 60 年代初谷氨酸发酵正式投产，至今已发展到 200 多家谷氨酸生产工厂，年总产量达 15 万 t，为我国创造产值约 9 亿元/年；赖氨酸发酵已接近国际先进水平。在酒精生产方面，目前我国已成为世界上酒精生产大国，年产量达 100 余万 t，且发酵技术已进入国际先进行列。维生素生产方面，我国首创的两步发酵法生产维生素 C 技术，达到世界先进水平，成为我国第一项向国外转让的发酵技术。其他如糖化酶高产黑曲霉菌株的选育、利用甘薯粉直接发酵柠檬酸、药用真菌的液体发酵等技术也已达到世界先进水平。

5.2　微生物工程技术

微生物工程技术主要包括微生物工程上游技术和微生物工程下游技术。微生物上游技术主要包括微生物菌种选育到发酵的整个过程。微生物工程下游技术主要包括发酵产品处理和加工。下面的实验包括了微生物工程重要内容。

实验 1　菌种的自然选育

微生物发酵菌种主要分离自土壤、水体、动植物残体等。工业微生物菌种最初都来自于自然界，目前海洋微生物以及极端微生物资源的开发和利用正成为世界性的研究热点。但是自然界中微生物种类繁多，而且都是混居在一起的，要获得发酵菌株，首先必须把它们从混杂的微生物群体中分离出来。

分离微生物菌株最基本的方法就是稀释法。将样品放于无菌水中，通过振荡，使微生物悬浮于液体中，然后静置一段时间，由于样品沉降较快，而微生物细胞体积小沉降慢，会较长时间悬浮于液体中。通过对微生物细胞悬液的进一步稀释和选择性培养，就可以分离出我们需要的目的菌株。但是不是所有的微生物都适合稀释法，因为有些微生物长在动、植物体内，需要用组织分离法等其他方法。

作为发酵菌株必须具备下列基本特征。

（1）能在廉价原料制成的培养基上迅速生长，并能生产较多的发酵产物。

（2）培养条件如温度、渗透压等在适宜的范围之内。

（3）抗杂菌能力较强。

（4）稳定性高、不易退化。

（5）不产生有害的生理活性物质或毒素（食品或医药微生物菌株）。

本实验以土壤和植物残体上微生物的分离为例，介绍发酵菌种的自然选育方法。

【实验目的】

（1）学习从自然环境中分离工业微生物菌株的方法。

（2）熟悉无菌操作技术。

【实验材料】

1. 材料

土壤和植物残体上富含微生物的样品

2. 试剂

细菌培养基：

蛋白胨	5 g
牛肉膏	3 g
NaCl	5 g
琼脂	18 g
水	1000 mL
pH	7.2～7.4

1.05 kgf/cm^2（1 kgf/cm^2＝9.806 65×10^4 Pa）灭菌 30 min

高氏 1 号培养基：

可溶性淀粉	20 g
KNO$_3$	1 g
K$_2$HPO$_4$	0.5 g
MgSO$_4$ · 7H$_2$O	0.5 g
NaCl	0.5 g
FeSO$_4$ · 7H$_2$O	0.01 g
琼脂	20 g
加水至	1000 mL
pH	7.2～7.4

注意：可溶性淀粉用少量冷水调匀后，加到沸水中，边加边搅拌，然
后再加入其他成分

马铃薯培养基（PDA）：

马铃薯（去皮）	200 g
蔗糖	20 g
琼脂粉	12 g

方法：马铃薯去皮后切成 1 cm^3 的方块，入水煮沸 20 min 后过滤，滤
液中加蔗糖和琼脂粉，待溶化后补水至 1000 mL，pH 自然

3. 仪器

高压蒸汽灭菌锅，恒温干热灭菌箱，超净工作台，天平，电炉，刻度搪
瓷杯，量筒，漏斗，漏斗架，玻璃棒，三角瓶，玻璃珠，试管，培养皿，移
液管，防水纸等

【实验步骤】

1. 培养基制备

（1）细菌分离用细菌琼脂培养基。

（2）放线菌分离用高氏 1 号培养基。

（3）真菌分离用马铃薯培养基。

通过称量、溶解、调节 pH 等步骤，配制上述培养基，并配制 45 mL 无菌水（内装几颗玻璃珠）1 瓶，4.5 mL 无菌水若干支，0.1 MPa 灭菌 30 min 后备用；另包扎好培养皿、移液管和涂布棒等，灭菌，烘干备用。

2. 倒平板

将灭菌后的培养基冷却至 50～60℃，以无菌操作法倒至经灭菌并烘干的培养皿中，每皿约 20 mL。为了防止非目的菌株的生长，可在真菌培养基中加入链霉素使之达到 30 mg/L，以抑制细菌的生长，在细菌和放线菌培养基中加入制霉菌素使之达到 100 mg/L，以抑制真菌生长。冷却凝固待用。

3. 微生物分离（涂布法）

（1）称取样品 5 g（液体样品 5 mL），放入装有 45 mL 无菌水的三角瓶中，振荡 10 min，即为 10^{-1} 的土壤稀释液。

（2）取 4.5 mL 无菌水 4 支，用记号笔编上 10^{-2}、10^{-3}、10^{-4}、10^{-5}。

（3）取 10^{-1} 的稀释液，振荡后静置 2 min，用无菌移液管吸取 0.5 mL 上层细胞悬液加至装有 4.5 mL 无菌水的试管中，制成 10^{-2} 稀释液。同法依次稀释至 10^{-3}、10^{-4}、10^{-5} 稀释液。在稀释过程中，应从高浓度到低浓度，每稀释一次应更换一支移液管。

（4）另取移液管，分别以无菌操作法吸取 10^{-5}、10^{-4}、10^{-3} 的稀释液 0.1 mL（依样品中微生物的多少选取不同的稀释度），加至制备好的平板上，用无菌涂布棒涂布均匀。从低浓度到高浓度，可以用同一根移液管或涂布棒。

（5）将培养皿倒置培养于恒温培养箱中，细菌 37℃ 培养 1～2 d，真菌 30℃ 培养 3～5 d，放线菌 30℃ 培养 5～7 d 后观察。若杂菌干扰不严重，可适当延长平板的培养时间，以便挑取生长速度较慢的菌株。

（6）根据菌落形态特征，挑取有代表性的单菌落（尽量挑取不同类型的菌落），在相应培养基的平板上划线，直至得到纯培养（通过显微镜检查确认只有单一形态的菌体）。纯化后的菌株应及时转接到斜面培养基上保存。

（7）对分离获得的纯培养进行特定发酵能力的测定。

【注意事项】

（1）采集的样品的储藏时间不宜过长，尽可能在短时间里完成分离工作。如果储藏时间稍长，菌群将发生明显的变化，一些"娇气"的微生物容易死亡，所以要想从土样中找出有价值的微生物，应当克服这种"储藏与死亡"的矛盾。

(2) 样品的采集要有针对性。分离淀粉酶产生菌最好在栽培淀粉谷物的土壤中采集，分离蛋白酶产生菌最好在蛋白质加工厂周围或栽培豆科植物的土壤里采集。

【思考题】

(1) 植物残体上或者活植物体上的微生物如何分离？

(2) 除涂布法外，你还知道哪些分离方法？比较各种分离方法的优、缺点。

(3) 分离设计时怎样安排较为合理，是多皿一次分离为佳，还是少皿多次为佳？

(4) 如何初步区分真菌、细菌和放线菌的菌落？

(5) 查找资料，根据你所学的知识，设计一个筛选方案来筛选降解有毒物质二　英的特有微生物。

实验 2　土壤中放线菌的选择性分离

筛选放线菌是微生物学研究的主要课题之一，尤其在新的研究领域中具有十分重要的意义。迄今为止，已发现的抗生素中有 80% 皆来自于放线菌。放线菌主要存在于土壤中，并在土壤中占有相当大的比例。一般来说，放线菌喜好比较干燥、偏碱性、含有机质丰富的土壤环境。通常，随着地理分布、植被及土壤性质的不同，放线菌的种类、数量和拮抗性也各不相同。

土壤是微生物的大本营，其中的放线菌多以链霉菌为主，因此人们通常将除链霉菌以外的其他放线菌统称为稀有放线菌。若以常规方法进行分离，得到的几乎全部是链霉菌。然而，当采用加热处理土样、选用特殊培养基（如葡萄糖天门冬素琼脂、精氨酸琼脂等）或添加某种抗生素等方法时，均可提高稀有放线菌的获得率。

由土壤中分离放线菌的方法很多，其中包括稀释法、弹土法、混土法和喷土法等。本实验主要采用稀释法，并通过选用特殊培养基的方法，有选择地分离所需要的放线菌。

【实验目的】

(1) 了解采集土样的要求和方法。

(2) 掌握选择性分离土壤放线菌的基本原理和操作技术。

(3) 学习并掌握分离放线菌的土壤稀释法。

【实验材料】

1. 材料

土样取自校园

2. 试剂

葡萄糖天门冬素琼脂：

葡萄糖	10 g
K_2HPO_4	0.5 g
天门冬素	5 g
琼脂	18 g
蒸馏水	1000 mL
pH	7.2～7.4

0.5 kgf/cm² 灭菌 30 min

精氨酸琼脂：

精氨酸	1 g
甘油（最后加入）	12.5 g
$MgSO_4 \cdot 7H_2O$	0.5 g
$CuSO_4 \cdot 5H_2O$	0.001 g
$ZnSO_4 \cdot 7H_2O$	0.001 g
$MnSO_4 \cdot H_2O$	0.001 g
$Fe_2(SO_4)_3 \cdot 6H_2O$	0.01 g
NaCl	1 g
K_2HPO_4	1 g
琼脂	18 g
蒸馏水	1000 mL
pH	6.9～7.1

1.05 kgf/cm² 灭菌 15 min

高氏 1 号琼脂：

KNO_3	1 g
K_2HPO_4	0.5 g
$FeSO_4 \cdot 7H_2O$	0.01 g
$MgSO_4 \cdot 7H_2O$	0.5 g
NaCl	0.5 g
可溶性淀粉	20 g
琼脂	12～18 g
蒸馏水	1000 mL
pH	7.0

1.05 kgf/cm² 灭菌 30 min

以上每种培养基皆用 500 mL 三角瓶分装 250 mL

3. 仪器

牛皮纸袋，培养皿，1 mL、5 mL 吸管，250 mL 三角瓶分装 90 mL 无菌水（含 30 粒玻璃珠），18 mm×180 mm 试管分装 9 mL 无菌水，牙签，玻璃刮铲，18 mm×180 mm 试管中分装 5 mL 1‰$K_2Cr_2O_7$ 母液，采土铲，细目筛，药匙，称量纸，试管架，小天平，记号笔

【实验步骤】

1. 采土

选择适宜采样地点。用采土铲去除表土，取 5～10 cm 深处的土壤约 150 g，装入无菌牛皮纸袋中，并注明采样日期、地点、土壤类型、植被和采样人姓名等。

2. 土样预处理

新鲜土样应适当风干，并喷施小剂量杀虫剂以防培养过程中虫卵发育的影响。

3. 制备平板

每组取 12 套无菌培养皿，将冷却至 45℃左右的各培养基分别倒入平皿，每皿 15～20 mL，高氏 1 号培养基中需加入 20 μL/L 的 $K_2Cr_2O_7$ 溶液，混匀后铺板。待培养基平板凝固后，在皿盖上注明培养基种类及组号。

4. 制备土壤稀释液

每组称取 10 g 土样，放入 90 mL 无菌水中（含玻璃珠），得到土壤原液（10^{-1}）。手摇 10 min 后，静置 1 min。再用无菌吸管吸取 1 mL 上清液，置于 9 mL 无菌水中，充分混匀，则得到 10^{-2} 稀释液。依此类推，制备 10^{-3}、10^{-4} 及 10^{-5} 稀释液（一般较肥的土壤使用 10^{-5}～10^{-3} 稀释液，而瘦土则使用 10^{-4}～10^{-2} 稀释液）。

5. 铺平板

用 1 mL 无菌吸管分别取 0.1 mL 10^{-5}～10^{-3} 稀释液，置于培养基平板中央。然后，再用无菌的玻璃刮铲均匀涂布，静置 10 min。每 1 稀释度 3 个重复，每 1 种培养基 9 套平板。并注明各稀释度。

6. 培养及观察

将各平板置于 28℃恒温箱中倒置培养 14 天。要求分别在第 2 天、5 天、7 天和 14 天进行观察，并根据菌落大小、气生菌丝有无、气生菌丝和基质菌丝的颜色及可溶性色素有无等培养特征，选择单菌落放线菌进行纯培养，同时在平板背面的相应位置上做好标记。

7. 纯培养

及时将选定的单菌落接入高氏 1 号琼脂斜面，每个菌株接 1 支斜面。必要时，中间可加 1 次划线分离培养，然后再转斜面。

【注意事项】

（1）采集土样应选择适当的季节和地点，尽量避免雨季和酸性土壤。

（2）土样通常需要过筛，并自然风干 1 周左右。

（3）制备土壤稀释液时要混合均匀。

（4）菌液涂布时应注意涂布器的温度，避免因温度过高而将待分离的放线菌烫死。

【结果与分析】

将实验结果填入表 5-1，并根据所得结果进行初步判定。

表 5-1　菌落特征记录

培养基	菌落特征					鉴别类型
	大小	形态	表面干湿	颜色	色素	
葡萄糖天门冬素琼脂						
精氨酸琼脂						
高氏 1 号琼脂						

【思考题】

（1）在分离土壤放线菌时为什么要进行预处理或选用多种培养基？

（2）在高氏 1 号培养基中添加 $K_2Cr_2O_7$ 有何作用？

实验 3　发酵菌株的初筛

抗生素是生物特别是微生物在生命活动过程中产生的一类次生代谢产物或与之相类似的人工合成衍生物质，它们在低浓度时就可抑制其他一些生物的生命活动。因为抗生素在极低浓度下就能抑制或杀死微生物，在抗生素产生菌的筛选中，常以其发酵产物对这些指示微生物产生的抑菌圈大小来衡量抗菌作用的强弱和抗生素的有效浓度。

本实验以抗生素产生菌的筛选为例，介绍发酵菌种的初步筛选方法。

【实验目的】

（1）从已分离到的细菌、放线菌和真菌中选出能产生生理活性物质的菌株。

（2）学习抗生素产生菌的筛选方法。

【实验材料】

1. 材料

实验所分离到的微生物菌株

2. 试剂

高氏 1 号培养基或马铃薯培养基

指示细菌培养基（pH 7.0～7.2）：蛋白胨 0.25%，酵母提取物 0.1%，牛肉膏 0.06%，葡萄糖 0.5%，琼脂 2%

指示霉菌培养基（pH 自然）：蛋白胨 0.5%，酵母提取物 0.01%，Mg-SO$_4$·7H$_2$O 0.05%，K$_2$HPO$_4$ 0.1%，葡萄糖 1%，琼脂 2%

指示酵母培养基（pH 自然）：葡萄糖 2%，酵母提取物 1%，蛋白胨 2%，琼脂 2%

3. 仪器

高压蒸汽灭菌锅，恒温干热灭菌箱，超净工作台，天平，电炉，pH 试纸，刻度搪瓷杯，量筒，三角瓶，玻璃珠，试管，培养皿，吸管，移液管，标签，三氯乙酸，Lugol 氏碘液等

【实验步骤】

1. 指示菌培养基的配制

配制细菌、霉菌和酵母的指示培养基，分装于三角瓶中，0.08 MPa 灭菌 30 min，冷至 60℃。

2. 指示菌菌悬液的制备

本实验选取金黄色葡萄球菌、大肠杆菌和枯草芽孢杆菌分别作为革兰氏阳性球菌、革兰氏阴性杆菌和含芽孢细菌的指示菌，黑曲霉作为丝状真菌的指示菌，酿酒酵母作为单细胞真菌的指示菌。

以无菌操作法挑取 3 环细菌或酵母指示菌菌苔，或霉菌的孢子至装有 3 mL 无菌水的试管中，制成菌悬液，吸取 0.1 mL 涂布在相应培养基的平板上。

3. 抑菌试验

1）琼脂块法

（1）将分离所得的菌株在合适的培养基中进行平板划线，培养成熟（一般细菌 37℃ 1～2 d、霉菌 30℃培养 3～5 d、放线菌 5～7 d）。

（2）用无菌打孔器在长满菌苔的培养皿中无菌操作，垂直钻取连有培养基的菌块，用灭菌镊子将菌块移至涂有指示菌的平板上，每个平板放 4 块，做好标记。

（3）将平板正放在 37℃温箱中培养 1～2 d，观察菌块周围的透明圈（抑菌圈）的大小。透明圈越大，表示抑菌能力越强。

2）滤纸片法

（1）挑取筛选得到的纯培养菌苔 3 环，接入装有 5 mL 发酵培养基（同筛选培养基，不加琼脂）的试管中，30℃摇床（180 r/min）培养，细菌培养 1～2 d，真菌培养 2～3 d，放线菌培养 3～5 d。

（2）用滤纸片蘸取发酵液少许，贴于指示菌平板上，30℃温箱中培养 1～2 d 后观察菌块周围抑菌圈的大小。

【注意事项】

抗生素的指示菌通常使用病原微生物，但对普通实验室来说，用致病菌作

指示菌很不安全。本实验选用了不同类型的非致病菌作为指示菌，但操作时仍应严格遵循无菌操作规程，实验结束后所有的培养物要灭菌，以防止菌液污染环境。

【思考题】

(1) 抑菌圈的大小与哪些因素有关？

(2) 查阅资料，设计一个实验来筛选脂肪酶产生菌。

实验 4　微生物菌种的保藏

保藏微生物菌种的目的不仅要保存菌株的生命本身，而且还必须要尽可能地使菌株的遗传性状保持不变，同时保证其在整个保存过程中不被他种微生物污染。因此，选择一种能够长期有效且稳定的保藏微生物菌种的方法至关重要。

由于微生物种类繁多，且保存方法的难易程度不同，所以微生物菌种的保藏方法亦有许多。但是不管有多少种菌种保藏方法，其基本原理都要求使微生物的代谢作用降至最低程度，从而使其处于不活泼的状态，即休眠状态。就微生物本身而言，保藏就是要利用它们处于休眠状态的孢子或芽孢而进行；而从环境条件来说，就是要选用低温、干燥和缺氧这 3 个条件。以下将对几种微生物菌种的保藏方法加以简单介绍。

1. 传代保存法

有些微生物当遇到冷冻或干燥等处理时，会很快死亡，因此在这种情况下，只能求助于传代培养保存法。传代培养就是要定期地进行菌种转接、培养后再保存，它是最基本的微生物保存法，如乳酸菌等常用生产菌种的保存。

传代保存时，培养基的浓度不宜过高，营养成分不宜过于丰富，尤其是碳水化合物的浓度应在可能的范围内尽量降低。培养温度通常以稍低于最适生长温度为好。若为产酸菌种，则应在培养基中添加少量碳酸钙。

一般来说，大多数菌种的保藏温度以 5℃ 为好，像厌氧菌、霍乱弧菌及部分病原真菌等微生物菌种则可以使用 37℃ 进行保存，而蕈类等大型食用菌的菌种则可以室温直接保存。

传代培养保存法虽然简便，但其缺点也很明显：①菌种管棉塞经常容易发霉；②菌株的遗传性状容易发生变异；③反复传代时，菌株的病原性、形成生理活性物质的能力以及形成孢子的能力等均有降低；④需要定期转种，工作量大；⑤杂菌的污染机会较多。

2. 液体石蜡覆盖保存法

液体石蜡覆盖保存法较前一种方法保存菌种的时间更长，适用于霉菌、酵母菌、放线菌及需氧细菌等的保存。此法可防止干燥，并通过限制氧的供给而达到削弱微生物代谢作用的目的。其具有方法简便的优点，同时也适用于不宜冷冻干燥的微生物（如产孢能力低的丝状菌）的保存，而某些细菌，如固氮菌、乳酸杆菌、明串珠菌、分枝杆菌、红螺菌及沙门氏菌等和一些真菌，如卷霉菌、小克银汉霉、毛霉、根霉等不宜采用此法进行保存。

3. 载体保存法

载体保存法即将微生物吸附在适当载体上进行干燥保存的方法。常用的方法包括以下几种。

（1）土壤保存法：主要用于能形成孢子或孢囊的微生物菌种的保藏。方法是在灭菌的土壤中加入菌液，立即在室温下进行干燥或使菌体繁殖后再干燥，然后冷藏或在室温下密封保存。保存用的土壤原则上以肥沃的耕土为宜，土壤需风干、粉碎、过筛和灭菌。使微生物在土壤中繁殖后进行干燥保存的方法是：取适量土壤（5 g）置于塞有棉塞的试管中，加水或加入充分稀释的液体培养基（以含水量为土壤最大持水量的 60% 为宜），然后高压灭菌。再将需保存的微生物进行大量接种，培养至菌丝能用肉眼确认的程度为止，移入干燥器中经短时间干燥或风干后密封，冷藏或室温保存。

（2）沙土保存法：取清洁的沙，过 60 目筛去掉大沙粒，并用磁铁吸去沙中铁屑，再用 NaOH 溶液、10% HCl 溶液和水交替清洗数次，干燥后，置于试管或安瓿管中保持 2～3 cm 深，再经干热灭菌后，加入 1 mL 菌种培养液，经充分混匀后，放入真空干燥器中，完全干燥后熔封保存。也可用二份洗净的沙（经HCl 预处理）和一份贫瘠、过筛的黄土混合后灭菌，再进行菌种保藏。

（3）硅胶保存法：以 6～16 目的无色硅胶代替沙子，干热灭菌后，加入菌液。加菌液时，由于硅胶的吸附热常使温度升高，因而需设法加以冷却。

（4）磁珠保存法：这是一种将菌液浸入素烧磁珠（或多孔玻璃珠）后再进行干燥保存的方法。在螺旋口试管中装入 1/2 管高的硅胶（或无水 CaSO₄），上铺玻璃棉，再放上 10～20 粒磁珠，经干热灭菌后，接入菌悬液，最后冷藏、室温保藏或减压干燥后密封保存。此法对酵母菌很有效，特别适用于根瘤菌，可保存长达两年半时间。

（5）麸皮保存法：在麸皮内加入 60% 的水，经灭菌后接种培养，最后干燥保藏。

（6）纸片（滤纸）保存法：将灭菌纸片浸入培养液或菌悬液中，常压或减压干燥后，置于装有干燥剂的容器内进行保存。

4. 悬液保存法

悬液保存法即使微生物混悬于适当溶液中进行保存的方法。常用的方法有以下两种。

（1）蒸馏水保存法：适用于霉菌、酵母菌及绝大部分放线菌，将其菌体悬浮于蒸馏水中即可在室温下保存数年。此法应注意避免水分的蒸发。

（2）糖液保存法：适用于酵母菌，如将其菌体悬浮于 10％ 的蔗糖溶液中，然后于冷暗处保存，可长达 10 年。除此之外，也可使用缓冲液或食盐水等进行保存。

5. 寄主保存法

寄主保存法即令微生物侵入其寄主后加以保存的方法。

6. 冷冻保存法

冷冻保存法适用于抗冻力强的微生物。这些微生物可在其菌体细胞外遭受冻结的情况下而不受损伤，而对其他大多数微生物而言，无论在细胞外冻结还是在细胞内冻结，都会对菌体造成损伤，因此当采用这种保藏方法时，应注意以下几点。

（1）要选择适于冷冻干燥的菌龄细胞。

（2）要选择适宜的培养基，因为某些微生物对冷冻的抵抗力，常随培养基成分的变化而显示出巨大差异。

（3）要选择合适的菌液浓度，通常菌液浓度越高，生存率越高，保存期也越长。

（4）最好在菌液内不添加电解质（如食盐等）。

（5）可在菌液内添加甘油等保护剂，以防止在冷冻过程中出现菌体大量死亡的现象。同样，也可添加各种糖类、去纤维血液和脱脂牛乳等具有良好保护效果的溶剂，但对有些微生物而言，不加保护剂时更有效。

（6）原则上应尽快进行冷冻处理，但当加入保护剂时，可静置一段时间后再进行处理。

（7）就动物细胞而言，应在 $-20℃$ 范围内以 $1℃/min$ 左右的速度缓慢降温，此后必须尽快降到储藏温度。而对绝大多数微生物而言，则不必如此，如结构较为复杂的原虫则可在 $-35℃$ 范围内进行缓慢降温，而噬菌体则必须采用上述的二阶段法进行冷冻。

（8）若进行长期保存，则储藏温度越低越好。

（9）取用冷冻保存的菌种时，应采取速融措施，即在 $35\sim40℃$ 温水中轻轻振荡使之迅速融解。而就厌氧菌来说，则应选择静置融化的措施。当冷冻菌融化后，应尽量避免再次冷冻，否则菌体的存活率将显著下降。

常用的冷冻保存法

（1）低温冰箱保存法（$-20℃$、$-50℃$ 或 $-85℃$）：低温冷冻保存时使用螺旋口试管较为方便，也可在棉塞试管外包裹塑料薄膜。保存时菌液加量不宜过多，有些可添加保护剂。此外，也可用直径 5 mm 的玻璃珠来吸附菌液，然后把玻璃珠置于塑料容器内，再放入低温冰箱内进行保存的。

（2）干冰保存法（-70℃左右）：即将菌种管插入干冰内，再置于冰箱内进行冷冻保存。

（3）液氮保存法（-196℃）：是适用范围最广的微生物保存法。其操作步骤如下。①装安瓶管：使用尽量浓厚的菌体悬浮于含有适当防冻剂（保存霉菌不用防冻剂）的灭菌溶液中，将 0.2～1 mL 的这种溶液分装于安瓶中，或在装有分散剂的安瓶中直接接种，或将菌丝体琼脂块直接悬浮于分散剂中；②熔封安瓶管：若直接贮存于气相液氮中（-150～-170℃）时，则不需熔封；③检查安瓶管是否熔封良好：即在 4℃ 下，将熔封安瓶管在适当的色素溶液中浸泡 2～30 min 后，观察有无色素进入安瓶；④缓慢冷却：将熔封安瓶管置于小罐中，然后用液氮以约 1℃/min 的速度冷却至-25℃左右，也可在-20～-25℃的冰箱内缓慢冷却 30～60 min；⑤速冷：最后浸入液氮中快速冷却至-196℃。

7. 冷冻干燥保存法

冷冻干燥保存法的原理是首先将微生物冷冻，然后在减压下利用升华现象除去水分。事实上，从菌体中除去大部分水分后，细胞的生理活动就会停止，因此可以达到长期维持生命状态的目的。该方法适用于绝大多数微生物菌种（包括噬菌体和立克次氏体等）的保存，其过程如图 5-1 所示。

在进行冷冻干燥时，需注意以下几个问题。

（1）冷冻干燥前的培养条件：首先检验菌种纯度。一般来说，将待保存的微生物在营养丰富且容易增菌的培养基上进行培养为宜。菌龄以达到对数生长期为好。若为有芽孢或孢子的微生物，则以芽孢和孢子形成以后进行保存为好。菌液浓度以高为好，如细菌应达到 10^9～10^{10} 个/mL。

（2）菌株号码等的标记：可在安瓶外侧标记或在安瓶内封入标签。

（3）安瓶的准备：将安瓶在 2％HCl 中浸泡过夜，自来水冲洗 3 次后，蒸馏水刷净、干燥、塞棉塞、贴标签、干热灭菌或温热灭菌后，60℃恒温干燥。

（4）添加保护剂：常用的保护剂有脱脂乳、12％蔗糖、加 7.5％葡萄糖的普通肉汤以及 7.5％葡萄糖的血清等。

8. Bordelli 氏法

取干净的小试管（8 mm×60 mm）塞上棉塞，灭菌。用灭菌的脱脂牛乳洗脱试管斜面上的菌苔，制成浓厚菌悬液。然后用无菌吸管将菌悬液滴入小试管底部。每管一滴，然后转动小试管使菌液分散在试管底部的壁上。标记菌名。将小试管装在 15 mm×150 mm 的试管中，在大试管底部事先装上 1.5 cm 高的（P_2O_5 或 KOH），管口用带玻璃管的橡皮塞塞紧，蜡封。将大试管与真空泵连通，抽真空至 0.1～0.2 mmHg 时，将玻璃管熔封，置室温暗处或冰箱保存。

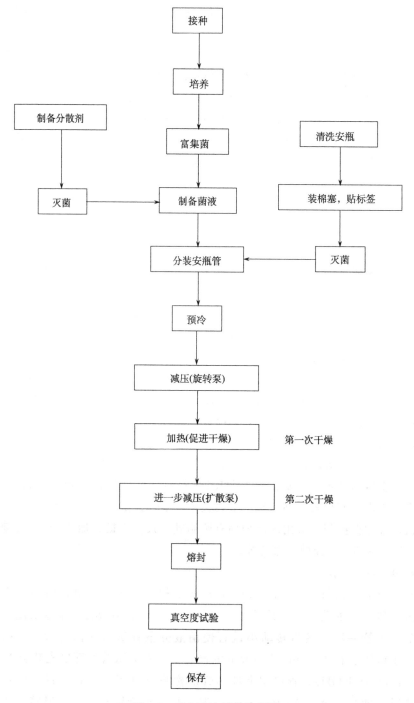

图 5-1　真空冷冻干燥流程图

【实验目的】
　(1) 了解各种保藏方法的优、缺点及其适用的目标微生物。
　(2) 学习并掌握几种常用的微生物菌种保藏方法。

【实验材料】
　1. 材料
　　丝状真菌、酵母菌、芽孢杆菌和无芽孢杆菌各一支
　2. 试剂
　　P_2O_5，无水 $CaCl_2$ 各一瓶
　3. 仪器
　　接种用具一套，1 mL、5 mL 吸管，长滴管，安瓶管，9 mL 无菌水试管，砂土管，液体石蜡，脱脂牛乳，真空干燥器，真空泵。其中，液体石蜡的处理为 1.5 kg f/cm² 压力灭菌 1 h 或 1 kg/cm² 压力灭菌 3 次，每次 30 min。接着检查是否彻底无菌，即接入肉汤中检查有无杂菌生长。最后放在 60~80℃烘烤以去除水分。脱脂牛乳的处理为 2000 r/min 离心 10 min 脱脂，然后 0.5 kgf/cm² 压力灭菌 20 min，或间歇灭菌 3 次，经检查无菌后备用

【实验步骤】
　1. 液体石蜡覆盖法
　　取待保存的菌种斜面，用 5 mL 无菌吸管向内加入灭菌石蜡，要求液体石蜡高出菌斜面 1 cm 左右，若不够此高度，则常会引起斜面抽干现象。
　2. 砂土管法
　　用 1 mL 无菌吸管吸取 0.2~0.5 mL 菌悬液，滴入砂土管中，充分混匀后，将砂土管放入真空干燥器内，抽干，真空干燥器内需放置无水 $CaCl_2$。最后，将干燥好的砂土管取出，迅速于火焰上蜡封管口，并在室温下或冰箱中进行保存。
　3. 冷冻干燥保藏法
　(1) 用灭菌长滴管取出 2 滴 (约 0.1 mL) 无菌脱脂牛乳，置于无菌安瓶管中，然后用另一支无菌滴管取出等体积的浓菌液，同样置于此安瓶管中，充分混匀。
　(2) 集中安瓶管，置于 100 mL 烧杯中，将烧杯装进真空冷冻干燥器的钟罩内，开机并开冷却水后，使菌液在 -20℃温度下迅速冻结成固体，然后抽真空使水分升华，2 h 后，可以停止冷冻并在稍高的温度下进行干燥，直至全干为止。
　(3) 最后取出安瓶管，并将其与真空泵连接，再抽真空后，迅速将安瓶管熔封，最后冰箱保存。
　4. 甘油管保藏法
　　在 5 mL 菌种保藏管中，将等体积的菌悬液和 40% 的甘油充分混匀后，于

−20℃冰箱中保存。

【注意事项】

微生物菌株的种类不同，保存方法也各不相同。应根据不同情况进行选择处理。

【结果与分析】

按照实验条件的实际情况利用不同方法对微生物菌株进行保藏。

【思考题】

(1) 比较几种常用的菌种保藏法的优、缺点和适用范围。

(2) 请说明常见微生物如大肠杆菌、枯草芽孢杆菌、青霉、酿酒酵母、λ噬菌体等分别用何种方法进行保存，为什么？

实验 5　发酵菌种的诱变选育

由于微生物极易受到外界因子的影响而发生改变，因此人们分离所得的野生菌菌株的发酵活力往往比较低，经过人工选育得到突变株，或通过细胞或基因工程操作都可以提高产量。

突变可自发产生，也可诱发产生，但自发突变的频率往往很低，而诱发突变可大大提高突变频率。所谓诱变就是用物理或化学诱变剂处理均匀分散的细胞群，促使其突变频率大幅度提高，然后采用简便、快速和高效的筛选方法从中挑选少数符合育种目的的突变株，以供生产实践或科学实验之用。诱变可由化学或物理因素引起，其中紫外线是一种最简单、最常用的物理诱变剂，它能使 DNA 链中两个相邻的嘧啶核苷酸形成二聚体而影响 DNA 的正常复制，从而造成基因突变；^{60}Co-γ 辐射诱变是生产常用的方法。诱变育种时应遵循以下几个原则。

(1) 选择简便有效的诱变剂。

(2) 挑选优良的出发菌株。

(3) 做好诱变前的各种前处理。

(4) 选用合适菌龄，细菌一般以对数期为好，真菌以孢子来处理，丝状真菌以幼龄菌丝为好。

(5) 选用合适的诱变剂量，凡在高诱变率的基础上既能扩大变异幅度，又能促使发生正向变异的剂量就是最适剂量，对质量性状的诱变拟采用高致死剂量（95%～99%的致死率），而对产量性状，一般认为正常出现在偏低剂量（75%～80%的致死率）中。

(6) 利用复合处理的协同效应，两种或多种诱变剂先后或同时使用，或同一种诱变剂重复使用。

【实验目的】

(1) 了解诱变育种的基本原理。

(2) 学习用诱变育种筛选高产菌种的基本方法。

【实验材料】

1. 材料

实验初筛的放线菌菌株或丝状真菌

2. 试剂

同本章实验 1，选择诱变菌株的合适培养基。生理盐水，抗生素（1500 μg/mL 卡那霉素）

3. 仪器

恒温水浴振荡器，离心机，磁力搅拌器，显微镜，血球计数板，紫外灯（15 W，260nm），诱变箱，超净工作台等

【实验步骤】

1. 紫外诱变

1）菌体或孢子悬液的制备

将待诱变的菌株（细菌）摇瓶培养至对数生长期，取 1 mL 菌液，用无菌生理盐水离心洗涤 2 次，重悬于生理盐水中制成菌悬液；若是放线菌，固体培养基上培养至孢子形成，挑取孢子 4～5 环，接入 1 mL 生理盐水中，在合适条件下培养 2 h 使孢子稍加萌发，制成孢子悬液。用显微镜直接计数法计数悬液中的细胞数，并通过稀释将悬液调至大约 10^7 个细胞/mL。

2）致死曲线的测定

取直径为 6 cm 的无菌培养皿 8 只，加入制备好的菌悬液 5 mL 和磁力搅拌棒（预先灭菌）一根，然后放于磁力搅拌器上，打开皿盖，在距紫外灯（先预热 20 min）30 cm 处照射，分别照射 15 s、30 s、45 s、60 s、75 s、90 s、105 s 和 120 s，吸取菌液各 0.1 mL，稀释后涂平板，3 个重复，在合适的条件下培养后计数，用未经过照射的悬液为对照，将结果填入表 5-2 中，以照射时间为横坐标，以死亡率为纵坐标，画出致死曲线。

表 5-2　紫外线对微生物死亡率的影响

照射剂量/s	稀释倍数	菌落数/(个/0.1 mL)			平均值/(个/mL)	死亡率/%
		(1)	(2)	(3)		
0						
15						
30						
45						
60						
75						
90						
105						
120						

3）诱变

选取 80％致死率的诱变剂量进行诱变，菌液经适当稀释后涂平板（为了便于选取单菌落，稀释倍数以直径为 9 cm 的培养皿中长出 10～50 个菌落为好）。

4）筛选

对长出的单菌落进一步纯化后按实验 3 的琼脂块法进行抗生素产生菌的初步测定，挑选透明圈大的菌株进行复筛；如果该菌株产生的抗生素类型已知（假如为卡那霉素类），也可直接将诱变后的菌液涂布在含该抗生素的梯度平板上，培养后挑选能在高浓度抗生素区域良好生长的菌落进行复筛。

梯度平板的制作：配制培养基，分装成两瓶，灭菌后在 50℃水浴中保温；在第一瓶中加入抗生素（1500 μg/mL 卡那霉素），摇匀后倒平板，每皿约 10 mL，倾斜放置，冷却后使成一斜面；然后在其上再倒 10 mL 左右未加抗生素的培养基，水平放置，冷却后即成一梯度平板（图 5-2）。

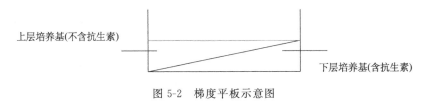

图 5-2　梯度平板示意图

2. ^{60}Co-γ 辐射诱变 ［本实验以竹黄菌（*Shiraia bambusicola*）为例］

1）菌体培养

将竹黄菌真菌接种到培养皿中培养 2～3 天备用，如果菌落生长快可以缩短时间。

2）诱变

以常规剂量率 22.6 Gy/min，按照 10 Gy、50 Gy、100 Gy、200 Gy、500 Gy、800 Gy、1500 Gy、2000 Gy 进行辐射处理，不辐射的作为对照，3 个重复。

3）观察培养

经过辐射的菌种放在 25℃下培养 3～5 天，然后转接到新培养皿中，高剂量辐射的菌株在新培养基上不再生长，低剂量辐射的菌株往往生长良好，将菌落的生长状况记录在表 5-3 中。由于竹黄菌产生的竹红菌素为红色，因此从颜色上就能够直接观察到辐射效果。实验结果记录到表 5-3 中。

【注意事项】

(1) 紫外诱变具有累积效应，因此也可以只准备一皿菌悬液，每隔 15 s 关掉紫外灯，取 0.1 mL 菌液稀释涂平板，取样后继续打开紫外灯，总的诱变时间可累加确定。

表 5-3　^{60}Co-γ 辐射诱变辐射后的菌落观察

剂量/Gy	10	50	100	200	500	800	1500	2000
辐射 1								
辐射 2								
辐射 3								
对照								

注意：记录菌落颜色以及生长量的变化。

(2) 诱变后的稀释倍数应根据照射剂量而定，低剂量稀释 1000～10 000 倍，高剂量稀释 100～1000 倍，以每皿长几十个菌落为宜。

(3) 紫外诱变后的菌株存在光复活现象，因此菌液的稀释、平板的涂布等工作应在红灯（也可在普通白炽灯上包一块红布）下进行，涂布好的平板也应用黑纸（布）包好后在恒温箱中培养。化学诱变后也应在红灯下操作。

(4) ^{60}Co-γ 诱变要掌握好剂量和剂量率，低剂量往往促进菌体生长，高剂量往往抑制菌体生长，但是对代谢产物竹红菌素的影响不仅要看菌落的生长状况还要看辐射对代谢的影响。

(5) 诱变剂对人体有一定的伤害作用，紫外线穿透力弱，诱变可在无菌箱中进行，用玻璃或黑布防护；^{60}Co-γ 辐射诱变只需做好前期准备，如设计好剂量和剂量率等，后期交给专业人员处理。

【思考题】

(1) 诱变时应注意哪些要素？

(2) 还有哪些常用的诱变剂？

(3) 菌体生长最快的是否就是诱变效果最好的？

实验 6　四环素的定向发酵及效价测定

1. 四环素的定向发酵

由于金霉素、土霉素、四环素及其衍生物的理化性质和生物学特性都十分相似，因此总称为四环类抗生素（图 5-3）。它们都有很宽的抗菌谱，能抑制多种革兰氏阳性和阴性细菌、某些立克次氏体、较大的病毒和一部分原虫。

金霉素和四环素在化学结构上也十分相似，区别仅在 C-7 位上以 Cl 取代了 H。所以，金霉素又称为 7-氯四环素。金霉素链霉菌是金霉素的产生菌，但当培养基中存在抑氯物质时，由于氯的掺入受阻，而使得金霉素链霉菌的生物合成方向发生变化，并使四环素成为主要产物。

本实验以 M-促进剂（硫醇苯骈噻唑）作为氯化酶的抑制剂，以溴化钠作为竞争性抑制剂进行四环素的定向发酵。发酵液效价单位的检测采用比色法，并加入乙二胺四乙酸二钠（EDTA）为螯合剂，以减少金属离子的干扰。

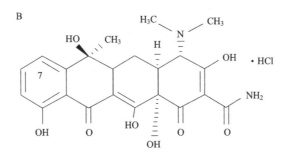

金霉素的化学结构式

四环素的化学结构式

图 5-3　四环素类抗生素的化学结构式

　　四环素和金霉素在酸性条件下加热，均生成黄色脱水化合物。在一定浓度范围内，它们的色度与含量成正比。但在碱性条件下，四环素较稳定，而金霉素则生成无色的异金霉素。利用以上化学性质，可以分别测得四环素和金霉素的总单位，二者之差即为金霉素的单位。

2. 四环素的效价测定

　　抗生素的生物检测是以抗生素对微生物的抗菌效力作为效价的衡量标准，具有与应用原理相一致、用量少和灵敏度高等优点。其中，管碟法是琼脂扩散法中的一种，已被各国药典广泛采用，作为法定的抗生素生物检测方法。

　　当抗生素在菌层培养基中扩散时，会形成抗生素浓度由高到低的自然梯度，即扩散中心浓度高而边缘浓度低。因此，当抗生素浓度达到或高于 MIC（最低抑制浓度）时，试验菌就被抑制而不能繁殖，从而呈现透明的抑菌圈。根据扩散定律的推导，抗生素总量的对数值与抑菌圈直径的平方呈线性关系。且在一定的试验条件下，可直接利用抑菌圈的直径近似地代替其平方，因而当试验条件相同

时，可简化为只比较标准品和样品的抑菌圈大小，以求得样品的生物效价。这种
比较方法有二剂量法和三剂量法，我国常用二剂量法。

二剂量法要求设置的高浓度是低浓度的 2 倍，由高浓度引致的抑菌圈直径应
在 20～24 mm 范围内，且由这两个浓度引致的抑菌圈直径差只有＞2 mm 时，才
可保证检测出的抗生素效价准确、可靠。其样品效价计算公式为

$$P = \lg^{-1}\left(\frac{T_1 + T_2 - S_1 - S_2}{T_2 + S_2 - T_1 - S_1} \times I\right) \times 100\%$$

式中：S_1 为低浓度标准品所致抑菌圈直径的总和；S_2 为高浓度标准品所致抑菌
圈直径的总和；T_1 为低浓度样品所致抑菌圈直径的总和；T_2 为高浓度样品所致
抑菌圈直径的总和；I 为高、低浓度比值的对数，即 0.3010。

$$样品的效价（毫克单位）= 样品的估计效价 \times P$$

式中：样品的估计效价是配制样品溶液时所估计的毫克单位数。

【实验目的】

(1) 通过实验加深对定向发酵的理解。

(2) 学习以抗生素的化学性质为依据进行效价单位检测的操作技术。

(3) 了解管碟法的原理。

(4) 掌握二剂量法测定抗生素效价单位的技术和计算方法。

【实验材料】

1. 材料

金霉素链霉菌（*Streptomyces aureofaciens*），藤黄八叠球菌（*Sarcina lutea*）

2. 试剂

麦仁培养基：

麦仁	32 g
$MgSO_4 \cdot 7H_2O$	0.05 g
$(NH_4)_2HPO_4$	0.1 g
K_2HPO_4	0.15 g
蒸馏水	1000 mL
pH	7.2～7.4

以 18 mm×180 mm 的试管分装，1.05 kgf/cm² 灭菌 30 min，摆置斜面

四环素种子培养基：

黄豆粉	20 g
酵母粉	5 g
蛋白胨	7 g
淀粉	40 g
$(NH_4)_2SO_4$	3 g

$MgSO_4 \cdot 7H_2O$	0.25 g
KH_2PO_4	0.25 g
$CaCO_3$	4 g
蒸馏水	1000 mL
pH	自然

300 mL 三角瓶中分装 25 mL 四环素种子培养基，1.05 kgf/cm² 灭菌 30 min

金霉素基本培养基：

花生粉	40 g
酵母粉	2 g
蛋白胨	10 g
淀粉	100 g
$(NH_4)_2SO_4$	6 g
$MgSO_4 \cdot 7H_2O$	2.5 g
$CaCO_3$	7 g
蒸馏水	1000 mL
pH	自然

发酵培养基：

在金霉素基本培养基中分别加入以下成分，组成不同的发酵培养基

① 0.3%KCl

② 0.3%NaBr

③ 0.3%NaBr+0.0015%M-促进剂

④ 以基本培养基为对照

500 mL 三角瓶中分装 50 mL 发酵培养基，1.05 kgf/cm² 灭菌 30 min。配制时先用少量水将淀粉调成糊状，迅速加入一些沸水使淀粉糊烫至完全透明后，补水至需要体积，再加入 0.2 g α-淀粉酶，于 60℃ 保温 30 min 后，升温至 90℃，再加入其他成分，最后加入 $CaCO_3$ 粉末，分装灭菌

LB 琼脂：

蛋白胨	6 g
酵母浸膏	6 g
牛肉膏	1.5 g
葡萄糖	1 g
琼脂	12～18 g
蒸馏水	1000 mL
pH	7.0

250 mL 三角瓶分装 150 mL LB 琼脂，150 mL 三角瓶分装 50 mL LB 琼脂，0.7 kgf/cm² 灭菌 30 min

　　藤黄八叠球菌悬液用培养液：

蛋白胨	5 g
酵母浸膏	3 g
牛肉浸膏	1.5 g
葡萄糖	1 g
NaCl	3.5 g
K_2HPO_4	3.68 g
KH_2PO_4	1.32 g
蒸馏水	1000 mL
pH	7.2～7.4

　　50 mL 三角瓶分装 20 mL 藤黄八叠球菌菌悬液用培养液，0.7 kgf/cm^2
　　　灭菌 30 min

　　四环素类抗生素的标准品和样品，草酸，EDTA 混合试剂，2 mol/L HCl，
黄血盐，$ZnSO_4$，11% HCl，20% HCl，$MgCl_2$，$CaCl_2$，20% 乙醇溶液，
氨水，Na_2CO_3/NaOH（1∶1）混合碱，20% NaOH，pH 分别为 2、4.5 的
酸性水，4% HCl/正丁醇（1∶10），丙酮，pH6.0 的磷酸缓冲液

3. 仪器

　　10 mL 破口吸管，培养皿，牛津杯［内径：（6.0±0.1）mm，外径：
（7.8±0.1）mm，高度：（10.0±0.1）mm］，滴管，1 mL 吸管，弯头镊子，
15 mm×150 mm 试管，瓦盖，接种用具，50 mL、100 mL、500 mL 三角
瓶，50 mL、100 mL、500 mL 烧杯，滴管，50 mL 容量瓶，100 mL 量筒，
50 mL 离心管，玻璃漏斗，滤纸，玻璃棒，精密 pH 试纸，水浴锅，摇床，
剪刀，天平，布氏漏斗，结晶皿，称量瓶，药匙，真空泵，抽滤装置，722
分光光度计，台式离心机，分析天平，玻璃板，水平仪，游标卡尺

【实验步骤】

1. 发酵液效价的测定

1）制备斜面孢子

将活化的金霉素链霉菌接入麦仁培养基斜面，35～37℃培养 5 天。

2）制备种子

将约 1 cm^2 的麦仁孢子接入 25 mL 四环素种子培养基中，200 r/min、28℃
下振荡培养 20 h，扩繁 1 次。

3）四环素发酵

以破口吸管取 2.5 mL 种子液接入 50 mL 发酵培养基中，200 r/min、28℃
下振荡培养 5 天。

4）绘制四环素的标准曲线

将四环素标准品配成 0 mg/mL、20 mg/mL、40 mg/mL、80 mg/mL、

160 mg/mL、200 mg/mL 等浓度的溶液，在 722 分光光度计上测定其 OD 值。并以溶液浓度为横坐标，以 OD 值为纵坐标，绘制标准曲线。

5）检测发酵液的效价单位

（1）先用 pH 试纸测定发酵液的 pH，并通过气味检查发酵是否正常。

（2）向发酵液中加入草酸调 pH 为 1.5。过滤，将滤液收集在 50 mL 三角瓶中。

（3）检测四环素发酵单位。

    ① 在 50 mL 烧杯中加入 1 mL 滤液，再加入 11 mL EDTA 混合试剂，混匀后，反应 5 min；

    ② 加入 4 mL 2 mol/L HCl，煮沸 5 min 后，冷却；

    ③ 用滴管将溶液移入 50 mL 容量瓶，并以 10 mL 蒸馏水分 3 次洗涤烧杯，淋洗液均移入容量瓶，定容至刻度后，摇匀；

    ④ 对照以蒸馏水代替发酵滤液，除不加热外，其他步骤均与上相同；

    ⑤ 在 722 分光光度计上进行比色测定，测定波长为 440 nm；

    ⑥ 从标准曲线上读出该发酵液相应的效价单位。

6）检测四环素和金霉素的发酵总单位

以 11 mL 蒸馏水代替 EDTA 混合试剂，其他步骤均同上。

2. 四环素效价的测定

（1）配制标准品溶液：准确称量四环类抗生素标准品，并以少量 0.1 mol/L HCl 溶解后，用 pH6.0 的磷酸缓冲液定容，得到 1000 U/mL 原液（5℃ 以下可保存 7 天）。使用时另取容量瓶，再用 pH6.0 的磷酸缓冲液分别稀释为 40 U/mL 和 20 U/mL 的标准品溶液。

（2）配制样品溶液：估计样品的毫克单位，配制成估计效价为 1000 U/mL 的样品原液，然后同法稀释成 40 U/mL 和 20 U/mL 的样品溶液。

（3）制备菌悬液：取藤黄八叠球菌斜面，接种至内装 LB 琼脂的茄子瓶斜面上，26℃ 培养 24 h 后，用 15 mL 试验菌培养液洗下菌苔，混匀备用。

（4）制备平板：

    ①取 6 套无菌培养皿，分别加入约 20 mL LB 培养基后，置水平玻璃板上凝固，作为底层。

    ②另取冷却至 50℃ 左右的 50 mL LB 培养基，加入 1 mL 试验菌悬液，迅速摇匀后，用 10 mL 破口吸管取 6 mL 混菌培养基倒在底层平板上，作为菌层，并放置在水平玻璃板上凝固。

（5）在培养基平板底部做好相应标记，用弯头镊子在每个培养皿中等距离放入 4 个牛津杯。

（6）用滴管分别将高、低浓度的标准品和样品溶液加入到牛津杯中，以滴满为度，换上瓦盖。

（7）将培养皿平稳送入恒温箱，37℃下培养 16～18 h。

（8）用游标卡尺测量抑菌圈直径。

【注意事项】

（1）保持摇床的空气湿度，否则发酵液体积会大幅度减少。

（2）标准曲线应用计算机绘制更为准确。

（3）标准品溶液的配制应选用分析天平。

（4）管碟法测定时，上层混菌培养基的铺制是操作的关键，应控制好培养基的温度。温度过高会烫死藤黄八叠球菌；温度过低会导致培养基凹凸不平，影响测定。

【结果与分析】

将实验结果填入表 5-4 和表 5-5，并计算样品的效价。

表 5-4　四环素效价测定

培养基		基本	0.3%KCl	0.3%NaBr	0.3%NaBr+0.0015%M-促进剂
四环素效价测定	OD_1				
	OD_2				
	OD_3				
	平均值				
总效价测定	OD_1				
	OD_2				
	OD_3				
	平均值				
总效价/(mg/mL)					
四环素效价/(mg/mL)					
金霉素效价/(mg/mL)					

表 5-5　抑菌圈测定

培养皿	抑菌圈直径/(d/mm)			
编号	fs_2	fs_1	ft_2	ft_1
1				
2				
3				
4				
5				
6				
S	S_2	S_1	T_2	T_1

【思考题】

(1) 向发酵液中添加 EDTA 的作用是什么？

(2) 讨论你的实验结果是否正常？若不正常试分析其原因。

(3) 在管碟法测定实验中为何铺制培养基底层？

(4) 管碟法测定实验中瓦盖有何作用？

(5) 讨论你的实验结果是否可靠，为什么？

实验 7　竹黄菌液体发酵及其活性物质的提取

竹黄菌是我国一种重要的中药资源。竹黄的主要成分是竹红菌素。

真菌菌体在生长过程中合成的次生代谢活性物质既可能存在细胞内，也可能分泌到细胞外，或者胞内胞外兼有。胞内是指存在于生物细胞内的各种物质；胞外是指生物体细胞分泌到细胞外的物质。所以为获取不同的代谢物质所需要的处理方法不同。例如，在进行液体发酵时，对于存在于胞内的目的物质，要尽可能多的获得生物体，通过对生物体的处理获得目的物质；而对于分泌到胞外物质则要提高生物体向外分泌目的物质的能力，提高发酵液中目的产物的含量，通过处理发酵液获得目的产物。根据这一原理，竹红菌素作为竹黄菌的次生代谢物质，主要存在竹黄菌的菌丝体中，在液体发酵过程中，主要目的是要提高竹黄菌菌丝体生物量及其含量。

溶剂提取法是利用相似相溶原理选择合适的溶剂将有机物从待分离和结构鉴定的样品中提取出来。溶剂只有水和有机溶剂两种，有机溶剂由于分子结构和组成的差异而存在极性的不同。常见有机溶剂的亲水性或亲脂性的强弱顺序可以表示如下。

亲水性逐渐增强

———————————————————————————→

石油醚/苯　　氯仿/乙醚　　二氯乙烷　　丙酮　　乙醇　　甲醇/乙腈

←———————————————————————————

亲脂性逐渐增强

各种有机物由于结构和组成的不同，它们的极性也就不同。这样，当溶剂进入样品中，存在于样品中的各种有机物会与溶剂分子发生相互作用。极性强的有机物将被极性溶剂所溶解，反之，极性弱的有机物将被弱极性溶剂所溶解。因而，选择不同的溶剂就可以将所需的有机物从样品中提取出来。

竹红菌素作为苊醌类化合物，其易溶于氯仿、丙酮、二甲基亚砜，溶于乙酸乙酯、乙醇，微溶于石油醚，几乎不溶于水。其醇溶液呈红色，在紫外灯下观察呈樱红色荧光；其醇溶液加 $FeCl_3$ 显棕红色，呈阳性；加 1 mol/L NaOH 显翠绿色，加 HCl 酸化复显红色。在 $300 \sim 600$ nm 内测量其吸收光谱，因具有苊醌类化合物共有的结构特点，π-π 共轭产生的吸收峰在 465 nm 处，即竹红菌素在

465 nm处具有最大吸收峰。

【实验目的】

　　竹红菌素是菌体典型的次生代谢物质，通过本次实验，掌握有氧发酵的一般工艺，熟悉胞内活性物质的提取的原理及检测方法。

　　本次实验涉及竹黄菌液体摇瓶发酵、发酵产物的处理及竹红菌素的提取和含量测定。

　　（1）了解并学习以竹红菌素为代表的生物活性物质发酵过程。

　　（2）掌握丝状真菌胞内活性物质提取方法。

　　（3）掌握竹红菌素含量测定的方法。

　　（4）了解发酵罐基本构造和工作原理。

　　（5）了解冷冻干燥仪、旋转蒸发仪、分光光度仪等仪器的使用方法。

【实验材料】

　　1. 材料

　　竹黄菌分离自竹黄子实体

　　2. 试剂

　　活化培养基：PDA 固体培养基

　　种子培养基：PDA 液体培养基

　　发酵培养基：马铃薯 200 g，葡萄糖 20 g，KH_2PO_4 1 g，$MgSO_4$ 0.5 g，
　　　　$CuSO_4$ 0.03 g，最后加水至1000 mL，调 pH 至 6.0

　　葡萄糖，KH_2PO_4，$MgSO_4$，$CuSO_4$，乙醇（95%）

　　3. 仪器

　　接种铲，培养皿，三角瓶，抽滤瓶，真空泵，摇床，冷冻干燥仪，旋转蒸发仪，分光光度仪

【实验步骤】

　　1. 菌株的活化

　　转接冷藏的菌株到活化培养基平板上，26℃培养 4 天，放入 4℃冰箱备用。

　　2. 液体种子培养

　　在 250 mL 的三角瓶装入 100 mL 种子培养基，121℃灭菌 30 min，冷却，利用打孔器转接 5 块已活化菌块，培养 60 h，备用。

　　3. 摇瓶培养

　　250 mL 的三角瓶装入 100 mL 发酵培养基，121℃灭菌 30 min，冷却后按 10%的接种量接入液体种子，在 150 r/min，26℃，培养 6 天。

　　4. 发酵罐培养

　　5 L 的发酵罐装入 2.5 L 的发酵培养基，121℃灭菌 30 min，按 10%的接种量接入液体种子，在 150 r/min，26℃，培养 6 天。

5. 菌体和发酵液分离

发酵液经抽滤分离得到菌丝体与发酵液；发酵液丢弃，菌丝体用去离子水反复冲洗，再抽滤，除去水分。－20℃冷冻保藏备用。

6. 干燥，保存

常见的干燥方法有高温烘干、冷冻干燥等，这些方法各有优、缺点。

(1) 高温干燥：设备简单、时间短，但温度过高时，会导致不耐热活性物质破坏和损失。

(2) 冷冻干燥：在低温条件下，能够保持生物体的形状，活性物质不会被破坏，彻底，但设备价格昂贵，时间长。

7. 竹红菌素提取和含量的测定

1) 竹红菌素提取

干燥的菌丝体用万能粉碎机进行粉碎，称取 1 g 粉碎物，按料液比 1：20 的比例放入三角瓶中，量取 20 mL 乙醇 95％，封口膜密封。

放入超声波仪内，恒温 20℃，超声 30 min。

停止超声，取出，用滤纸进行抽滤，得到澄清色素溶液，弃滤渣。

2) 颜色反应

取菌丝体提取液浓缩至膏状，称 0.2 g，用 10 mL 无水乙醇溶解，避光保存，备用。

取 2 mL 放入试管中，先在紫外灯下观察颜色，之后分别滴加 1 滴 1 mol/L NaOH 溶液，观察颜色变化，再复加等量的 1 mol/L HCl 溶液，观察颜色的变化。

另取待测样 2 mL，滴加 0.05％ $FeCl_3$ 溶液，观察颜色变化。

3) 竹红菌素可见光谱测定

取提取液，进行稀释，以丙酮作对照，在 300～600 nm 测量竹红菌甲素标准溶液和提取液的吸收光谱，确定在可见光段的最大吸收峰。

4) 苝醌类化合物总含量测定

(1) 标准曲线的制定。竹红菌甲素标准溶液的配制：准确称取经 105℃ 干燥至恒重的竹红菌甲素 10 mg 置 100 mL 容量瓶中，用丙酮溶解，用超声波振荡至完全溶解，再用丙酮最终定容至 100 mL，逐级稀释至所需浓度。

(2) 苝醌类化合物含量的测定。取提取物醇溶液，进行若干倍的稀释，在最大吸收峰 465 nm 处测定吸光度值，OD 值为 0.2～0.8。比色皿 1 cm，用丙酮作溶剂。

提取物相对含量（mg/100 mL）＝提取液中竹红菌素的总量/100 mL

竹红菌素提取率（％）＝（提取物含量 mg/菌丝体干重 g）×100％

【注意事项】

 (1) 竹黄不同的菌株竹红菌素产量差异极大，有的甚至不产竹红菌素，因此实验前一定要选好菌株。

 (2) 发酵时间长短与菌株竹红菌素产量密切相关。

【思考题】

 (1) 有哪些因素影响竹红菌素的相对含量？

 (2) 为什么在 465 nm 处测定竹红菌素的含量？

实验 8　淀粉质原料的酒精发酵

 酒精被广泛应用于国民经济的许多部门。在食品工业中，它是配制各种白酒、果酒等酒饮料、食醋及食用香料的主要原料，同时也是许多化工产品不可缺少的基础原料和溶剂。例如，在化学工业方面，利用酒精可以制造合成橡胶、聚氯乙烯、聚苯乙烯、乙二醇、冰乙酸、苯胺、乙醚、酯类、环氧乙烷等化工产品，同时酒精也可作为生产油漆和化妆品的溶剂。在医药方面，酒精可用来配制和提取多种医药制剂，同样也可作为消毒剂。此外，在国防工业和染料生产等方面也都需要大量的酒精作原料。

 工业上酒精的生产通常可分为发酵法和合成法两种方式。合成法主要以乙烯为原料，通常称为乙烯水化法。乙烯是石油工业的副产品，因此化学合成酒精的成本较低，具有很强的竞争力，曾给酒精发酵工业带来了巨大冲击。这主要是由于合成法制酒精的生产成本只占发酵法的 1/4，同时还可节约大量粮食，因此在石油价格暴跌、发酵原料涨价的 20 世纪七八十年代，在一些西方石油化工产业发达的国家，合成酒精产量曾占到总产量的 80% 以上。但是，由于合成酒精中常夹杂有异构化的高级醇类等物质，依照某些国家规定，不适宜在饮料、食品、医药和香料等行业中使用，所以合成酒精尚不能完全取代发酵酒精的生产。于是，酒精发酵工业又见到了曙光。

 当前，我国酒精行业所面临的三大问题就是原料、成本和污染。解决酒精发酵原料的根本出路则在于利用纤维原料来代替粮食原料，并走酒精生产和饲料生产相结合的道路，以饲料粮先酿酒，然后再利用酒糟来生产蛋白质饲料，这样做既缓解了原料的供给，同时又降低了生产成本。而节能和减少污染等问题的解决，则应主要放在原料预处理和产品蒸馏等技术环节上。

 在国际上，淀粉质原料、糖蜜、纤维素及半纤维素等均可作为酒精发酵的生产原料。而目前，我国的酒精发酵产业则主要以淀粉质原料（粮食原料）为基础进行发酵生产，其整个生产制造工艺包括了原料中淀粉的液化和糖化、接种酵母发酵及蒸馏制酒 3 个主要环节，如图 5-4 所示。

 本实验以玉米粉为原料进行酒精发酵，并将实验内容分为 3 部分进行，具体

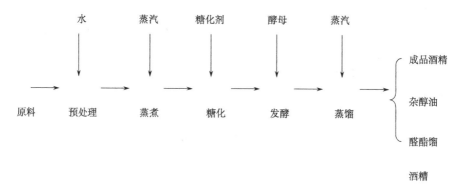

图 5-4　淀粉质原料发酵酒精生产的工艺流程

安排如下。

Ⅰ　α-淀粉酶活性的检测；

Ⅱ　玉米粉的酒精发酵；

Ⅲ　发酵液中酒精产量的测定。

Ⅰ　α-淀粉酶活性的检测

α-淀粉酶，又称为 1，4-α-D-葡聚糖葡萄糖水解酶，广泛存在于动、植物和微生物体中，如麦芽或动物的唾液、脾脏中均含有较多的 α-淀粉酶，而当今 α-淀粉酶的工业化生产也主要是利用微生物工程菌进行生产的。

α-淀粉酶容易溶解于水和较稀的缓冲液中，它能够切断淀粉分子中的 α-1，4-糖苷键，生成糊精及少量麦芽糖或葡萄糖，从而使淀粉遇碘变蓝的特异性颜色反应逐渐消失，由此颜色反应消失的速度即可测出该酶的活性。α-淀粉酶活力 ($D_{60℃}^{60\ min}$) 可用 60℃ 时 1 g 酶制剂或 1 mL 酶液在 1 h 内液化可溶性淀粉的克数来表示，单位以 g/(g·h) 或 g/(mL·h) 来表示。

计算公式如下：

$$\alpha\text{淀粉酶活力}(D_{60℃}^{60\ min}) = f \times \left(\frac{60}{t} \times 20 \times 2\%\right)/0.5 = 48 \times \frac{f}{t}$$

式中：f 为酶的稀释倍数（400）；t 为反应时间，以 min 表示。

【实验目的】

（1）了解并学习以淀粉质原料发酵生产酒精的全过程。

（2）学习并掌握酒精含量测定的常规方法。

【实验材料】

1. 材料

玉米粉

2. 试剂

原碘液：分别称取碘 1.1 g，碘化钾 2.2 g，先用少量蒸馏水将碘化钾全部溶解后，再加入碘，至其也全部溶解后，加水定容至 50 mL，并贮存于棕色瓶内

标准稀碘液：称取碘化钾 1.6 g，加少许蒸馏水溶解后，再加原碘液 3 mL，并定容至 100 mL

比色稀碘液：称取碘化钾 20 g，加少许蒸馏水溶解后，再加原碘液 2 mL，并定容至 500 mL

标准糊精：称取 0.3 g 糊精，悬浮于少量蒸馏水中，再加入少许沸水至溶液透明后，滴入几滴甲苯，并定容至 500 mL，贮存于冰箱中

2% 可溶性淀粉溶液：称取 20 g 可溶性淀粉，先以少许蒸馏水调成糊状，再加入少量沸水至溶液完全透明后，定容至 1000 mL

磷酸氢二钠-柠檬酸缓冲液（pH6.0）：分别称取磷酸氢二钠（$Na_2HPO_4 \cdot 12H_2O$）113.8 g，柠檬酸（$C_6H_8O_7 \cdot H_2O$）20.17 g，加蒸馏水溶解后定容至 2500 mL

3. 仪器

比色板，50 mL、500 mL 烧杯，1 mL、5 mL 吸管，20 mL 移液管，长滴管，50 mL、100 mL、500 mL 量筒，15 mm×150 mm、25 mm×200 mm 试管，水浴锅

【实验步骤】

(1) 1% α-淀粉酶液：称取 α-淀粉酶 0.5 g，加磷酸氢二钠-柠檬酸缓冲液（pH6.0）溶解后定容至 50 mL。在 40℃水浴中恒温 20 min 后，以 4 层纱布过滤，并将滤液收集在 50 mL 小三角瓶中，稀释 4 倍后使用。

(2) 在 15 mm×150 mm 试管中分别加入 1 mL 标准糊精液和 3 mL 标准稀碘液，充分混匀后，作为比较颜色的标准管，并取 3 滴加入到比色板的第 1 穴内。

(3) 在比色板的每 1 穴内滴 3 滴比色稀碘液，备用。

(4) 在 25 mm×200 mm 试管中，分别加入 20 mL 2% 可溶性淀粉液和 5 mL 磷酸氢二钠-柠檬酸缓冲液（pH6.0），混合后于 60℃水浴中平衡温度 10 min，再加入 0.5 mL 稀释酶液，充分混匀后即刻计时。每隔 20 s 取出一滴酶反应液于比色板中进行显色。当反应颜色由蓝色转为棕橙色，并与标准比色管颜色相同时即为反应终点，记录此时间 t。

(5) 根据公式计算 α-淀粉酶活力。

【注意事项】

(1) 2% 可溶性淀粉溶液需要现用现配。

（2）测定液化时间应控制在 2～3 min 内。

【思考题】

（1）为什么配制 2% 可溶性淀粉溶液时需要现用现配？

（2）为什么在测定液化时间时需要控制在 2～3 min 内完成？

（3）你还知道其他测定 α-淀粉酶活力的方法吗？请简要说明。

Ⅱ　玉米粉的酒精发酵

1. 玉米粉的液化和糖化

玉米粉中可供发酵的物质主要是淀粉，而酿酒酵母由于缺乏相应的酶，所以不能直接利用淀粉进行酒精发酵，因此必须对原料进行预处理，通常包括蒸煮（液化）、糖化等处理。蒸煮可使淀粉糊化，并破坏细胞，形成均一的醪液，目前多数厂家开始利用 α-淀粉酶的液化作用来替代蒸煮过程，这样可大大减少能源消耗。液化后的醪液能更好地接受糖化酶的作用，并转化为可发酵性糖，以便酵母进行酒精发酵。本实验要求依据前次实验测出的结果，按照 α-淀粉酶反应条件的要求对玉米粉原料进行前处理。

2. 酒精发酵

酒精酵母可在微酸性条件下，利用糖化液进行发酵，并不断地消耗料液中的葡萄糖而生成等量的酒精和二氧化碳。二氧化碳除少量溶解于发酵液外，其余皆逸于空气中，从而导致重量减轻。根据物质的这些变化，可有许多测定酵母发酵能力的方法，如测糖化液比重的减小、糖含量的减少、酒精的增加量或用称重法测定释放出二氧化碳的量。本实验即采用称重法来测定酒精酵母的发酵力。

称重法多利用发酵栓进行，既简便又流行。操作时，在发酵栓内装入稀硫酸可随时吸收随 CO_2 跑出的水汽，以减少实验误差。

酒精酵母利用淀粉发酵生产酒精的化学反应式为

$$(C_6H_{10}O_5)_n + nH_2O \xrightarrow{\text{糖化}} nC_6H_{12}O_6 \xrightarrow{\text{发酵}} n(2\ C_2H_5OH + 2\ CO_2)$$

$$\begin{array}{cc} 46 & 44 \\ X & A \end{array}$$

$$X = \frac{46 \times A}{44}$$

根据上式即可由已知的释放出的二氧化碳量测出理论上的酒精产量。

【实验目的】

（1）学习玉米粉原料的液化和糖化方法。

（2）学习并掌握利用发酵栓进行酒精发酵的方法。

【实验材料】

1. 材料

　　酵母（*Saccharomyces formosensis*）种子液：500 mL 三角瓶内装 100 mL
　　　1% 麦芽汁培养基，接种 1 环活化的酒精酵母细胞，28℃培养 24 h 后，
　　　镜检正常后，使用

　　酶制剂：已知酶活力的 α-淀粉酶制剂

　　玉米粉

2. 试剂

　　$CaCl_2$，1 mol/L NaOH，1 mol/L HCl，5 mol/L H_2SO_4

3. 仪器

　　150 mL 三角瓶和发酵栓（图 5-5），1 mL、10 mL 吸管，1000 mL 烧杯，
100 mL 量筒，玻璃漏斗，天平，pH 4.5～6 的 pH 试纸，100℃温度计，玻
璃棒，电炉，水浴锅

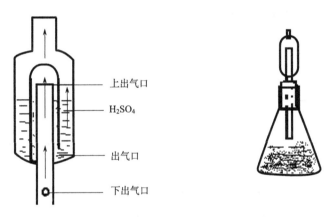

图 5-5　发酵栓结构及酒精发酵装置示意图

【实验步骤】

1. 液化及糖化

　　将 150 g 玉米粉置于 1000 mL 烧杯中，先加入 18 000 U 的酶制剂（即 120 U/g
干淀粉），接着加 150 mL 蒸馏水调浆，然后边搅拌边加 300 mL 80℃以上的热
水，并加入 3 g $CaCl_2$，用 1 mol/L NaOH 或 HCl 调 pH 为 5.7～6.0，然后继续
升温至 92℃并保温 30 min。最后煮沸 5～10 min 使酶灭活，降温至 60℃，用
1 mol/L HCl 调 pH 为 4.8～5.4 后，按 130 μ/g 干淀粉的酶量，将糖化酶加入到
处理液中，60℃搅拌保温 30 min，最后定容至 450 mL。

2. 酒精发酵

　　(1) 向 150 mL 无菌三角瓶中分装 90 mL 糖化液，共分 4 瓶，其中 1 瓶留作

对照，其余 3 瓶进行酒精发酵。

(2) 用无菌吸管向发酵瓶内接种 10 mL 酒精酵母种子液。

(3) 安好发酵栓，塞紧胶塞。用滴管向发酵栓内滴加 5 mol/L H_2SO_4，直至液面距发酵栓上出气口 1 cm 为止。

(4) 用干布擦净发酵瓶，然后在天平上称量初重并记录，每一组做 2 个重复。

(5) 于 28～30℃ 恒温箱中进行发酵，每天称重一次并记录，以减轻重量至恒重为止。

(6) 根据 CO_2 的重量计算理论产酒量。

【注意事项】

(1) $CaCl_2$ 应研磨成粉末后使用。

(2) α-淀粉酶的种类不同其理化性质亦不同，使用时应根据具体酶性质进行。

(3) 避免 H_2SO_4 倒流入发酵瓶内影响酒精发酵。

【结果与分析】

将称重结果记入表 5-6。

表 5-6　实验结果记录表

时间/天	1	2	3	4
重量/g				

【思考题】

(1) 玉米粉液化时加入 $CaCl_2$ 的作用是什么？

(2) 在发酵栓内滴加 5 mol/L H_2SO_4 的作用是什么？

Ⅲ　发酵液中酒精含量的测定

发酵醪中酒精含量的测定方法很多，如常规蒸馏法、碘量滴定法、比色法及改良康维法等，本实验采用最后一种方法。改良康维法结合了微量扩散法和比色法的优点，具有简便、快速、准确等特点，特别适合于工厂发酵液的测定要求。

本法测定时在康维皿内圈加入重铬酸钾溶液，外圈内加入发酵液。外圈边为厚壁，当涂以甘油涂料时可与皿盖密接。挥发的酒精即与重铬酸钾反应生成绿色的硫酸铬（反应方程式如下），色泽的深浅在一定范围内与酒精浓度成正比。因此通过测定醪液的 OD 值即可在标准曲线上查出酒精的实际浓度，即醪液中酒精的含量。

$$2K_2Cr_2O_7 + 3C_2H_5OH + 8H_2SO_4 \longrightarrow 3CH_3COOH + 3K_2SO_4 + 2Cr_2(SO_4)_3 + 11H_2O$$

【实验目的】

学习并掌握利用改良康维法测定发酵液中酒精含量的方法。

【实验材料】

1. 材料

发酵醪澄清液或离心后的上清液

2. 试剂

4% $K_2Cr_2O_7$ 溶液：称取 4g $K_2Cr_2O_7$ 溶于 10 mol/L H_2SO_4 中

饱和 K_2CO_3 溶液：向 100 mL 蒸馏水中加入 K_2CO_3，直至其不能溶解为止

甘油封料：甘油与饱和 K_2CO_3 溶液以 9∶1（V/V）混合后备用

3. 仪器

长滴管，1 mL、2 mL 吸管，10 mL 刻度试管，康维皿（图 5-6），722 分光光度计

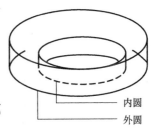

图 5-6　康维皿结构示意图

内圆
外圆

【实验步骤】

1. 制作标准曲线

（1）配制 4%～10% 的 7 种浓度的酒精溶液。

（2）取 8 个康维皿分别在内圈中加入 2 mL 4% $K_2Cr_2O_7$ 溶液。

（3）在外圈的一端加入 0.4 mL 饱和 K_2CO_3 溶液。

（4）在外圈皿边上涂抹甘油封料，盖上皿盖使之密接。然后将皿盖推向一边，露出没有饱和 K_2CO_3 溶液的一边。

（5）在 7 个皿的外圈内分别加入 0.2 mL 各浓度的酒精溶液，1 个皿内加入 0.2 mL 蒸馏水作为对照，立即盖好皿盖，轻轻转动，使酒精溶液与饱和 K_2CO_3 溶液充分混合。

（6）将康维皿置于 37℃ 恒温箱中保温至少 5 h。

（7）取出康维皿，打开皿盖，用长滴管吸出内圈的 $K_2Cr_2O_7$ 溶液置于 10 mL 的刻度试管内，用蒸馏水洗涤内圈数次，洗出液一并加到试管中，直到满刻度为止。

（8）比色：用 721 分光光度计在 560 nm 波长下，以对照液调 "0" 点，测定各酒精溶液的 OD 值。

（9）绘制标准曲线：在坐标纸上以 OD 值为纵坐标，酒精浓度为横坐标，绘制曲线。

2. 测定发酵醪中酒精的含量

【注意事项】

（1）4%～10% 的 7 种酒精溶液的浓度为体积百分浓度。

（2）使康维皿外圈内的酒精溶液与饱和 K_2CO_3 溶液充分混合。

（3）康维皿盖不能漏气。

【结果与分析】

（1）记录各浓度酒精溶液的 OD 值，填入表 5-7，并绘制标准曲线。

表 5-7　标准曲线测定

浓度	4％	5％	6％	7％	8％	9％	10％
OD 值							

（2）记录发酵醪的 OD 值，查出酒精浓度。

【思考题】

报告你的发酵结果，并对其加以分析。

实验 9　生长曲线和产物形成曲线的测定

将少量微生物接种到一定体积的新鲜培养基中，在适宜的条件下培养，定时测定培养液中微生物的生长量（吸光度或活菌数的对数），以生长量为纵坐标，培养时间为横坐标绘制的曲线就是生长曲线，它反映了微生物在一定环境条件下的群体生长规律。依据生长速率的不同，一般可把生长曲线分为延滞期、对数期、稳定期和衰亡期 4 个阶段。这 4 个时期的长短因菌种的遗传特性、接种量和培养条件而异。因此，通过微生物生长曲线的测定，可了解微生物的生长规律，对科研和生产实践都具有重要的指导意义。

延滞期的存在，会使发酵周期延长，不利于劳动生产率的提高。工业发酵中常采用增大接种量，用对数期种子接种等措施来缩短延滞期。对数期是微生物快速繁殖的时期，此期的细胞代谢活性最强，代时稳定，是发酵生产的良好种子，也是科研工作的良好材料。稳定期是代谢产物积累的时期，也是细胞数量最高的时期，如果为了获得大量菌体，应在稳定期的前期收获，若要获得代谢产物，一般在稳定期的中后期结束发酵。衰亡期是菌体逐渐死亡的阶段，若在发酵工业中出现衰亡期，很可能是收到杂菌（包括噬菌体）的污染。

测定微生物的数量有多种方法，如血球计数法、平板活菌计数法、称重法、比浊法等，本实验采用比浊法来测定。由于菌悬液的浓度与吸光度（A）也称光密度成正比，只要用分光光度计测得菌液的 A 值后与其对应的培养时间作图，即可绘出该菌株的生长曲线，此法快捷、简便。如果所用的分光光度计能直接利用试管读出吸光度，则只需接种一支试管便可做出该菌株的生长曲线。

产物形成曲线就是产物产量对培养时间的曲线。工业发酵的目的是为了收获产物，因此必须搞清产物积累最高时所需的发酵时间。如果提前终止发酵，营养物质还没有完全被利用，发酵液中的产物量偏低；如果发酵时间过长，一方面产

物可能会分解；另一方面也降低了设备利用率。因此，学会生长曲线和产物形成
曲线的测定对工业发酵具有非常重要的指导意义。

【实验目的】

（1）了解分批培养时微生物生长曲线形成的原理及各时期的主要特点。

（2）学习微生物生长曲线和产物形成曲线的测定方法。

【实验材料】

1. 材料

筛选得到的抗生素产生菌（或淀粉酶产生菌）菌株

2. 试剂（培养基）

有可溶性淀粉作为碳源，黄豆饼粉、蛋白胨和酵母膏作为复合营养源，它
们的配比根据正交试验确定，另加 $0.5\%K_2HPO_4$、$0.05\%NaCl$ 和 0.05%
$MgSO_4$ 作为无机矿质元素，调节 pH 至 7.2

3. 仪器

高压蒸汽灭菌锅，超净工作台，分光光度计，摇床等

【实验步骤】

1. 生长曲线的测定

（1）配制发酵培养基，0.1 MPa 灭菌 20 min，备用。

（2）将受试菌种在斜面培养基上活化，培养成熟。

（3）从成熟斜面上挑选 5 环菌苔或孢子接入 7 mL 无菌水中，摇匀，吸取
0.5 mL 菌悬液接入发酵培养基中，一共接 13 瓶。

（4）将三角瓶放入摇床上，在 30℃，180 r/min 的摇床中摇瓶培养 5～7 天。

（5）如果目的菌株是放线菌，则每隔 12 h 拿出一瓶（包括 0 h），以不接种
的培养基作为对照，在 560 nm 处测吸光度值，填入表 5-8 中；如果目
的菌株是细菌，则每隔 4 h 拿出一瓶，在 560 nm 处测吸光度值。

表 5-8　培养时间对菌体生长量和产物形成量的影响

培养时间/h	0	12	24	36	48	60	72	84	96	108	120	132	144
A_{560}													
抑菌圈直径/mm													
（淀粉酶活力）													

（6）以培养时间为横坐标，吸光度值为纵坐标，作生长曲线。

2. 产物形成曲线的测定

同上法，如果目的菌株是放线菌，48 h 后，每隔 12 h 取出一瓶，在进行生
长量测定的同时，进行产物形成量（抑菌活力或淀粉酶活力）的测定，以培养时
间为横坐标，产物形成量为纵坐标，做出产物形成曲线；如果目的菌株是细菌，

则在 16 h 后，每隔 4 h 取出一瓶，进行产物形成曲线的测定。

【注意事项】

(1) 各瓶的接种量、培养条件应一致。

(2) 若吸光度值太高，可适当稀释后再测定。

(3) 因培养液中含有较多的颗粒性物质（包括菌体），测吸光度值时应马上读数，否则，颗粒沉淀，影响测定结果。稀释 10 倍后测定是可行的办法。若要精确测定，可用活菌计数法，在营养琼脂培养基上观察生长的菌落数，但应掌握好稀释倍数。

【思考题】

(1) 如果每次从同一摇瓶中取出 1 mL 进行测定，会对结果产生怎样的影响？

(2) 比较生长曲线与产物形成曲线，从中可以得出哪些结论？

(3) 测定生长曲线时，除了本实验所用的分光光度计比浊法外，还有哪些方法？它们各有哪些优、缺点？

实验 10　发酵过程中糖的利用

糖类是微生物生命活动中主要的碳源和能源物质。一方面，微生物的生长需要糖类；另一方面，糖也构成了代谢产物中碳架的主体。所以在发酵过程中，糖的消耗是一项重要的生理指标，是判断发酵进程的主要依据。

糖的定量测定方法很多，如斐林试剂法、碘量法、蒽酮比色法、3，5-二硝基水杨酸法等，它们各有优缺点。本实验采用邻甲基苯胺（简称 O-TB 试剂）法测定。该法的特点是反应灵敏、操作简便、结果准确、稳定性好。

邻甲基苯胺是一种芳香族伯胺，可与醛基反应生成席夫碱（Schiff-base）。在酸性溶液中，邻甲基苯胺与葡萄糖的醛基作用，生成葡萄胺和相应席夫碱的混合物。这一混合物呈绿色，颜色稳定，其深浅与葡萄糖的浓度成正比，在一定范围内符合比尔-朗伯特（Beer-Lambert）定律，因此可用于测定还原糖的含量。

【实验目的】

(1) 了解发酵过程中碳源的利用规律。

(2) 掌握用邻甲基苯胺法测定糖含量的方法。

【实验材料】

1. 材料

本章实验 9 中制备好的摇瓶发酵液

2. 试剂

标准葡萄糖溶液：取分析纯葡萄糖置于 105℃ 烘箱干燥 2 h，精确称取

　　20 mg，溶解后置于 100 mL 容量瓶内，用蒸馏水定容至刻度，配成 0.2 mg/mL 的标准葡萄糖溶液

邻甲基苯胺试剂：称取硼酸 0.65 g，溶于温热的 210 mL 冰乙酸中，再加入 1.25 g 硫脲，充分溶解后加入邻甲基苯胺 37.5 mL，用冰乙酸定容至 250 mL，贮存于棕色瓶内

2 mol/L HCl

2 mol/L NaOH

3. 仪器

721 分光光度计，移液管，容量瓶，试管等

【实验步骤】

1. 葡萄糖标准曲线的制作

(1) 取干净试管 6 支，按表 5-9 加入各溶液。

(2) 将各试管内的溶液摇匀，套上试管帽，置于沸水浴中加热 10 min。

(3) 取出，用流水冷却至室温。

(4) 用分光光度计在波长 635 nm 下比色，读取吸光度值，将结果填入表 5-9 中。

(5) 以吸光度值为纵坐标，糖的毫克数为横坐标，绘制标准曲线。

表 5-9　葡萄糖标准曲线的制作

管号	1	2	3	4	5	6
葡萄糖/mg						
标准葡萄糖溶液/mL						
蒸馏水/mL						
O-TB 试剂/mL						
A_{635}						

2. 发酵液含糖量的测定

(1) 酸解：如果发酵培养基内含有双糖或多糖，应先将它们水解成单糖，然后进行测定。测定时发酵液先用滤纸过滤。取本章实验 9 中不同发酵时期（从 0 h 到 144 h）的发酵液滤液 2 mL，置于干净试管中，加入 2 mol/L HCl 2 mL，摇匀，套上试管帽，置于沸水浴内水解 25 min，使双糖或多糖水解为单糖。

(2) 稀释：水解液用 2 mol/L NaOH 调至中性，然后全量倒入 100 mL 容量瓶中，用蒸馏水冲洗水解液，合并洗液，并定容至刻度，充分摇匀。

(3) 显色：吸取稀释后的水解液 2 mL，置于干净试管中。再加入 O-TB 试剂，充分摇匀，套上试管帽，置沸水浴加热 10 min。取出后用流水冷

却至室温。

(4) 比色：以 2 mL 蒸馏水代替水解液作对照管，在 635 nm 波长下测定吸光度值。

(5) 计算：根据样品的吸光度值，在标准曲线上查出相应的葡萄糖毫克数，然后按下列公式算出每 100 mL 发酵液中的含糖量，填入表 5-10 中。

$$发酵液含糖量(g/100\ mL)=[(A \times N)/(V \times 1000)] \times 100$$

式中：A 为由吸光度查标准曲线所得的糖毫克数；N 为样品稀释倍数；V 为测定时所取的样品毫升数。

表 5-10　抗生素发酵过程中总糖量的变化记录表

培养时间/h	0	24	48	72	96	120	144
稀释倍数							
A_{560}							
发酵液含糖量/(g/mL)							

【注意事项】

(1) 葡萄糖必须经过干燥才能配成标准溶液，否则误差较大。

(2) 试管必须洗干净，不能留有残糖。

【思考题】

(1) 根据实验结果，画出发酵液含糖量变化曲线图，分析抗生素发酵过程中糖的利用情况。

(2) 讨论发酵过程中糖的利用与菌体生长、抗生素产量之间的关系。

实验 11　抗生素的分离纯化

在抗生素的筛选过程中，依靠抑菌圈的大小只能判断抗生素的抗菌活性强弱，而不能判断该抗生素到底属于哪一类化学物质。要确定抗生素的结构，首先必须把抗生素分离纯化，然后根据该化合物的波普特性，如红外光谱、紫外光谱、核磁共振谱（包括碳谱、氢谱及其杂合谱）和质谱来推断其结构，并与已知的抗生素进行比较，借以确定该抗生素是否属于新型生理活性物质。因此分离纯化是抗生素筛选过程中最基本的工作环节。

发酵液中的抗生素含量一般都很低，因此首先必须对发酵液进行浓缩。由于抗生素都是一些有机化合物，它们在有机溶剂中的溶解度要比在水溶液中大，所以可以采用萃取的方法，用有机溶剂把抗生素从发酵液中提取出来。萃取是将某种特定溶剂加到发酵液混合物中，根据发酵液组分在水相和有机相中的溶解度不同，将所需物质分离出来的过程。有机溶剂的沸点一般较低很容易通过蒸发来浓缩，然后通过层析分步分离，就可把具有抗菌活性的成分分离出来。

【实验目的】

(1) 学习抗生素分离纯化的基本方法。

(2) 从抗生素发酵液中初步纯化抗生素，为抗生素的鉴定做准备。

【实验材料】

1. 材料

抗生素发酵液

2. 试剂

硅胶，乙酸乙酯，氯仿，甲醇

3. 仪器

层析柱，分液漏斗，减压旋转蒸发仪

【实验步骤】

(1) 选取抗生素产生菌，在合适的条件下进行较大规模的培养，发酵结束后合并发酵液。

(2) 将发酵液过滤，滤液加至分液漏斗中，加入 1/3 体积的乙酸乙酯（分 3 次加入），剧烈振摇，静置，待分层后收集有机相。

(3) 将收集到的有机相减压蒸发，蒸去乙酸乙酯，称浓缩物质量，然后在蒸发瓶中加少许硅胶，继续旋转蒸发 5 min，让浓缩液都吸附到硅胶上。

(4) 称取浓缩物质量 50～100 倍的硅胶，用 98％氯仿/2％甲醇调匀，装柱。

(5) 将样品加至硅胶层析柱上部，注意尽可能平整。

(6) 加 3 倍硅胶体积的流动相（98％氯仿/2％甲醇），开始层析，收集流出液 A。

(7) 依次用 95％氯仿/5％甲醇、90％氯仿/10％甲醇、85％氯仿/15％甲醇和 80％氯仿/20％甲醇层析，流动相的体积大致为硅胶体积的 3 倍，分别收集流出液 B、C、D 和 E。

(8) 将各收集液减压蒸发后得到浓缩样品 A、B、C、D、E。

(9) 对 A、B、C、D、E 样品分别进行抑菌试验，选取具有抑菌效果的部分继续进行分部分离（可换一种固定相或流动相），直到分部收集液中只有一种成分为止（可用薄层层析或高效液相色谱检验）。

【注意事项】

(1) 硅胶在装柱前应与流动相混匀，装柱时避免气泡的产生。

(2) 加样应平整，在样品上加流动相时应小心，避免搅起样品。

【思考题】

怎样判断收集到的样品是纯品？

实验 12　发酵污染的检测和判断

　　微生物工业自从采用纯种发酵以来，产率有了很大的提高，然而防止杂菌污染的要求也更高了。人们在与杂菌污染的斗争中，积累总结出很多宝贵的经验。规范了管理措施，设计了一系列设备（如密闭式发酵罐、培养基灭菌设备、无菌空气制备设备等）和管道，应用了无菌室甚至无菌车间，建立了无菌操作技术，因而大大降低了发酵染菌率。但是某些发酵工业还遭受着染菌的威胁，染菌后轻者影响产率、产物提取收得率和产品质量，重者造成"倒灌"，不但浪费了大量原材料，造成严重经济损失，而且还污染了环境。

　　凡是在发酵液或发酵容器中侵入了非接种的微生物统称为杂菌污染，及早发现杂菌并采取相应措施，对减少由杂菌污染造成的损失至关重要。因此检查的方法要求准确、快速。发酵污染可发生在各个时期。种子培养期染菌的危害最大，应严格防止。一旦发现种子染菌均应灭菌后弃去，并对种子罐及其管道进行彻底灭菌。发酵前期养分丰富，容易染菌，此时养分消耗不多，应将发酵液补足必要养分后迅速灭菌，并重新接种发酵。发酵中期染菌不但严重干扰生产菌株的代谢，而且会影响产物的生成，甚至使已形成的产物分解。由于发酵中期养分已被大量消耗，代谢产物的生成又不是很多，挽救处理比较困难，可考虑加入适量的抗生素或杀菌剂（这些抗生素或杀菌剂应不影响生产菌正常生长代谢）。如果是发酵后期染菌，此时产物积累已较多，糖等养分已接近耗尽，若染菌不严重，可继续进行发酵；若污染严重，可提前放罐。

　　染菌程度越高，危害越大；染菌程度小，对发酵的影响就小。若污染菌的代时为 30 min，延滞期为 6 h，则由少量污染（1 个杂菌/L 发酵液）到大量污染（约 10^6 个杂菌/mL 发酵液）约需 21 h。所以应根据污染程度和发酵时期区别对待。如发酵中期少量染菌时，若发酵时间短（至发酵结束小于 21 h），可不进行处理，继续发酵至放罐。

【实验目的】

　　（1）了解发酵染菌的危害。

　　（2）学习检测发酵污染的基本方法。

【实验材料】

　　1. 材料

　　　营养琼脂培养基（pH 7.2）：蛋白胨 1%，牛肉膏 0.3%，NaCl 0.5%，琼脂 2%

　　　葡萄糖酚红肉汤培养基（pH7.2）：牛肉膏 0.3%，蛋白胨 0.8%，葡萄糖 0.5%，氯化钠 0.5%，1%酚红溶液 0.4%

2. 仪器

显微镜，高压蒸汽灭菌锅，超净工作台等

【实验步骤】

1. 显微镜检查

(1) 用无菌操作方式取发酵液少许，涂布在载玻片上。

(2) 自然风干后，用番红或草酸铵结晶紫染色 1～2 min，水洗。

(3) 干燥后在油镜下观察。

如果从视野中发现有与生产菌株不同形态的菌体则可认为是污染了杂菌。

该法简便、快速，能及时检查出杂菌。但①对固形物多的发酵液检查较困难；②对含杂菌少的样品不易得出正确结论，应多检查几个视野；③由于菌体较小，本身又处于非同步状态，应注意不同生理状态下的生产菌与杂菌之间的区别，必要时可用革兰氏染色、芽孢染色等辅助方法鉴别。

2. 平板检查

(1) 配制营养琼脂培养基，灭菌，倒平板。

(2) 取少量待检发酵液经稀释后涂布在营养琼脂平板上，在适宜条件下培养。

(3) 观察菌落形态。

若出现与生产菌株形态不一的菌落，就表明可能被杂菌污染；若要进一步确证，可配合显微镜形态观察，若个体形态与菌落形态都与生产菌相异，则可确认污染了杂菌。

该法适于固形物的发酵液，而且形象直观，肉眼可辨，不需仪器。但需严格执行无菌操作技术，所需时间较长，至少也需 8 h，而且无法区分形态与生产菌相似的杂菌。在污染初期，生产菌占绝大部分，污染菌数量很少，所以要做比较多的平行试验才能检出污染菌。

3. 肉汤培养检查法

(1) 配制葡萄糖酚红肉汤培养基。

(2) 将上述培养基装在吸气瓶中，灭菌后置 37℃ 培养 24 h，若培养液未变混浊，表明吸气瓶中的培养液是无菌的，可用于杂菌检查。

(3) 把过滤后的空气引入吸气瓶的培养液中，经培养后，若培养液变混浊，表明空气中有细菌，应检查整个过滤系统，若培养液未变混浊，说明空气无菌。

该法主要用于空气过滤系统的无菌检查。还可用于检查培养基灭菌是否彻底，只需取少量培养基，接入肉汤中，培养后观察肉汤的混浊情况即可。

4. 发酵参数判断法

1）根据溶解氧的异常变化来判断

在发酵过程中，以发酵时间为横坐标，以溶解氧（DO）含量为纵坐标做耗氧曲线。

每一种生产菌都有其特定的耗氧曲线，如果发酵液中的溶解氧在较短的时间内快速下降，甚至接近零，且长时间不能回升，则很可能是污染了好氧菌；如果发酵液中的溶解氧反而升高，则很可能是由厌氧菌或噬菌体的污染，而使生产菌的代谢受抑制而引起的。

2）根据排气中 CO_2 含量的异常变化来判断

在发酵过程中，以发酵时间为横坐标，以排气中 CO_2 的含量为纵坐标作曲线。

对特定的发酵而言，排气中 CO_2 的含量变化也是有规律的。在染菌后糖的消耗发生变化从而引起排气中 CO_2 含量的异常变化。一般说来，污染杂菌后，糖耗加快，CO_2 产生量增加；污染噬菌体后糖耗减慢，CO_2 产生量减少。

3）根据 pH 的变化、菌体酶活力的变化来判断

在发酵过程中，以发酵时间为横坐标，以发酵液的 pH 为纵坐标做 pH 变化曲线。

特定的发酵具有特定的 pH 变化曲线和酶活力变化曲线。若在工艺不变的情况下，这些特征性曲线发生变化，很可能是污染了杂菌。

【注意事项】

(1) 在污染初期，生产菌占绝大部分，污染菌数量很少，所以无论是显微镜直接检查法，还是平板间接检查法必须要做比较多的平行实验才能检出污染菌；而用发酵参数判断法很难检查出早期的污染菌。

(2) 肉汤培养检查法只能用于空气过滤系统及培养基的无菌检查，不适用于发酵液的检查。

【思考题】

(1) 是否可用营养肉汤代替葡萄糖酚红肉汤培养基进行空气过滤系统及培养基的无菌检查？为什么？

(2) 除了以上介绍的方法外，是否还有其他方法来判断染菌情况？

(3) 查阅资料，设计一个用分子生物学技术（如聚合酶链反应、随机扩增长度多态性、限制性片段长度多态性等）来检查是否感染杂菌的新方法。

实验 13　酸乳的发酵

酸乳是牛奶经过均质、消毒、发酵等过程加工而成的。酸乳的品种很多，根据发酵工艺的不同，可分为凝固型酸乳和搅拌型酸乳两大类。凝固型酸乳在接种发酵菌株后，立即进行包装，并在包装容器内发酵、成熟。搅拌型酸乳先在发酵罐中接种、发酵，发酵结束后再进行无菌罐装并后熟。由于酸乳是一种营养丰

富、易于吸收、物美价廉的食品，其中又含有活的益生菌，有利于维持人体肠道中的菌群平衡，因而是一种微生态制剂类保健饮料。

　　嗜热乳酸链球菌（*Streptococcus thermophilus*）和保加利亚乳杆菌（*Lactobacillus bulgaricus*）是两类最常用的酸乳发酵菌种，乳酸菌种可以从市场销售的各类酸乳中分离。

　　近年来，人们又将双歧乳酸杆菌引入乳酸制造，使传统的单株发酵，变为双株或三株共生发酵。双歧杆菌菌体尖端呈分枝状（如 Y 形或 V 形），是一种无芽孢革兰氏阳性厌氧菌，最适生长温度为 37～41℃，最适生长为 pH6.5～7.0，能分解糖产酸，不产 CO_2。双歧杆菌产生的双歧杆菌抑菌素对肠道中的致病微生物具有明显的杀灭效果，双歧杆菌还能分解积存于肠胃中的致癌物 N-亚硝基胺，防止肠道癌变，并能促进免疫球蛋白的产生，提高人体免疫力，使酸乳在原有的助消化、促进肠胃功能的基础上，又具备了防癌和抗癌的保健效用。

【实验目的】

　　(1) 了解乳酸菌的生长特性和乳酸发酵的基本原理。

　　(2) 学习酸乳的制作方法。

【实验材料】

1. 材料

　　市售酸乳或其他乳酸菌活菌制品，脱脂乳粉，全脂乳粉或鲜牛乳，蔗糖等

2. 试剂

　　BCG 牛乳培养基：

　　　　A 溶液：脱脂乳粉 100 g 溶于 500 mL 水中，加 1.6％溴甲酚绿（BCG）乙醇溶液 1 mL，80℃消毒 20 min

　　　　B 溶液：酵母膏 10 g，琼脂 20 g，水 500 mL，pH 6.8，121℃灭菌 20 min

　　　　将 A、B 溶液 60℃保温后以无菌操作等量混合，倒平板

　　乳酸菌分离培养基：牛肉膏 5 g，酵母膏 5 g，蛋白胨 10 g，葡萄糖 10 g，乳糖 5 g，NaCl 5g，琼脂 20 g，水 1000 mL，pH 6.8，121℃灭菌 20 min 后倒平板

3. 仪器

　　恒温水浴锅，酸度计，均质机，高压蒸汽灭菌锅，超净工作台，培养箱，酸奶瓶或一次性塑料杯，培养皿，试管，三角瓶等

【实验步骤】

1. 乳酸菌的分离纯化与鉴别

1) 分离

　　取市售新鲜酸乳，用无菌生理盐水逐级稀释，取其中的 10^{-4}、10^{-5} 稀释液各 0.1 mL 涂布在 BCG 牛乳培养基平板上，涂布均匀，置 40℃温箱中培养 48 h，

如出现圆形稍扁平的黄色菌落及其周围培养基变为黄色者初步认定为乳酸菌。

2）鉴别

选取乳酸菌典型菌落转至脱脂乳试管中，40℃培养 8 h，若牛乳出现凝固，无气泡，呈酸性，涂片镜检细胞杆状或链球状，革兰氏染色阳性，则可将其连续传代。选择能使牛乳管在 3～6 h 内凝固的菌株，保藏待用。

2. 酸乳及酸乳饮料的制作

1）基料配制

将全脂乳粉、蔗糖和水以 10∶5∶70 的比例混匀，作为制作饮料的基料。如果以鲜牛乳为原料，由于牛乳中的乳脂率和干物质含量相对较低，特别是酪蛋白和乳清蛋白含量偏低，制成的酸乳凝乳的硬度不高，可能会有较多乳清析出。为了增加干物质含量，可用以下 3 种方法进行处理。

（1）将牛乳中水分蒸发 10%～20%，相当于干物质增加 1.5%～3%。

（2）添加浓汁牛乳（如炼乳、牦牛乳或水牛乳等）。

（3）按质量的 0.5%～2.5%添加脱脂乳粉。

2）菌种扩大

将分离到的嗜热乳菌链球菌、保加利亚乳杆菌用上述培养基进行扩大培养。

3）添加稳定剂

在基料中添加 0.1%～0.5%的明胶、果胶或琼脂作为稳定剂，可提高酸乳的稠度和黏度，并可防止酸乳中乳清的析出。根据口味和营养需要，适当添加甜味剂及维生素。

4）均质

为了提高酸乳的稳定性，并防止脂肪上浮，可用均质机在 55～70℃和20 MPa下将基料均质。

5）巴氏杀菌

通常在 60～65℃下保持 30 min。较低的温度可防止乳清蛋白变性，还可以增加酸乳的稳定性，但也有加热到80℃维持15 min进行杀菌的工艺。

6）牛乳冷却

牛乳经巴氏杀菌后用水冷却，至 40～45℃时接种。

7）接种

将培养好的嗜热乳菌链球菌、保加利亚乳杆菌及其等量混合菌液以 5%的接种量分别接入上述培养基料中，摇匀。

接种量、发酵时间和温度对酸乳质量影响很大，应严格控制。保加利亚乳杆菌生长较快，经常会占优势；若酸度过高，会产生过多的乙醛，导致酸乳产生辛辣味。

8）罐装和发酵

若要生产凝固型酸乳，接种后应立即分装到已灭菌的酸乳瓶（或一次性塑料

杯）中，以保鲜膜封口；将接种后的酸乳置于 40℃恒温箱中培养至凝乳块出现
（3～4 h），然后转入4℃冰箱中后熟（24 h 以上），使酸度适中（pH4～4.5），凝
块均匀细腻，无乳清析出，色泽均匀，无气泡，获得较好的口感和特有风味。若
要生产搅拌型酸乳，可直接在发酵罐中接种，接种后继续搅拌 3 min，使发酵菌
种与含乳基料混合均匀，然后置于发酵室，每隔一定时间测定发酵液的 pH（或
滴定酸度）。当 pH 达到 4.5～4.7 时，即可停止发酵，进行冷却，冷却后启动搅
拌，添加糖浆、浓缩果汁或果粒、香料等进行调配，配方可按个人口味而定。本
实验采用如下配方：

酸乳	1000 mL
糖度 50 度（Z）	100 mL
浓缩菠萝汁（32 波美度）	50 mL
乳化发酵牛奶香精	0.6 mL
乳化菠萝香精	1.0 mL

将调配好的酸乳放入冰箱中后醇 24 h，即可饮用。

若要制作酸乳饮料，可用经过后醇的酸乳来调配，本实验采用如下配方：

酸乳（经后醇）	300 mL
糖度 50 度（Z）	220 mL
食用柠檬酸	1.5 g
耐酸型食用 CMC	1.5 g
乳化发酵牛奶香精	0.8 mL
乳化草莓香精	1.0 mL
饮用水	加至 1000 mL

调配后用均质机在 55～70℃和 20 MPa 下均质，罐装、封口后，85℃
30 min水浴消毒，冷却后，4℃下可保存 6 个月。

9）品尝

发酵结束后，品尝比较乳酸链球菌和乳酸杆菌的等量混合物发酵制成的酸乳
与单菌株发酵的酸乳在香味和口感上的异同，将结果填入表 5-11 中。品尝时若
出现异味，表明酸乳污染了杂菌。

表 5-11　乳酸菌单菌及混合菌种发酵的酸乳品评结果

乳酸菌类	品评项目					结论
	凝乳情况	口感	香味	异味	pH	
球菌						
杆菌						
球杆菌混合						

【注意事项】

（1）采用 BCG 牛乳培养基平板筛选乳酸菌时，注意挑取有典型特征的黄色菌落，结合镜检观察，来高效分离乳酸菌。

（2）制作酸乳饮料时应选用优良的乳酸菌菌株，采用乳酸链球菌与乳酸杆菌等量混合发酵（亦可以市售鲜酸乳为发酵剂），使其具有独特风味和良好口感。

（3）牛乳的消毒应掌握适宜的温度和时间，防止长时间或采用过高温度消毒而破坏酸乳风味。

（4）作为卫生标准还应进行大肠菌群的检测。

（5）经品尝和检验合格的酸乳在 4℃下冷藏可保存 6～7 天，酸乳饮料可保存 6 个月。

【思考题】

（1）酸乳发酵过程中为什么会引起凝乳？

（2）为什么采用乳酸菌混合发酵的酸乳比单菌发酵的酸乳口感和风味更佳？

（3）BCG 牛乳琼脂平板中乳酸菌为什么会形成黄色的菌落？

主要参考文献

邹行彦. 1987. 抗生素生产工艺学. 北京：化学工业出版社

吴根福. 2006. 发酵工程实验指导. 北京：高等教育出版社

周薇，李聪. 2001. 苊醌化合物的光敏活性及其抗肿瘤机制. 生命的化学，21（03）：246～247